建築師考試自民國 90 年改為分科及格制，又在民國 108 年改為滾動式款建築師考試改採「滾動式」科別及格制，各及格科目成績均可保留三年。看起來是拉長考試作戰時間，不如應該盡快考上。盡快取得建築師門票，因此考驗者每一位建築考生如何將過往所累積的知識與經驗有效的融會在考試中。

正確的考試態度應該是全力以赴、速戰速決，切莫拖泥帶水，以免夜長夢多。從古自今，考試範圍只有增加、沒有減少，而且六科考試各科環環相扣，缺一不可。尤其是設計一科，更該視為建築綜合評量的具體表現。因此，正確的準備方式，更能事半功倍、畢其功於一役！

一、將所有書單建立主次順序

每一個科目應該以一本書為主，進行熟讀精讀，在搭配一本其他作者的觀點書寫的書籍作為補充，以一本書為主的讀書方式，一開始比較不會太過慌張，而隨著那一本書的逐漸融會貫通，也會對自己逐漸有信心。

二、搭配讀書進度記錄，研擬讀書計畫並隨時調整讀書計畫

讀書計畫是時間和讀書內容的分配計畫。一方面要量力而為，另一方面要有具體目標依循。

三、研讀理解計算熟練

對於考試內容的研讀與理解，讀書過程中，務必釐清所有的「不確定」、「不清楚」、「不明白」，熟悉到「宛如講師授課一般的清楚明白」。所有的盲點與障礙，在進入考場前，務必全部排除！

四、整理筆記

好的筆記書寫架構應該是：條列式、樹狀式，流程式，以及 30 字以內的文字論述。原因有二，原因一是：以上架構通常是考試的時候的答題架構。原因二是：通常超過這個架構的字數或格式我們不容易記住，背不起來的筆記，或不易讀的筆記絕對不是好筆記。

五、背誦記憶

常見幫助記憶的方法有：標題或關鍵字的口訣畫、圖像化。

幫助記憶的過程還是多次地默唸或大聲朗讀。

六、考古題練習

將所有收集得到的考古題，依據考試規定時間，不多不少地親手自行解答，找出自己沒有準備到的弱項，加強這一部份的準備。直到熟能生巧滾瓜爛熟。

七、進場考試：重現沙盤推演

親自動作做，多參加考試累積經驗，110 年度題解出版，還是老話一句，不要光看解答，自己一定要動手親自做過每一題，東西才會是你的！

考試跟人生的每件事一樣，是經驗的累績。每次考試，都是一次進步的過程，經驗累積到一定的程度，你就會上。所以並不是說你不認真不努力，求神拜佛就會上。多參加考試。事後檢討修正再進步，你不上也難。

多做考古題，你就會知道考試重點在哪裡。九華年度題解、題型系列的書是你不可或缺最好的參考書。

陳俊安

九樺出版社 總編輯

感　謝

※　本考試相關題解，感謝諸位老師編撰與提供解答。

陳俊安　老師

陳雲專　老師

曾大器　老師

曾大妍　老師

李奇謀　老師

李彥輝　老師

莊銘憲　老師

劉啟台　老師

黃詣迪　老師

郭了文　老師

張哲瑜　老師

※　由於每年考試次數甚多，整理資料的時間有限，題解內容如有疏漏，煩請傳真指證。我們將有專門的服務人員，儘速為您提供優質的諮詢。

※　本題解提供為參考使用，如欲詳知真正的考場答題技巧與專業知識的重點。仍請您接受我們誠摯的邀請，歡迎前來各班親身體驗現場的課程。

目錄
Contents

單元 4－地方特考三等

單元 5－地方特考四等

壹、高等考試三級考試

建築結構系統

適用考試名稱	適用考試類科
公務人員高等考試三級考試	建築工程、公職建築師
公務人員升官等考試薦任升官等考試	建築工程
特種考試地方政府公務人員考試三等考試	建築工程、公職建築師
特種考試交通事業鐵路人員考試高員三級考試	建築工程
專業知識及核心能力	一、了解基本結構力學原理。 二、具桁架、樑、及簡單建築構架之內力分析之能力。 三、了解各類型結構系統與結構行為。 四、了解鋼筋混凝土、鋼骨結構的力學性能、結構概念設計。
命題大綱	
一、基本結構力學原理 （一）包括結構靜定、靜不定、與不穩定之研判 （二）結構在不同荷載下之變形與內力定性研判	
二、桁架、樑、及簡單建築構架之內力分析 （一）包括不同荷載、不均勻沈陷、溫度變化等狀況下之內力和變形分析 （二）彎矩圖、剪力圖、軸力圖之繪製	
三、各類型結構系統與結構行為 （一）包括鋼結框架、空間桁架、板殼、薄膜、懸索、木造、磚石造、RC 造、鋼骨造、抗風結構、抗震結構、隔震消能結構 （二）各類型建築物基礎之系統構成及相關知識	

四、鋼筋混凝土與鋼骨結構設計基本概念與設計研判	
五、結構系統與建築規劃設計之整合	
六、與時事有關之建築結構問題	
備註	表列命題大綱為考試命題範圍之例示，惟實際試題並不完全以此為限，仍可命擬相關之綜合性試題。

營建法規

適用考試名稱	適用考試類科
公務人員高等考試三級考試	建築工程
公務人員升官等考試薦任升官等考試	建築工程
特種考試地方政府公務人員考試三等考試	建築工程
公務人員特種考試司法人員考試三等考試	司法事務官營繕工程事務組、檢察事務官營繕工程組
公務人員特種考試法務部調查局調查人員考試三等考試	營繕工程組
特種考試交通事業鐵路人員考試高員三級考試	建築工程
專業知識及核心能力	了解國土綜合開發計畫、區域計畫、都市計畫體系及相關法規、建築法、建築技術規則、山坡地建築管制辦法、綠建築等規則之規定。

命題大綱
一、國土綜合開發計畫 （一）意義、內容和事項 （二）經營管理分區及發展許可制架構 （三）綜合開發許可制內容及許可程序及農地釋出方案（農業用地興建農舍辦法）
二、區域計畫 （一）意義、功能及種類 （二）空間範圍及內容 （三）區域計畫法 （四）施行細則 （五）非都市土地使用管制規則
三、都市計畫體系及相關法規 （一）主管機關及職掌，擬定、變更、發佈及實施 （二）主要計畫及細部計畫內容

（三）都市計畫制定程序 （四）審議 （五）都市土地使用管制 （六）都市計畫容積移轉實施辦法 （七）都市計畫事業實施內容 （八）促進民間參與公共建設相關法令 （九）都市更新條例及相關法規，都市發展管制相關法令
四、建築法 （一）立法目的及建築管理內容 （二）建築法主管建築機關 （三）建築法的適用對象 （四）建築法中「建築行為」意義內容 （五）一宗建築基地及應留設法定空地規定 （六）建築行為人權利與義務規定及限制 （七）免由建築師設計監造或營造業承造建築物 （八）建築許可、山坡地開發建築許可、工商綜合區開發許可、都市審議許可 （九）建築基地、建築界線及開發相關法規管制計畫及管制規定 （十）建築施工管理內容及相關法令 （十一）建築使用管理內容及相關法令 （十二）其他建築管理事項
五、建築技術規則 （一）架構內容 （二）建築物一般設計通則內容 （三）建築物防火設計規範 （四）綠建築標章 （五）特定建築物定義及相關規定 （六）建築容積管制的意義、目的、範圍、內容、考慮因素、收益及相關規定 （七）建築技術規則其他規定
六、山坡地建築管制辦法 （一）法令架構 （二）山坡地開發管制規定內容

（三）山坡地開發及建築管理 （四）山坡地防災及管理
七、綠建築 （一）定義 （二）綠建築的規範評估 （三）綠建築九大指標的設計評估 （四）綠建築的分級評估 （五）綠建築推動方案

備註	表列命題大綱為考試命題範圍之例示，惟實際試題並不完全以此為限，仍可命擬相關之綜合性試題。

建管行政

適用考試名稱	適用考試類科
公務人員高等考試三級考試	建築工程、公職建築師
特種考試地方政府公務人員考試三等考試	建築工程、公職建築師
特種考試交通事業鐵路人員考試高員三級考試	建築工程

專業知識及核心能力	一、了解建築執照審查許可、施工管理、使用管理（含變更使用）、營造業管理、公寓大廈管理及廣告物管理、違章建築處理、建築師法、未來建管發展趨勢等。 二、了解法規規定之處分、處罰與行政救濟等相關業務。 三、了解中央法規標準法、地方制度法、行政程序法、訴願法及行政訴訟法等法規之規定。

命題大綱
一、執行建築管理行政業務所涉之處分、處罰與行政救濟等相關業務之法規，包括中央法規標準法、地方制度法、行政程序法、行政執行法、訴願法及行政訴訟法等法規之原理原則。 二、營建法規的意義、位階、分類、效力、應用原則、施行、適用、解釋及常用術語。 三、營建法規體系層級和架構、區域計畫法體系及相關法規、都市計畫法體系及相關法規、建築法體系及相關法規。 四、建築師法、技師法及其相關法規。

五、營造業法、公寓大廈管理條例、招牌廣告及樹立廣告管理辦法、建築物昇降設備管理辦法、違章建築管理辦法及室內裝修管理辦法等法規。 六、政府採購法及相關法令有關招標、審標、決標、履約管理、查驗及驗收、爭議處理（異議與申訴、調解與仲裁）等相關規定。 七、建築管理之歷史演變及先進國家建築管理發展趨勢，現代建築管理之發展過程、理論、目的及建築管理之核心價值。	
備註	表列命題大綱為考試命題範圍之例示，惟實際試題並不完全以此為限，仍可命擬相關之綜合性試題。

建築環境控制

適用考試名稱	適用考試類科
公務人員高等考試三級考試	建築工程
特種考試地方政府公務人員考試三等考試	建築工程
特種考試交通事業鐵路人員考試高員三級考試	建築工程
專業知識及核心能力	一、了解建築環境控制於國際間最新趨勢與發展方向。 二、了解建築物理之基本原理與設計原則。 三、了解建築設備系統之構成與應用。 四、了解建築相關法系對於建築環境控制的規範。

命題大綱

一、國際新趨勢

（一）地球環境　（三）綠建築　（五）生態工法

（二）永續環境　（四）健康建築　（六）智慧生活空間

二、建築物理

（一）建築和自然的關係，內容包括大氣候、區域氣候、微氣候對建築設計之影響等相關知識。

（二）建築物溫熱之基本原理，節能設計原則，建築結構與構造之保溫、隔熱、防潮的設計，以及日照、遮陽、自然通風方面之設計。

（三）建築物採光及照明之基本原理，採光設計標準，室內外環境照明之控制，以及採光照明與節能之應用。

（四）建築音響之基本知識，內容包括環境噪音與室內噪音基準之控制，建築設計配

合建築隔音與吸音材料，環境及使用性之隔音、吸音、噪音防治，音響設計規劃之音響評估指標等。
三、建築設備 （一）建築給排水、衛生設備之系統構成，消防設備之防火、避難、滅火、救助，雨水、排水、通氣系統及節水之基本知識與應用。 （二）空調系統之構成及設計需求、各空調主要設備之空間需求、通風空調系統及控制，以及空調與節能和健康之應用。 （三）電力供電方式、電氣配線、電氣系統的安全防護、供電設備、電氣照明設計及節能及建築避雷針設備之基本知識，以及通信、廣播、有線電視、安全防犯系統、火災警報系統及建築設備自動控制、電腦網路與綜合佈線等應用。 （四）建築垂直運送機械系統，交通運送量的需求、室內動線的配置關係等應用。
四、相關法令規範 （一）建築法規及建築技術規則中有關設計施工之日照、採光、通風、節約能源及防音等管制規範。 （二）建築法規及建築技術規則中有關電氣、給排水、衛生、消防、空調、昇降機等設備之設計準則。

備註	表列命題大綱為考試命題範圍之例示，惟實際試題並不完全以此為限，仍可命擬相關之綜合性試題。

建築營造與估價

適用考試名稱	適用考試類科
公務人員高等考試三級考試	建築工程
公務人員升官等考試薦任升官等考試	建築工程
特種考試地方政府公務人員考試三等考試	建築工程
特種考試交通事業鐵路人員考試高員三級考試	建築工程
專業知識及核心能力	一、了解建築施工之專業知識與應用。 二、了解建築估價之專業知識與應用。

命題大綱
一、綠建築材料與綠營造觀念認知與應用。 二、建築構法的系統、類型的認知、應用與控管等（如構造系統、基礎工程、結構體工程、

內外部裝修工程、防災工程等相關構法）。 三、建築工法的技術、程序、安全、勘驗、規範的認知、應用與控管等。（如安全防護措施、設備機具運用、施工程序與技法、施工監造與勘驗、內外部裝飾工法、建築廢棄物再利用工法、建築物災後之修護和補強工法等）。 四、建築工程的施工計畫與品質管理的項目、程序、期程、方法、安全、品管、規範的認知、應用與控管等。 五、建築工程預算編列與發包採購的內容、方法的認知、應用與控管及建築工程價值分析和工料分析之方法等。	
備註	表列命題大綱為考試命題範圍之例示，惟實際試題並不完全以此為限，仍可命擬相關之綜合性試題。

建築設計

適用考試名稱	適用考試類科
公務人員高等考試三級考試	建築工程
公務人員升官等考試薦任升官等考試	建築工程
特種考試地方政府公務人員考試三等考試	建築工程
特種考試交通事業鐵路人員考試高員三級考試	建築工程
專業知識及核心能力	一、了解建築設計原理。 二、具各類建築型態之設計能力。 三、具建築繪圖技術及建築表現能力。

命題大綱
一、建築設計原理 （一）基本原理　（二）流程　（三）建築史知識
二、建築設計 （一）將主題需求轉化為設計條件 （二）運用建築設計解決建築問題 （三）建築之經濟性、功能性、安全性、審美觀、及永續性之原理與技術 （四）各類建築型態之設計準則 （五）相關法令及規範
三、繪圖技術及建築表現

（一）建築物與其基地外部及室內環境及利用 （二）設計說明、分析、圖解配置圖、平面圖、立面圖、剖面圖、透視圖、及鳥瞰圖等表達設計理念、構想及溝通技巧 （三）評估建築優劣	
備註	表列命題大綱為考試命題範圍之例示，惟實際試題並不完全以此為限，仍可命擬相關之綜合性試題。

營建法規與實務

適用考試名稱	適用考試類科
公務人員高等考試三級考試	公職建築師
特種考試地方政府公務人員考試三等考試	公職建築師
專業知識及核心能力	了解國土規劃、區域計畫法、都市計畫法、建築法、建築技術規則等法規體系及其相關法令之規定。
命題大綱	
一、國土規劃、區域計畫法體系及相關法規 （一）意義、功能及種類 （二）空間範圍及內容 （三）區域計畫法及其施行細則 （四）非都市土地使用管制規則 （五）非都市土地開發許可制度之內容及程序 （六）農業用地興建農舍辦法	
二、都市計畫法體系及相關法規 （一）主管機關及職掌，擬定、變更、發布及實施 （二）主要計畫及細部計畫內容 （三）都市計畫制定程序 （四）審議 （五）都市土地使用管制 （六）都市計畫容積移轉實施辦法 （七）都市計畫事業實施內容 （八）促進民間參與公共建設相關法令	

（九）都市更新條例及相關法規，都市發展管制相關法令 （十）貫徹都市設計相關規定及內容
三、建築法體系及相關法規 （一）立法目的及建築管理內容 （二）建築法主管建築機關 （三）建築法的適用對象 （四）建築法中「建築行為」意義內容 （五）一宗建築基地及應留設法定空地規定 （六）建築行為人權利與義務規定及限制 （七）免由建築師設計監造或營造業承造建築物 （八）建築許可、山坡地建築許可及管理 （九）建築基地、建築界線及開發相關法規管制計畫及管制規定 （十）建築施工管理內容及相關法令 （十一）建築使用管理內容及相關法令 （十二）其他建築管理事項
四、建築技術規則 （一）架構內容 （二）建築物一般設計通則內容 （三）建築物防火設計規範 （四）特定建築物定義及相關規定 （五）容積設計的意義、目的、範圍、內容、考慮因素、收益及相關規定 （六）建築技術規則其他規定
五、綠建築 （一）定義 （二）綠建築標章 （三）綠建築九大指標的設計評估 （四）綠建築的分級評估 （五）智慧綠建築推動方案 （六）建築技術規則有關綠建築基準及相關設計技術規範

備註	表列命題大綱為考試命題範圍之例示，惟實際試題並不完全以此為限，仍可命擬相關之綜合性試題。

貳、普通考試

營建法規概要

適用考試名稱	適用考試類科
公務人員普通考試	建築工程
特種考試地方政府公務人員考試四等考試	建築工程
公務人員特種考試身心障礙人員考試四等考試	建築工程
特種考試交通事業鐵路人員考試員級考試	建築工程
專業知識及核心能力	了解營建法規、建管行政法規、營建法規體系、建築法、建築技術規則、綠建築、政府採購法。

命題大綱
一、營建法規 （一）意義、位階、分類、效力、應用原則、施行、適用、解釋及常用術語
二、建管行政法規 （一）中央法規標準法 （二）訴願法 （三）行政程序法 （四）執行法
三、營建法規體系 （一）層級和架構 （二）區域計畫法體系及相關管制法規 （三）都市計畫法體系及相關管制法規 （四）建築法體系及相關法規 （五）建築技術規則體系及相關法規 （六）營造業法 （七）公寓大廈管理條例及其子法及建築物室內裝修管理辦法
四、建築法 （一）立法目的及建築管理內容 （二）建築法主管建築機關 （三）建築法的適用對象 （四）建築法中〝建築行為〞意義內容

（五）一宗建築基地及應留設法定空地規定 （六）建築行為人權利與義務規定及限制 （七）免由建築師設計監造或營造業承造建築物 （八）建築許可、山坡地開發建築許可、工商綜合區、開發許可、都市審議許可，建築基地、建築界線及開發相關法規管制計畫及管制法規 （九）建築施工管理內容及相關法令 （十）建築使用管理內容及相關法令 （十一）其他建築管理事項
五、建築技術規則 （一）架構內容 （二）建築物一般設計通則內容 （三）建築物防火設計規範 （四）綠建築標章 （五）特定建築物定義及相關規定 （六）建築容積管制的意義、目的、範圍、內容、考慮因素、效益及相關規定 （七）建築技術規則其他規定
六、建築技術規則體系 （一）建築物防火避難安全法規 （二）建築物使用類組及變更使用辦法 （三）舊有建築物防火避難設施及消防安全設備改善辦法 （四）建築物公共安全檢查簽證及申報辦法 （五）防火避難檢討報告書申請認可要點 （六）建築物防火避難性能設計計畫書申請認可辦法
七、綠建築 （一）定義 （二）綠建築的規範評估 （三）綠建築九大指標的設計評估 （四）綠建築的分級評估 （五）綠建築推動方案
八、政府採購法 （一）政府採購法及相關法令有關招標、審標、決標，履約管理，查驗及驗收

（二）異議與申訴 （三）調解及採購申訴審議委員會的規定	
備註	表列命題大綱為考試命題範圍之例示，惟實際試題並不完全以此為限，仍可命擬相關之綜合性試題。

施工與估價概要

適用考試名稱	適用考試類科
公務人員普通考試	建築工程
特種考試地方政府公務人員考試四等考試	建築工程
公務人員特種考試身心障礙人員考試四等考試	建築工程
特種考試交通事業鐵路人員考試員級考試	建築工程
專業知識及核心能力	了解建築施工的基本知識與應用。 了解建築估價的基本知識與應用。

命題大綱	
一、綠建築材料與綠營造施工上基本觀念認知與應用（如有關綠建材、防火材料、綠營造的基本概念） 二、建築構法的系統、類型在施工上的基本觀念的認知與應用（如有關構造系統各類型、基礎工程、結構體工程、內外部裝修工程、防災工程等之基本施工概念） 三、建築工法的技術、程序、安全、勘驗、規範在施工上的基本觀念的認知與應用。（如安全防護措施、設備機具運用、施工程序與技法、施工監造與勘驗、內外部裝飾工法、建築廢棄物再利用工法、建築物災後之修護和補強工法等在施工上基本概念） 四、建築工程有關施工計畫與管理的項目、程序、期程、方法、安全、品管、規範在施工上的基本觀念的認知與應用（如建築施工計畫與建築施工品質管理等基本概念） 五、建築工程預算編列與發包採購在施工上的基本概念與應用及建築工程工料分析方法之基本概念及應用	
備註	表列命題大綱為考試命題範圍之例示，惟實際試題並不完全以此為限，仍可命擬相關之綜合性試題。

工程力學概要

適用考試名稱	適用考試類科
公務人員普通考試	土木工程、建築工程
特種考試地方政府公務人員考試四等考試	建築工程
公務人員特種考試原住民族考試四等考試	土木工程
公務人員特種考試身心障礙人員考試四等考試	土木工程、建築工程
特種考試交通事業鐵路人員考試員級考試	土木工程、建築工程

專業知識及核心能力	了解力系及其平衡。 具材力及應力分析能力。 具樑柱在不同外力作用下的分析能力。

命題大綱
一、不同力系及其平衡 （一）平面力系　（二）空間力系
二、簡單桁架之桿件內力分析
三、簡單懸索之變形和應力分析
四、型心與面積慣性力矩 （一）各種幾何形狀之型心計算　（二）各種構材斷面之面積慣性力矩計算
五、受軸力構材之應力與應變概念 （一）虎克定律　（二）波桑比　（三）剪應變等
六、樑在不同外力作用下之分析 （一）變形　（二）繪製彎矩圖及剪力圖
七、柱的基本行為分析 （一）結構穩定性概念 （二）不同端部束制條件下柱之臨界載重 （三）同心與偏心載重下之柱行為及設計概念

備註	表列命題大綱為考試命題範圍之例示，惟實際試題並不完全以此為限，仍可命擬相關之綜合性試題。

建築圖學概要

<table>
<tr><th colspan="2">適用考試名稱</th><th>適用考試類科</th></tr>
<tr><td colspan="2">公務人員普通考試</td><td>建築工程</td></tr>
<tr><td colspan="2">特種考試地方政府公務人員考試四等考試</td><td>建築工程</td></tr>
<tr><td colspan="2">公務人員特種考試身心障礙人員考試四等考試</td><td>建築工程</td></tr>
<tr><td colspan="2">特種考試交通事業鐵路人員考試員級考試</td><td>建築工程</td></tr>
<tr><td>專業知識及核心能力</td><td colspan="2">一、了解投影幾何、光線與陰影之基本原理與應用。
二、了解國家標準（CNS）建築製圖符號之意義與用途。
三、了解建築製圖相關知識。
四、具備繪圖能力。</td></tr>
<tr><th colspan="3">命題大綱</th></tr>
<tr><td colspan="3">一、投影幾何之基本原理與應用
（一）正投影　（二）斜投影　（三）透視投影</td></tr>
<tr><td colspan="3">二、光線與陰影之基本原理與應用</td></tr>
<tr><td colspan="3">三、國家標準（CNS）建築製圖符號之意義與用途</td></tr>
<tr><td colspan="3">四、建築製圖相關知識
（一）建築材料　（四）建築設備
（二）建築構造與施工　（五）營建法規
（三）結構系統　（六）建築估價</td></tr>
<tr><td colspan="3">五、繪圖
（一）繪製建築物或物體三視圖及將二度空間圖面轉換成三度空間實體。
（二）運用等角圖及斜投影圖之繪法，繪出建築之示意圖。
（三）根據提供的草圖與資料，繪製建築圖包括：平面圖、立面圖、剖面圖及詳細圖。
（四）依據建築平面圖和立面圖，繪製室內或室外之一點或二點透視圖與陰影。</td></tr>
<tr><td>備註</td><td colspan="2">表列命題大綱為考試命題範圍之例示，惟實際試題並不完全以此為限，仍可命擬相關之綜合性試題。</td></tr>
</table>

參、專門職業及技術人員高等考試

中華民國 93 年 3 月 17 日考選部選專字第 0933300433 號公告訂定
中華民國 97 年 4 月 22 日考選部選專字第 0973300780 號公告修正
中華民國 103 年 6 月 20 日考選部選專二字第 1033301094 號公告修正
中華民國 103 年 7 月 29 日考選部選專二字第 1033301463 號公告修正
中華民國 107 年 6 月 28 日考選部選專二字第 1073301240 號公告修正

專業科目數		共計 6 科目
業務範圍及核心能力		建築師受委託人之委託，辦理建築物及其實質環境之調查、測量、設計、監造、估價、檢查、鑑定等各項業務，並得代委託人辦理申請建築許可、招商投標、擬定施工契約及其他工程上之接洽事項。
編號	科目名稱	命題大綱
一	建築計畫與設計	一、建築計畫：含設計問題釐清與界定、課題分析與構想，應具有綜整建築法規、環境控制及建築結構與構造、人造環境之行為及無障礙設施安全規範、人文及生態觀念、空間定性及定量之基本能力，以及設定條件之回應及預算分析等。 二、建築設計：利用建築設計理論與方法，將建築需求以適當的表現方式，形象地表達建築平面配置、空間組織、量體構造、交通動線、結構及構造、材料使用等滿足建築計畫的要求。
二	敷地計畫 與都市設計	一、敷地計畫：敷地調查及都市設計相關理論與應用，依都市設計及景觀生態原理，進行土地使用，交通動線、建築配置、景觀設施、公共設施、水土保持等計畫。 二、都市設計：都市計畫之宗旨、都市更新及都市設計之理論及應用（包含都市設計與更新、景觀、保存維護、公共藝術、安全、永續發展、民眾參與及設計審議等各專業的關係）。
三	營建法規與實務	一、建築法、建築師法及其子法、建築技術規則。 二、都市計畫法、都市更新條例及其子法。 三、國土計畫法、區域計畫法及其子法有關非都市土地使用管制法規。

		四、公寓大廈管理條例及其子法。 五、營造業法及其子法。 六、政府採購法及其子法、契約與規範。 七、無障礙設施相關法規。 八、其他相關法規。
四	建築結構	一、建築結構系統：系統觀念與系統規書。 二、建築結構行為：梁、柱、牆、版、基礎、結構穩定性、靜定、靜不定、桁架、剛性構架、鋼骨、RC、木造、磚造、抗風結構、耐震結構、消能隔震、與時事有關之結構問題。 三、建築結構學：桁架與剛構架之結構分析計算。 四、建築結構設計與判斷：鋼筋混凝土結構或鋼結構。 五、其他與建築結構相關實務事項：不同的系統對於施工執行性、工期、費用等整體性效益之分析，具彈性改變使用永續性綠結構等。
五	建築構造與施工	一、建築材料：構造別之材料性能、常用材料、綠建材特性。 二、建築構造：基礎構造，木造、RC、S、SRC 及其他造之主要構造，屋頂構造、外牆構造及室內裝修構造。 三、建築工法：防護措施、設備機具及其他各類工法之運用。 四、建築詳圖：常用之建築細部詳圖。 五、建築工程施工規範：常用之建築工程施工規範之認知（含無障礙設計施工規範）。 六、常識與觀念：建築、室內裝修及景觀之施工、構造、建材之一般常識與經驗，對永續、防災、生態等性能之運用。 七、不同材料對於施工執行性、工期、費用等整體性效益之了解。
六	建築環境控制	一、建築物理環境 （一）建築熱環境 （二）建築通風換氣環境 （三）建築光環境 （四）建築音環境 二、建築設備 （一）給排水衛生設備系統

		（二）消防設備系統 （三）空調設備系統 （四）建築輸送設備系統 （五）電氣及照明設備系統 三、時代趨勢：地球環境、永續建築、綠建築、綠建材、健康建築、生態工法、智慧建築、友善環境理念、近期發生事例分析。 四、建築設計與環境控制之關係。
備註		表列各應試科目命題大綱為考試命題範圍之例示，惟實際試題並不完全以此為限，仍可命擬相關之綜合性試題。

資料來源：考選部。

一、表列各應試科目命題大綱為考試命題範圍之例示，惟實際試題並不完全以此為限，仍可命擬相關之綜合性試題。

二、若應考人發現當次考試公布之測驗式試題標準答案與最新公告版本之參考書目內容如有不符之處，應依「國家考試試題疑義處理辦法」之規定。

單元

1

公務人員高考三級

110年 公務人員高等考試三級考試試題／建築結構系統

一、試分析圖 1 所示梁結構，其中 A 點為一固定端，B 點為一內鉸點，而 C 點為一滾支承，依圖示載重回答下列問題：

（一）求 A 點及 C 點之支承反力（須標示大小及方向）。（10 分）

（二）繪出此梁結構之剪力圖與彎矩圖（須標示圖中各轉折點之數值大小）。（15 分）

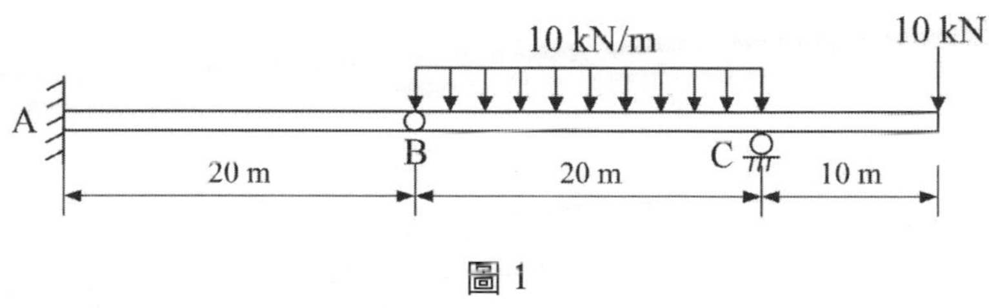

圖 1

參考題解

（一）設 C 點垂直向支承力R_C，A 點垂直向支承力R_A，水平向支承力H_A，彎矩M_A，如圖

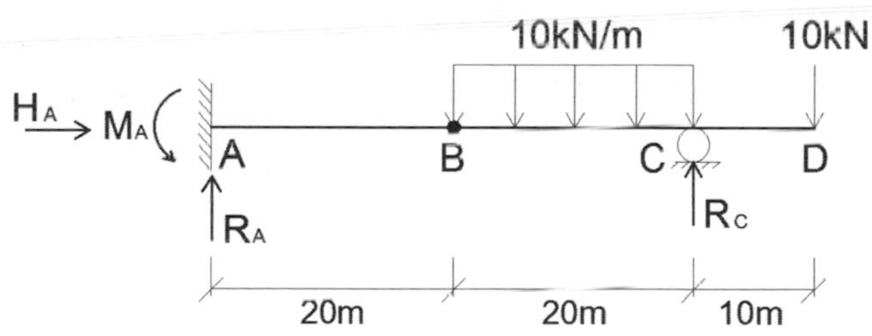

取桿件 BCD 為分離體如圖

取 B 點彎矩平衡，

$R_C \times 20 = 10 \times 20 \times 20/2 + 10 \times 30$

得 $R_C = 115kN(\uparrow)$

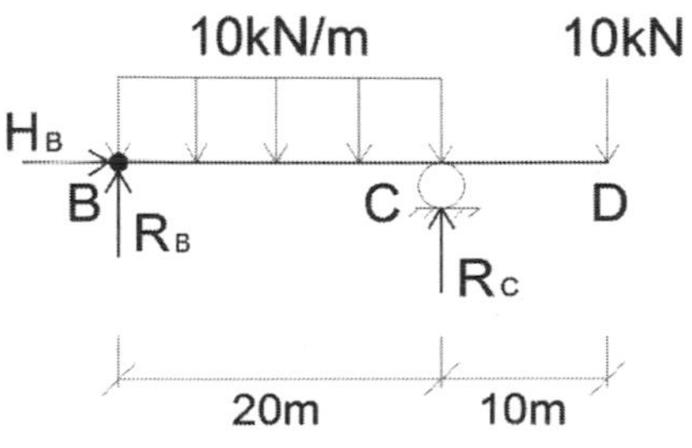

取整體結構垂直力平衡，$R_A + R_C = 10 \times 20 + 10$，得 $R_A = 95kN(\uparrow)$

水平力平衡，$H_A = 0\text{kN}$

A 點彎矩平衡，$M_A + R_c \times 40 = 10 \times 20 \times 30 + 10 \times 50$

得$M_A = 1900\text{kN} - \text{m}(\curvearrowleft)$

（二）繪得剪力圖及彎矩圖如下

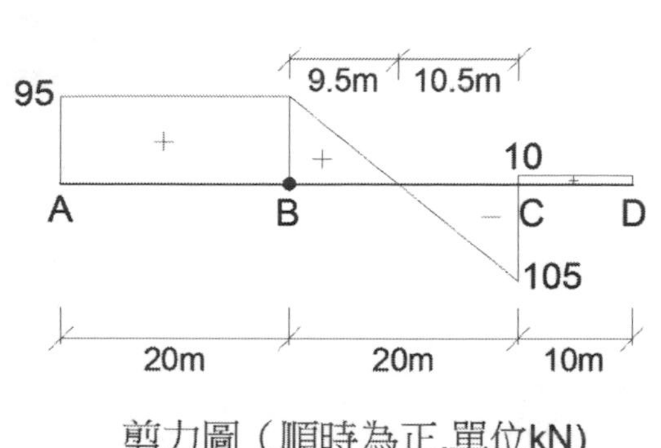

剪力圖（順時為正,單位kN)

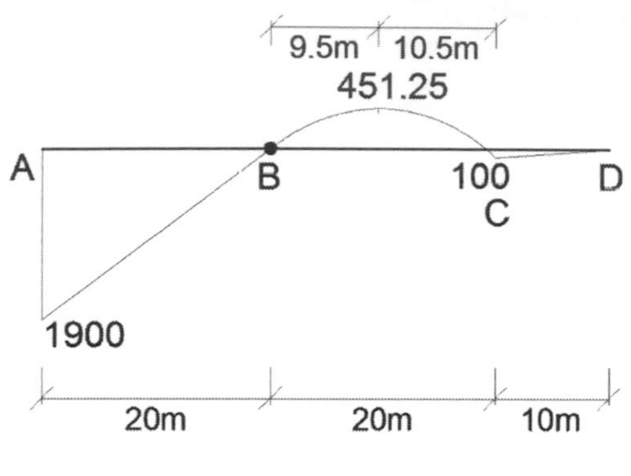

彎矩圖（繪於壓力側,單位kN-m)

> 二、桃園市平鎮區文化公園地下停車場工程，於民國 109 年 4 月 30 日在地下結構體興建完成，進行覆土作業時，突然發生崩塌意外，其面積高達 1300 多坪，造成嚴重職安意外。該地下停車場工程之頂版（地下一層）及地下二層樓版系統，係採鋼筋混凝土無梁版（平版）結構系統。試回答下列問題：
>
> （一）說明無梁版結構系統及柱版交界處之可能破壞模式，試用繪圖說明。（15 分）
>
> （二）若位於地震帶之建築採用無梁版結構系統時，說明可用於抵抗側向力與垂直力之機制。（10 分）

參考題解

（一）無梁版結構系統及柱版交界處容易產生穿孔（貫穿）剪力破壞，依混凝土規範之 4.13 版及基腳之特殊規定解說略以，版在接近柱之剪力強度，須以兩種方式計算，即寬梁作用及雙向作用，並以能達成較安全者為準，而雙向平版之雙向作用為主要行為模式，其破壞機制為沿圍繞集中載重或反力處截頭圓錐或角錐之穿孔剪力。版柱接頭處，寬梁作用剪力強度及雙向作用剪力強度之承載面積與臨界斷面，詳下圖左，柱版交界處穿孔剪力破壞示意如下圖右：

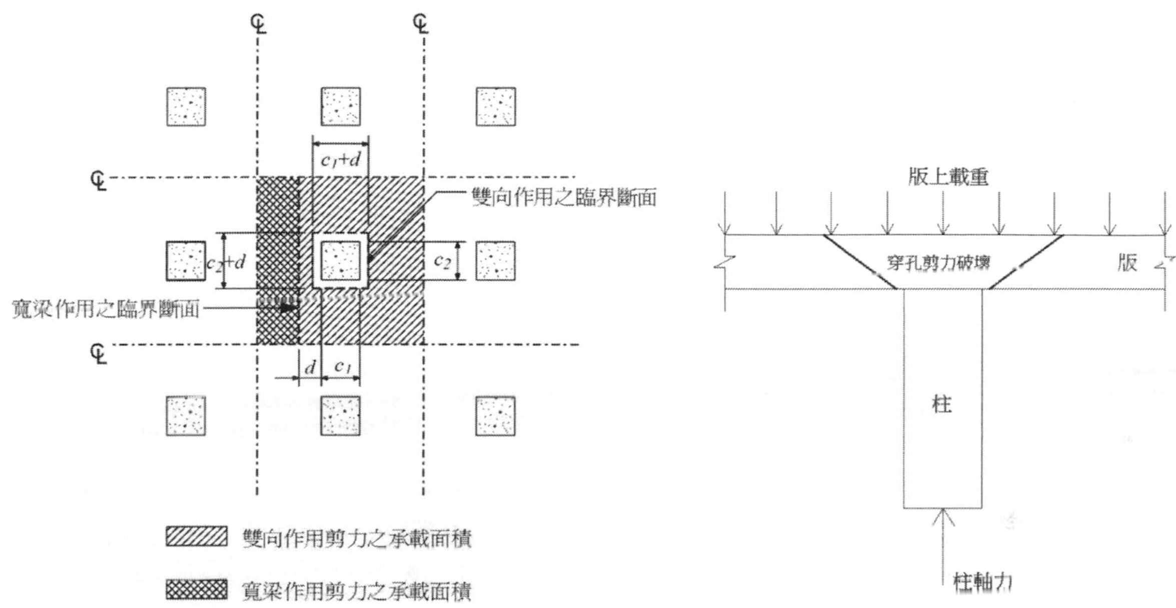

版柱接頭處版剪力之承載面積及臨界斷面平面圖　　版柱接頭處穿孔剪力破壞示意圖（立剖面）

圖片來源：混凝土工程設計規範。

設計無梁版結構系統之穿孔剪力破壞檢核除了考量均布荷載外，當無梁版結構系統不等跨、邊界條件不同、施工機械的衝擊載重或覆土不等高造成不均勻荷載等情況，均會產生柱頂接頭之不平衡彎矩，其所產生之偏心剪力更容易產生穿孔剪力破壞，亦需特別加以考量，施工時亦需特別加以注意。而穿孔剪力破壞為脆性破壞，在設計、檢核及施工時，宜偏保守側，以避免突然發生崩塌，造成職安意外。

（二）1. 地震帶無梁版結構系統抵抗側向力機制：無梁版結構系統由於水平構件沒有一般樑完整或者架設大梁高度僅同樓版厚度，其抗側力勁度低，承受水平力作用的能力較差，不適合在承受豎向荷載的同時還要傳遞水平荷載，故一般無梁板只用於承受垂直載重，而不承受地震力，其韌性比較差，地震力必須靠板四周的樑柱或剪力牆來承受，因此在地震帶之無梁版結構系統通常應用於地下結構，基本不承受水平地震力載重，側向力則由地下室四周之 RC 牆（或連續壁）承受。

2. 抵抗垂直力機制：如上分析，無梁版在柱頭處產生較大剪力，容易產生穿孔剪力破壞，需加以剪力補強，如加柱頭版、柱帽、箍筋或剪力接頭等，而柱頭不平衡彎矩則需加配撓曲鋼筋抵抗。

三、近年國內中高層與超高層新建建築物結構中，大多選擇以配置減震材料或裝置之方式，以有效提升建築結構之結構效率，及達到設計所要求之耐震能力。這幾年來，亦可明顯發現，此類結構系統中選擇採用鋼耐震間柱設計的新建案已逐年增加，其普及性亦有增加之趨勢。試回答下列問題：

（一）試說明使用鋼耐震間柱之優點及其適用時機。（10分）

（二）常見鋼耐震間柱可分為彎矩降伏型及剪力降伏型二類，試繪圖說明二者之構造與傳力原理。（15分）

參考題解

（一）耐震間柱為減震（制震）裝置之一種，屬位移相依型，利用裝設在結構物上的間柱作為消能裝置，可抑制建築物的反應震動，降低建築物的側向位移變形，在建築結構主要構件承受地震力之前，先行吸收消耗地震能量，減少地震力的危害，當檢討結構勁度不足、側移量過大或需提昇耐震性能時採用，常運用於高樓鋼構建築物。其優點主要有三：

1. 可配合建築空間之需求較彈性安排配置位置，對建築物內部空間利用之衝擊性較小。
2. 提升結構之總體勁度與強度，有效改善結構勁度不足問題。
3. 藉由耐震間柱遲滯消能行為吸收消耗地震能量，提升建築結構之整體耐震性能。

（二）彎矩降伏型及剪力降伏型分述如下

1. 彎矩降伏型耐震間柱：

主要以於桿件兩端發展塑性鉸之機制，產生桿件遲滯消能行為與提供桿件韌性之目的，而桿件之中間部則主要維持彈性狀態。於此類間柱設計中，為控制端部塑鉸發生位置，使其盡量避免發生於間柱桿件端部與邊界梁相接處之銲接接合部，通常可於桿件端部採用翼板切削的設計，示意如圖。

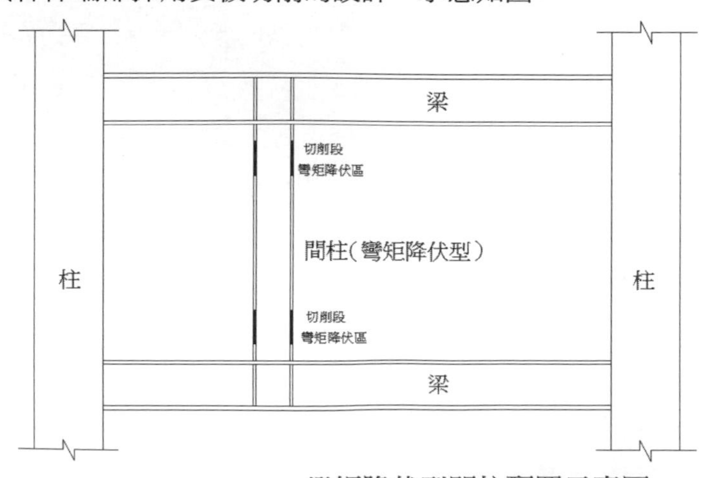

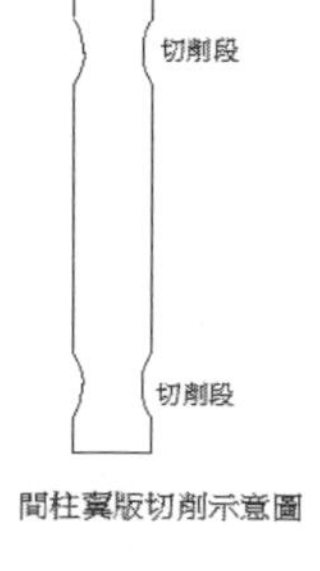

彎矩降伏型間柱配置示意圖

而除可採用上述端部斷面削弱方式外，亦可於間柱桿件端部採用斷面強化之方式，如採用增加蓋板（cover plate）、加勁板或將翼板擴板等方式，透過增加間柱桿件端部之斷面，避免塑性區域擴及桿件端部與邊界梁相接處之銲接接合部。配合各建案之不同設計需求與增加斷面尺寸之彈性，此耐震間柱桿件之構造一般多採取 H 型組合鋼斷面之型式設計，以方便靈活調整斷面尺寸因應結構設計上對桿件強度與勁度之需求。

2. 剪力降伏型耐震間柱：

主要以於桿件中間部位置（此處之彎矩內力一般較小）發展剪力塑性鉸，以達到桿件遲滯消能與提供韌性之目的，為確保桿件之塑鉸僅產生於中間部位置，因此桿件上、下端部須設計以保持彈性。即此類耐震間柱桿件於構造上大致上分為三區段，中間段為剪力降伏段，而上下兩段為彈性段，為控制桿件強度與確保塑性行為僅發生於中間段，剪力降伏段之腹板通常採用較薄或降伏強度較低之鋼板，並須適當配置橫向加勁板以避免中間段腹板之挫屈。而為確保上下之彈性段始終維持彈性以及提升桿件整體之勁度，其通常採用降伏強度較高之鋼材或較厚之翼板及腹板所構成之 H 型組合斷面。示意如圖。

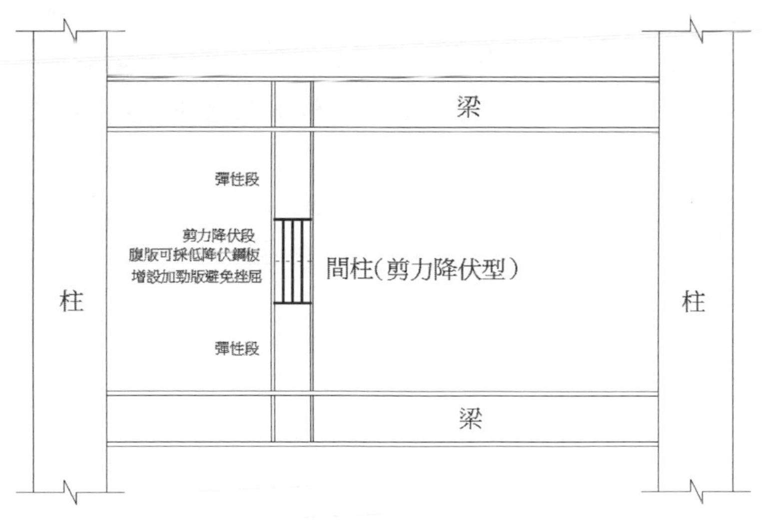

剪力降伏型間柱配置示意圖

資料來源：內容節錄及修改自「鋼耐震間柱結構系統設計準則與性能評估方法研擬」，內政部建築研究所協同研究報告，109 年 12 月。

四、為使建築物各層具有均勻之極限剪力強度，無顯著弱層存在，依現行之建築物耐震設計規範須進行極限層剪力強度檢核，試說明其檢核方式與合格標準。（25 分）

參考題解

依現行內政部 100 年修正之建築物耐震設計規範及解說之 2.17 極限層剪力強度之檢核內容，為使建築物各層具有均勻之極限剪力強度，無顯著弱層存在，應依可信方法計算各層之極限層剪力強度，不得有任一層強度與其設計層剪力的比值低於其上層所得比值 80% 者。

若弱層之強度足以抵抗總剪力 $V = F_{uM}\left(\frac{S_{aD}}{F_{uM}}\right)_m IW$之地震力者，不在此限。

須檢核極限層剪力強度者，包括所有二層樓以上之建築物；另若建築物之下層與上層之總牆量斷面積（含結構及非結構牆）的比值低於 80% 者，計算極限層剪力強度時須計及非結構牆所提供之強度。

◎另依規範解說內容略以：

計算極限層剪力強度的方法沒有一定的限制，譬如建築物進行強柱弱梁等韌性設計後，可求得各柱當其上、下梁端產生塑鉸時的柱剪力，將整層的此等柱剪力相加，就可得該層的極限層剪力強度。

至於含非結構牆結構物的極限層剪力強度如何計算，雖然牆及構架之極限強度於地震時通常不會同時到達，但由於檢核之目的僅在將因非結構牆所造成之弱層的現象檢核出來，所以計算含非結構牆極限層剪力強度時可分別計算構架及非結構牆的強度，然後直接相加而得該層之極限層剪力強度。由於柱、RC 剪力牆、非結構 RC 牆與磚牆破壞時單位面積對應能承擔的剪力不同，因此以 RC 剪力牆的面積為基準，RC 柱、非結構 RC 牆與磚牆之有效面積要分別乘以 0.5、0.4 與 0.25。

110 年 公務人員高等考試三級考試試題／營建法規

一、都市計畫法第 22 條規定，細部計畫應以細部計畫書及細部計畫圖就七件事項表明，請列出其中五項。（25 分）

參考題解

【參考九華講義-第 3 章】

細部計畫：（都計-7、22）

係指依下列內容所為之細部計畫書及細部計畫圖，作為實施都市計畫之依據：

（一）計畫地區範圍。

（二）居住密度及容納人口。

（三）土地使用分區管制。

（四）事業及財務計畫。

（五）道路系統。

（六）地區性之公共設施用地。

（七）其他。

（※細部計畫圖比例尺不得小於一千二百分之一。）

二、依建築法第 77 條之 2 規定，建築物進行室內裝修時，不得妨害或破壞防火避難設施、消防設備、防火區劃及主要構造。針對「不得妨害或破壞防火區劃」乙項，試申論依據建築技術規則相關規定，設計者在進行防火構造建築物之室內裝修設計工作時應注意事項有那些？（25 分）

參考題解

【參考九華講義-第 5 章】

防火區劃：（技則-II-79、79-1~79-4）

（一）防火建築物及防火構造建築物：

1. 防火構造建築物總樓地板面積在一、五〇〇平方公尺以上者，應按每一、五〇〇平方公尺，以具有一小時以上防火時效之牆壁、防火門窗等防火設備與該處防火構造之樓地板區劃分隔。防火設備並應具有一小時以上之阻熱性。應予區劃範圍內，如備有效自動滅火設備者得免計算其有效範圍樓地板面積之二分之一。防火區劃之牆壁，應突出建築物外牆面五十公分以上。但與其交接處之外牆面長度有九十公分以上，且該外牆構造具有與防火區劃之牆壁同等以上防火時效者，得免突出。建築物外牆為帷幕牆者，其外牆面與防火區劃牆壁交接處之構造，仍應依前項之規定。

2. 防火構造建築物供下列用途使用，無法區劃分隔部分，以具有一小時以上防火時效之牆壁、防火門窗等防火設備與該處防火構造之樓地板自成一個區劃者，不受前條第一項之限制：
   （1）建築物使用類組為集會表演組或文教設施組之觀眾席部分。
   （2）建築物使用類組為工業、倉儲類之生產線部分、國小校舍組或校舍組之教室、體育館、零售市場、停車空間及其他類似用途建築物。
   （3）前項之防火設備應具有一小時以上之阻熱性。
3. 防火構造建築物內之挑空部分、電扶梯間、安全梯之樓梯間、昇降機道、垂直貫穿樓板之管道間及其他類似部分，應以具有一小時以上防火時效之牆壁、防火門窗等防火設備與該處防火構造之樓地板形成區劃分隔。管道間之維修門並應具有一小時以上之防火時效。（昇降機道裝設之防火設備應具有遮煙性能。管道間之維修門並應具有一小時以上防火時效及遮煙性能。前項昇降機道前設有昇降機間且併同區劃者，昇降機間出入口裝設具有遮煙性能之防火設備時，昇降機道出入口得免受應裝設具遮煙性能防火設備之限制；昇降機間出入口裝設之門非防火設備但開啟後能自動關閉且具有遮煙性能時，昇降機道出入口之防火設備得免受應具遮煙性能之限制。）挑空符合左列情形之一者，得不受前項之限制：
   （1）避難層通達直上層或直下層之挑空、樓梯及其他類似部分，其室內牆面與天花板以耐燃一級材料裝修者。
   （2）連跨樓層數在三層以下，且樓地板面積在一、五〇〇平方公尺以下之挑空、樓梯及其他類似部分。
   第一項應予區劃之空間範圍內，得設置公共廁所、公共電話等類似空間，其牆面及天花板裝修材料應為耐燃一級材料。
4. 防火構造建築物之樓地板應為連續完整面，並應突出建築物外牆五十公分以上。但與樓板交接處之外牆面高度有九十公分以上，且該外牆構造具有與樓地板同等以上防火時效者，得免突出。外牆為帷幕牆者，其牆面與樓地板交接處之構造，應依前項之規定。建築物有連跨複數樓層，無法逐層區劃分隔之垂直空間者，應依前條規定。
5. 防火構造建築物之外牆，除本編第七十九條及第七十九條之三及第一百十條規定外，其他部分外牆應具有半小時以上防火時效。

三、依據「建築技術規則」建築設計施工編之一般設計通則，道路兩旁留設之騎樓，其寬度及構造，由主管建築機關參照當地情形，依照那四項標準訂定？（25 分）

參考題解

法定騎樓：（技則-II-28、57）

（一）法定騎樓面積：商業區之法定騎樓或住宅區面臨十五公尺以上道路之法定騎樓所占面積不計入基地面積及建築面積。建築基地退縮騎樓地未建築部分計入法定空地。

（二）構造：

1. 寬度：自道路境界線至建築物地面層外牆面，不得小於三・五公尺。
2. 騎樓地面應與人行道齊平，無人行道者，應高於道路邊界處十公分至二十公分，表面鋪裝應平整，不得裝置任何台階或阻礙物，並應向道路境界線作成四十分之一瀉水坡度。
3. 騎樓淨高，不得小於三公尺。
4. 騎樓柱正面應自道路境界線退後十五公分以上，但騎樓之淨寬不得小於二・五〇公尺。

四、於建築技術規則中綠建築的基準，建築物（建築基地內）應設置雨水貯留利用系統或生活雜排水回收再利用系統。請問，此二系統各有何指標評估成效？（6 分）如何計算？（6 分）其數值應大於多少？（6 分）系統處理後之用水，可使用於何用途？（7 分）

參考題解

（一）適用範圍：（技則-II-298）

建築物雨水或生活雜排水回收再利用：指將雨水或生活雜排水貯集、過濾、再利用之設計，其適用範圍為總樓地板面積達一萬平方公尺以上之新建建築物。但衛生醫療類（F-1 組）或經中央主管建築機關認可之建築物，不在此限。

（二）建築物應設置雨水貯留利用系統或生活雜排水回收再利用系統之規定：（技則-II-316）

建築物應就設置雨水貯留利用系統或生活雜排水回收再利用系統，擇一設置。設置雨水貯留利用系統者，其雨水貯留利用率應大於百分之四；設置生活雜排水回收利用系統者，其生活雜排水回收再利用率應大於百分之三十。

（三）雨水貯留利用系統或生活雜排水回收再利用系統處理後之用水用途：（技則-II-317）

可使用於沖廁、景觀、澆灌、灑水、洗車、冷卻水、消防及其他不與人體直接接觸之用水。

(四)建築物設置雨水貯留利用系統或生活雜排水回收再利用系統之設計規定:(技則-II-318)

建築物設置雨水貯留利用或生活雜排水回收再利用設施者，應符合下列規定：

1. 輸水管線之坡度及管徑設計，應符合建築設備編第二章給水排水系統及衛生設備之相關規定。
2. 雨水供水管路之外觀應為淺綠色，且每隔五公尺標記雨水字樣；生活雜排水回收再利用水供水管之外觀應為深綠色，且每隔四公尺標記生活雜排水回收再利用水字樣。
3. 所有儲水槽之設計均須覆蓋以防止灰塵、昆蟲等雜物進入；地面開挖貯水槽時，必須具備預防砂土流入及防止人畜掉入之安全設計。
4. 雨水貯留利用設施或生活雜排水回收再利用設施，應於明顯處標示雨水貯留利用設施或生活雜排水回收再利用設施之名稱、用途或其他說明標示，其專用水栓或器材均應有防止誤用之注意標示。

110年 公務人員高等考試三級考試試題／建管行政

一、國內近兩年受到疫情傳播及缺工缺料的影響，營建市場普遍存在工程流標或施工斷續的困擾，連帶產生無法申報開工或無法如期完工的問題，對於建築工程管理體系造成衝擊。

（一）請說明現行建築法中對於開工期限及竣工期限之管理規定及立法意旨。（12 分）

（二）試申論面對建築工程無法申報開工或無法如期完工的問題，各級政府依現行建築法的規定得有如何之因應作為？（13 分）

參考題解

（一）申報開工規定：（建築法-54）

起造人自領得建造執照或雜項執照之日起，應於六個月內開工；並應於開工前，會同承造人及監造人將開工日期，連同姓名或名稱、住址及證書字號及承造人之施工計畫書，申請該管主管建築機關備查。

起造人因故不能於前項期限內開工時，應敘明原因，申請展期。但展期不得超過三個月，逾期執照作廢。

（二）申報竣工：（建築法-53）

直轄市、縣（市）主管建築機關，於發給建造執照或雜項執照時，應依照建築期限基準之規定，核定其建築期限。

前項建築期限，以開工之日起算。承造人因故未能於建築期限內完工時，得申請展期一年，並以一次為限。未依規定申請展期，或已逾展期期限仍未完工者，其建造執照或雜項執照自規定得展期之期限屆滿之日起，失其效力。

第一項建築期限基準，於建築管理規則中定之。

二、2020 年 4 月 26 日臺北市發生錢櫃 KTV 林森店大火，2021 年 7 月 1 日彰化市發生百香果商旅防疫旅館大火，兩場災難共奪走 10 條寶貴生命，凸顯出建築物防火避難設施應隨時注意維護其使用功能以保障公共安全的重要性。請依據現行建築法相關規定，回答下列問題。

（一）何謂公共安全檢查簽證及申報制度？（12 分）

（二）對於原有合法建築物的防火避難設施不符現行安全標準，各級政府應有何種作為？（13 分）

參考題解

（一）建築物所有權人、使用人及主管建築機關對於維護建築物合法使用與其構造及設備安全之職責：（建築法-77）

1. 建築物所有權人、使用人：

（1）應維護建築物合法使用與其構造及設備安全。

（2）供公眾使用之建築物，應由建築物所有權人、使用人定期委託中央主管建築機關認可之專業機構或人員檢查簽證，其檢查簽證結果應向當地主管建築機關申報。非供公眾使用之建築物，經內政部認有必要時亦同。

2. 直轄市、縣（市）（局）主管建築機關：

（1）對於建築物得隨時派員檢查其有關公共安全與公共衛生之構造與設備。

（2）對於檢查簽證結果，主管建築機關得隨時派員或定期會同各有關機關複查。

（二）為維護公共安全，供公眾使用或經中央主管建築機關認有必要之非供公眾使用之原有合法建築物防火避難設施及消防設備不符現行規定者之處理：（建築法-77-1）

應視其實際情形，令其改善或改變其他用途。

三、近年來電動車市場在聯合國倡議節能減碳潮流下迅速崛起，除了政府部門已在公共場所積極布建電動車充電設備以滿足使用需求外，消費者更期待在自家公寓大廈停車場裡自行建置充電設備，利用下班離峰時間就能完成充電，此舉因涉及共用空間之修繕改良，現行公寓大廈管理機制如何回應處理，成為各方討論焦點。請依據現行公寓大廈管理條例相關規定，回答下列問題。

（一）面對社區公共事務的處理，全體區分所有權人會議及管理委員會的角色定位及權責分工各為何？（10 分）

（二）當部分區分所有權人提出希望於公寓大廈法定停車場裝設充電設備時，如經台電評估用電裕度無虞狀況下，全體區分所有權人會議及管理委員會應如何處理？（15 分）

參考題解

（一）1. 區分所有權人會議：（公寓-3）

指區分所有權人為共同事務及涉及權利義務之有關事項，召集全體區分所有權人所舉行之會議。

2. 管理委員會：（公寓-3）

指為執行區分所有權人會議決議事項及公寓大廈管理維護工作，由區分所有權人選任住戶若干人為管理委員所設立之組織。

（二）1. 充電設備使用：（公寓-9）

各區分所有權人按其共有之應有部分比例，對建築物之共用部分及其基地有使用收益之權。但另有約定者從其約定。

住戶對共用部分之使用應依其設置目的及通常使用方法為之。但另有約定者從其約定。

前二項但書所約定事項，不得違反本條例、區域計畫法、都市計畫法及建築法令之規定。

住戶違反第二項規定，管理負責人或管理委員會應予制止，並得按其性質請求各該主管機關或訴請法院為必要之處置。如有損害並得請求損害賠償。

2. 充電設備安裝：（公寓-11）

共用部分及其相關設施之拆除、重大修繕或改良，應依區分所有權人會議之決議為之。

前項費用，由公共基金支付或由區分所有權人按其共有之應有部分比例分擔。

四、依據行政程序法之規定，行政程序包括行政機關作成行政處分、締結行政契約、訂定法規命令與行政規則、確定行政計畫、實施行政指導及處理陳情等行為之程序，行政行為並應受法律及一般法律原則之拘束。請試寫出您所知悉的一般法律原則。（25 分）

參考題解

（一）行政院農委會 100 年 5 月（第 227 期）行政法之一般法律原則簡介-法規會 張學文

行政法之一般法律原則具有作為行政機關行為規範之效力，如有違反，並生實體上違法之效果，因此亦得作為裁判規範，而具有法源效力。一般法律原則經長久之發展，向來被列為不成文法源，但在行政程序法（下稱程序法）以例示方式加以明定後，雖已提升其位階為成文法源，惟此種抽象條文之具體化，仍有賴於執法機關了解其意涵與實踐。

（二）程序法第 4 條至第 10 條所揭櫫之內涵包括：

1. 依法行政原則（第 4 條）
2. 明確性原則（第 5 條）
3. 平等原則（第 6 條）
4. 比例原則（第 7 條）
5. 誠信原則與信賴保護原則（第 8 條）
6. 一體注意原則（第 9 條）
7. 裁量禁止濫用原則（第 10 條）等

爰以上揭原則為主簡述其意涵，並彙整相關司法裁判實務如后，以提供各機關（單位）法制作業之參考。

110年 公務人員高等考試三級考試試題／建築環境控制

一、何謂照明光害，依照綠建築評估手冊對照明光害之評估，說明如何減少環境中之照明光害。（20 分）

參考題解

（一）光害：

又稱為光污染，定義為過量的光輻射（包括可見光，紅外線及紫外線），對人類生活和生態造成不良影響的現象。

簡單來說，是在特定場合下，逸散光的數量、方向或光譜引起令人煩躁、分心或視覺能力下降的情形，人工光源不適當與欠缺環境考量的使用，阻礙良好的光環境，並帶來諸多負面影響的光線。

可分為：天空輝光（Sky glow），光侵擾（Light trespass），眩光（Glare），能源浪費（Energy westing），增加 CO2 排放等五種類型。

（二）減少環境中的光害手法：

1. 選好燈具，杜絕天空輝光：上射光與地面反射光為天空輝光的主因，為防止天空輝光則應選具有遮光功能的燈具，並在高處廣告燈光選擇向下投光。
2. 燈具位置與類型的選擇：路燈投射角應避開與住家窗戶同高，或使用遮光板與有截光設計的燈具。
3. 使用綠色照明：使用效率高，壽命長，安全穩定的照明產品，並控制照明節能（EX：分時段控制亮度，減少大樓夜間不必要的照明發散光亮）。
4. 友善的戶外照明設計。
5. 避免大面積使用高反射的帷幕玻璃。
6. 光害教育的推動，人人有防止光害的思維。

資料來源：都是愛迪生惹的禍。

二、智慧建築評估手冊中有關空調設備智慧化節能技術，請舉出二項可以得分之技術，並說明節能原理。（20 分）

參考題解

（一）能雲端源管理系統技術：

利用傳感器的建置（如智慧電表，溫濕度計，風速計，CO2，PM2.5 等）將偵測數據上傳管理平台，並利用物聯網 IOT 技術，將建築能源管理平台結合物聯網（Internet of Things, IOT）、人工智慧、大數據、雲端運算和網路安全等技術，讓建築空調節能技術更加完善。

（下圖可用簡化流程圖替代）

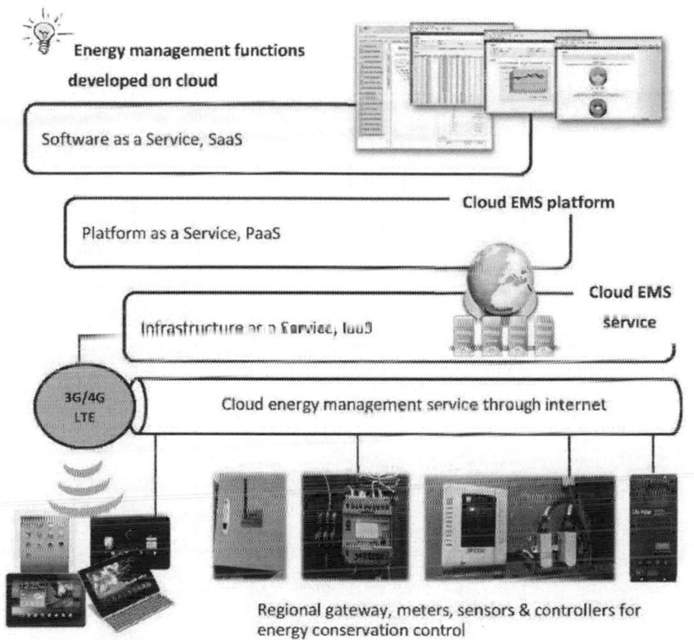

References: 曾大妍 老師

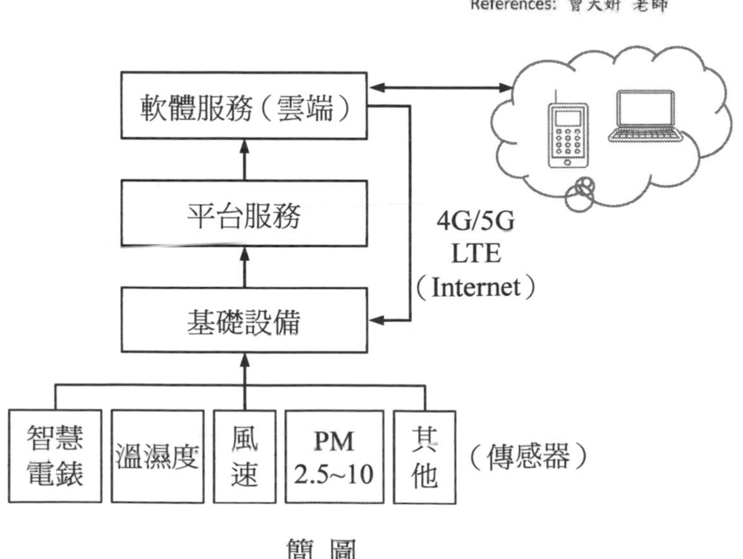

簡 圖

（二）節能設備技術－全熱交換機：

全熱交換器，能夠為室內引進戶外新鮮空氣，排出室內汙濁與有毒的揮發性物質，以達改善室內空氣品質效果。同時，全熱交換器將兩股氣流進行能源交換，使引入室外新鮮空氣更接近原有空調狀態下的室內空氣條件，降低引進室外空氣造成空調設備的負擔而達到節能省電的目的。

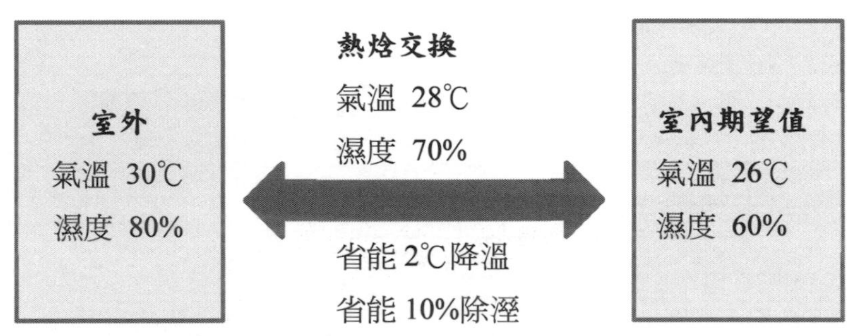

三、説明建築給排水設備設置通氣管之功能，並以示意圖説明排水立管、通氣立管與伸頂通氣管之構成。（20 分）

參考題解

【參考九華講義-設備 第 4 章 給排水設備】

建築物排水設備主要由橫支管及橫主管、排水立管、通氣管、器具支管等組成。其中通氣管之功能為平衡管內、外壓力，維持器具存水彎封水並確保排水順暢。

建築物內排水系統通氣管規定

一、每一衛生設備之存水彎皆須接裝個別通氣管，但利用濕通氣管、共同通氣管或環狀通氣管，及無法裝通氣管之櫃台水盆等者不在此限。

二、個別通氣管管徑不得小於排水管徑之半數，並不得小於三十公厘。

三、共同通氣管或環狀通氣管管徑不得小於排糞或排水橫管支管管徑之半，或小於主通氣管管徑。

四、通氣管管徑，視其所連接之衛生設備數量及本身長度而定，管徑之決定應依左表規定：（略）

五、凡裝設有衛生設備之建築物，應裝設一以上主氣管通屋頂，並伸出屋面十五公分以上。

六、屋頂供遊憩或其他用途者，主通氣管伸出屋面高度不得小於一・五公尺，並不得兼作旗桿、電視天線等用途。

七、通氣支管與通氣主管之接頭處，應高出最高溢水面十五公分，橫向通氣管亦應高出溢水面十五公分。

八、除大便器外，通氣管與排水管之接合處，不得低於該設備存水彎堰口高度。

九、存水彎與通氣管間距離，不得小於左表規定：

存水彎至通氣管距離（公分）	77	106	152	183	305
排水管管徑（公分）	32	38	50	75	100

十、排水立管連接十支以上之排水支管時，應從頂層算起，每十個支管處接一補助通氣管，補助通氣管之下端應在排水支管之下連接排水立管；補助通氣管之上端接通氣立管，佔於地板面九十公分以上，補助通氣管之管徑應與通氣立管管徑相同。

十一、衛生設備中之水盆及地板落水，如因裝置地點關係，無法接裝通氣管時，得將其存水彎及排水管之管徑，照本編第三十二條第三款及第五款表列管徑放大兩級。

示意圖：

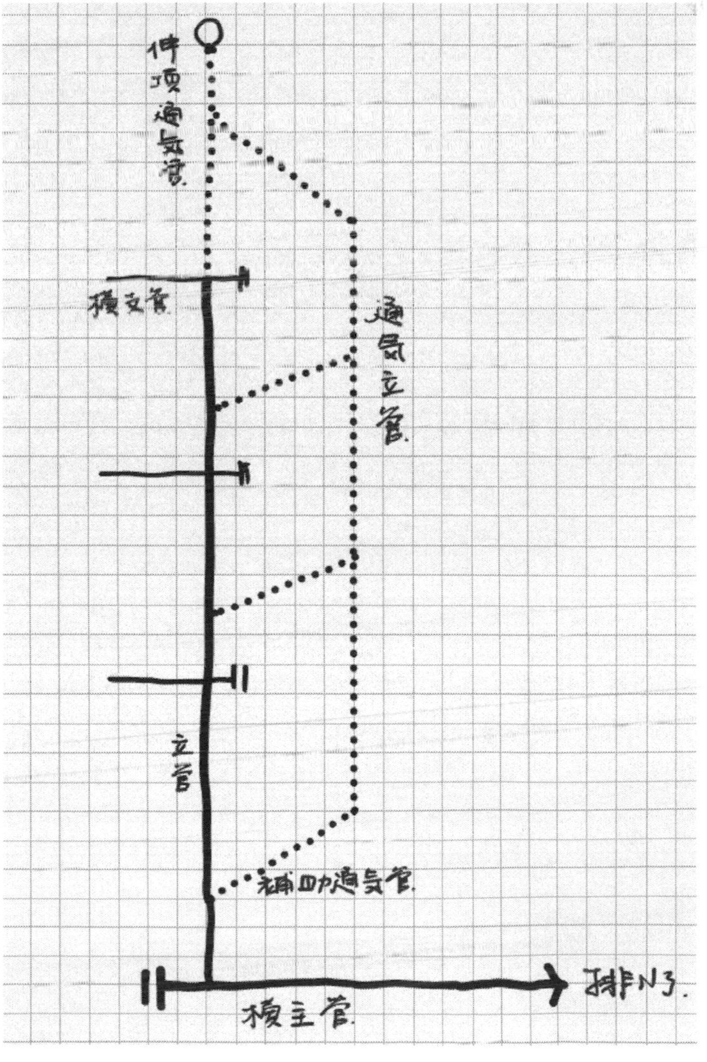

四、繪圖說明有效日照不足一小時之陰影範圍及終日陰影之意義。（20分）

參考題解

臺灣都市土地使用強度較高，高層建築密集，影響周圍居民的日照取得，為強化保障日照權，依建築技術規則建築設計施工編39-1條規定，新建或增建建築物高度超過二十一公尺部分，在冬至日所造成之日照陰影，應使鄰近之住宅區或商業區基地有一小時以上之有效日照。

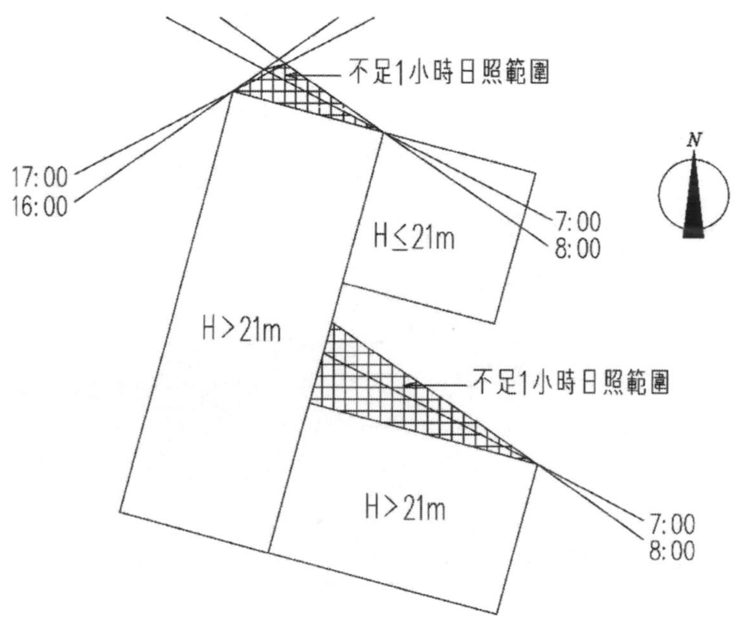

因建築物建成後，其所投影的陰影將伴隨其至拆除，在生命週期的使用階段，有可能是50年甚至更久，因此若建築物超過一定高度，其投影大片陰影在鄰近之住宅區或商業區，將使鄰近區域終日無法獲得日照。

五、某地區之冬季主要為東北季風（風速4 m/s以上占5%、2 m/s以上占20%、2 m/s以下占5%），夏季主要為西南季風（風速4 m/s以上占5%、2 m/s以上占15%、2 m/s以下占10%），請繪出風花圖。若建築物為U字型建築群配置，請繪圖說明風環境規劃設計時應考慮的重點。（20分）

參考題解

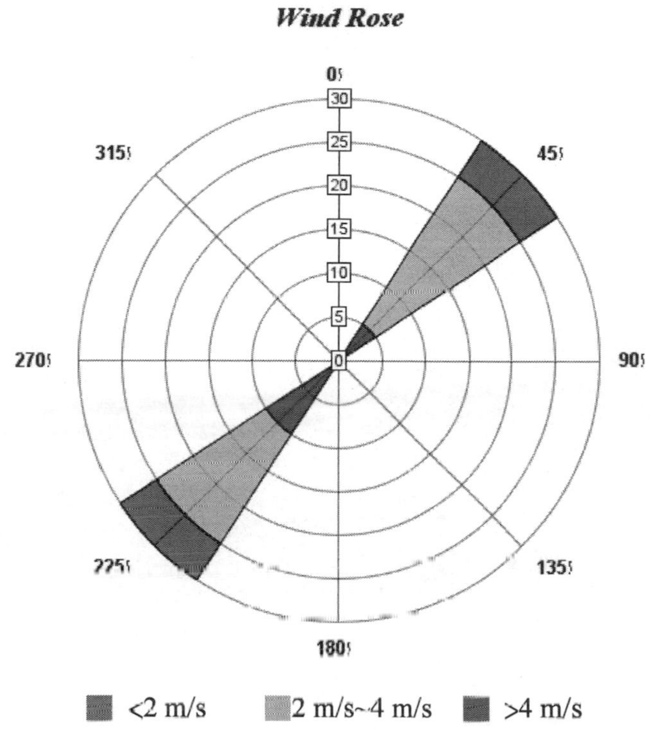

U 型建築群風力通風計畫重點如下；

（一）從大環境的建築配置來考量，良好的通風計畫通常都必須同時考慮夏季通風與冬季防風的配置。

（二）U 型建築群可將開口迎向夏季西南風方向，並將建築迎風面與背風面配置開口對流，可利用導風板、建築物及植栽等，做西南向夏季風引入。

（三）東北向則植防風林，做自然通風與防風對策，必須考慮防風林或擋風牆之有效防風距離。

（四）建築群之配置宜將開放空間較大者置於所需自然風盛行方向之上風處，而將開放空間較小者置於其下風處。

（五）建築物錯開排列，以使各建築物有較有利的迎風面。

（六）加大建築物排與排間的距離及中庭尺度，或採用透空式的建築型態取代密閉式之型態。

（七）建築群高度變化宜作適當規劃，將較高建築物配置於冬季季風方向，則可庇蔭大部分地區；相對地，將較低層之建築物配置於夏季季風方向，可使建築群其他區域接獲得較佳的通風效果。

（八）避免同樣高度的建物密集配置在一起，亦避免高低相差太大的建築物緊密地配置在一起。

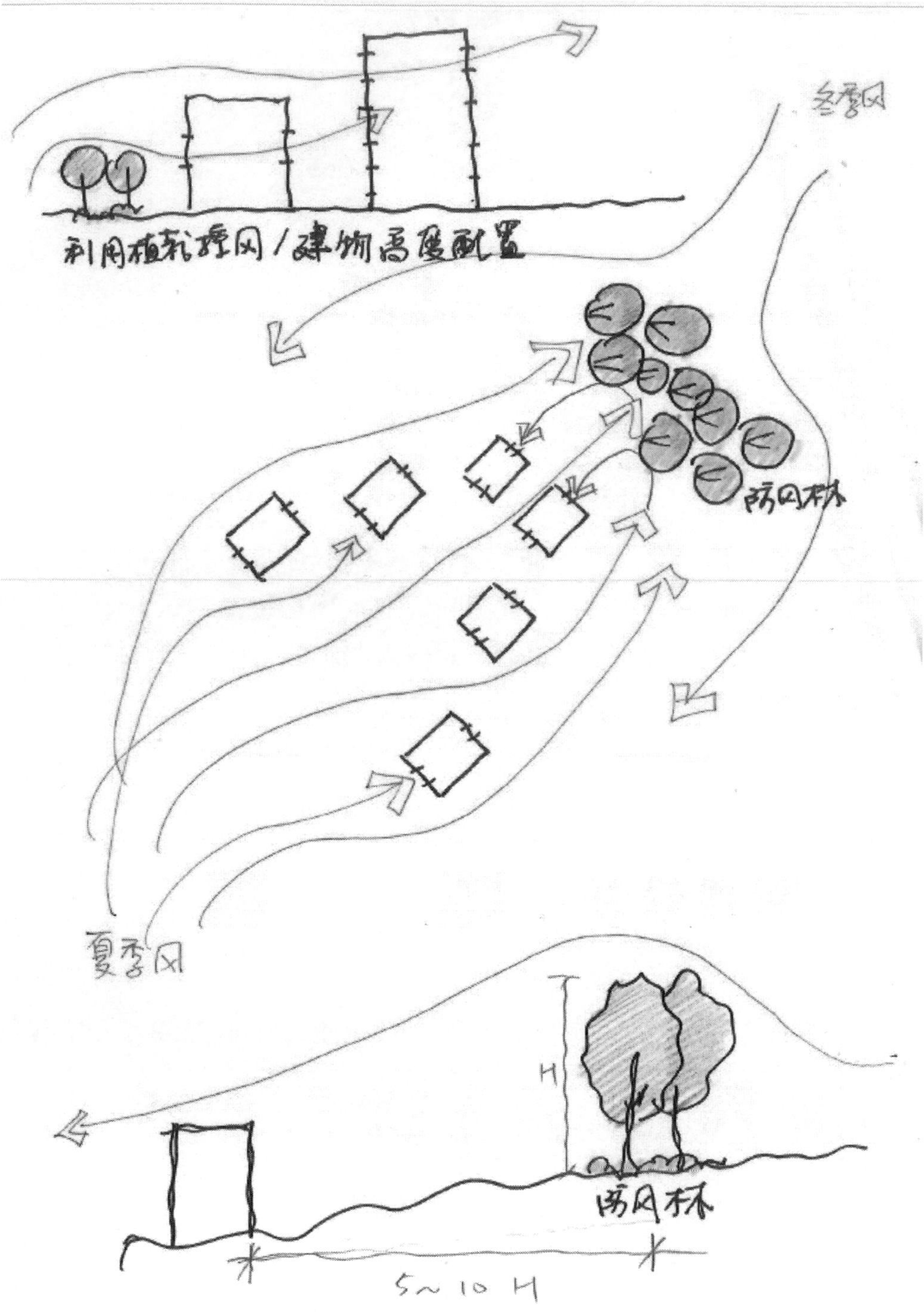
利用植栽擋风/建物高層配置
冬季风
防风林
夏季风
H
防风林
5~10 H

110年 公務人員高等考試三級考試試題／建築營造與估價

一、建築工程在考量施工進度與明亮外觀等因素下，帷幕牆（CurtainWall）使用率愈來愈高，常見於高層建築之採用，試以流程圖繪製帷幕牆施工步驟並請詳述其施工步驟工作內容。（25 分）

參考題解

【參考九華講義-構造與施工 第 20 章 帷幕牆工程】

（一）帷幕牆施作步驟流程：

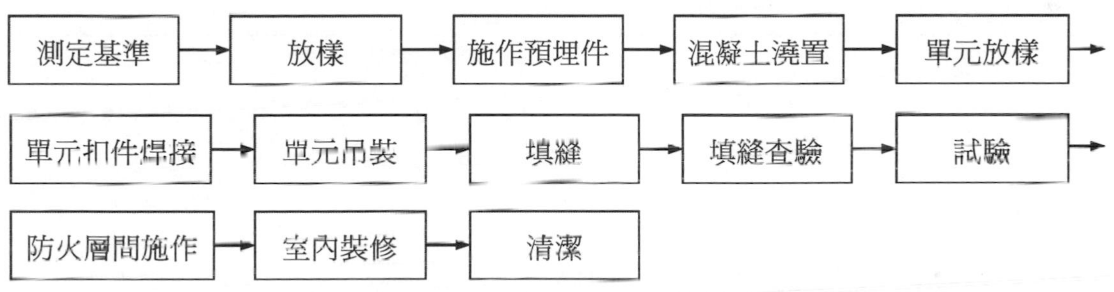

（二）工作內容：

步驟	內容
測定基準	現場高程及垂直軸線基準點之測量定位。
放樣	依測定基準將預埋件位置放樣。
施作預埋件	預埋件依側定位置安裝。
混凝土澆置	預埋件安裝後澆置版樑等構件混凝土。
單元放樣	帷幕牆單元之扣件放樣。
單元扣件施作	帷幕牆單元扣件定位後施作。二次鐵件之安裝，應注意位置調整檢查，並應於完成後做防鏽塗裝處理。
單元吊裝	使用吊裝機具將帷幕牆單元吊放定位，以螺栓鎖固。
填縫	帷幕牆單元接頭，一次填縫及二次填縫。（完成後可逐層查驗）
試驗	填縫作業完成，該接頭施作水密性試驗。
防火層間施作	依技術規則中防火區劃部分施作防火時效之防火層間塞，依達防火區劃之功能。
室內裝修	依技術規則中防火區劃部分施作符合垂直高度之防火時效窗台或倒吊版，並注意作為室內表面材者應整飾美觀。

二、在開工前置作業中，請詳述承包商針對工地現場研判應做那些內容分析？（25分）

參考題解

【參考九華講義-構造與施工 第29章 營建計畫管理】

（一）承包商開工前作業：

1. 遴派人員。
2. 工地勘察、鄰房調查及鑑定等作業。
3. 施工計畫擬定與報核。
4. 詳研契約文件、施工圖繪製送審。
5. 施工前測量與障礙排除。

（二）承包商對工地現場研判應做項目：

	作業項目	內容
工地現場研判作業	一、工址勘查、鑑界	1. 實地勘測檢討工程位置與設計位置是否相符。了解實際狀況，如鄰近地物、地形、地貌、計劃道路範圍、地質條件、地下水位狀況、交通情形、氣候條件、水電來源、地上障礙物、地下埋設物…等實際情形。 2. 契約使用之土地：由機關於開工前提供，其地界由機關指定。 3. 施工所需臨時用地：施工所需臨時用地，除另有規定外，由廠商自理。廠商應規範其人員、設備僅得於該臨時用地或機關提供之土地內施工，並避免其人員、設備進入鄰地。
	二、鄰房調查及鑑定	1. 損害鄰地地基或工作物危險之預防義務：土地所有人開掘土地或為建築時，不得因此使鄰地之地基動搖或發生危險，或使鄰地之工作物受其損害。 2. 附鄰接建築物之防護措施：建築物在施工中，鄰接其他建築物施行挖土工程時，對該鄰接建築物應視需要作防護其傾斜或倒壞之措施。挖土深度在一公尺半以上者，其防護措施之設計圖樣及說明書，應於申請建造執照或雜項執照時一併送審。 3. 招標文件規定營造／安裝工程綜合保險應投保第三人建築物龜裂、倒塌責任險者，除招標文件規定由機關自行委託者外，廠商於施工前應委託具有能力之公正第三者進行鄰屋調查，詳細載明房屋現況，其結果應報請機關備查。

資料來源：公共工程履約管理參考手冊。

三、政府各部門在推動公共工程計畫時，需達到準確估算工程經費之目標。
試以分工結構圖（Work Breakdown Structure,WBS）詳述建造成本（工程經費）應包含那些項目。（25 分）

參考題解

建造成本（工程經費）：

（一）設計階段作業費用：

1. 有關資料彙集、調查、預測及分析費。
2. 測量費。
3. 工址調查、鑽探、試驗及分析費。
4. 階段性專案管理及顧問費。
5. 設計分析費。
6. 專題研究報告。
7. 專業責任保險。

（二）工程建造費：

1. 直接工程成本：

（1）假設工程
（2）大地工程
（3）主體結構工程（鋼筋、模板、混凝土、鋼骨……）
（4）污工及裝修工程
（5）門窗及五金工程
（6）特殊外牆工程
（7）防水隔熱工程
（8）水電消防工程
（9）空調工程
（10）電梯工程
（11）景觀工程
（12）附屬工程
（13）雜項工程
（14）特殊設備工程費
（15）環保安衛費
（16）利潤、管理費及品管費

2. 間接工程成本：

（1）工程管理費
（2）環境監測費
（3）空氣汙染防制費
（4）工程保險費
（5）階段性專案管理及顧問費
（6）建造申請相關規費（建物保存登記費、外水外電費……）

3. 工程預備費
4. 物價調整費

（三）其他費用

（四）施工期間利息

四、在建築防水工程中，請詳述屋頂防水常見之瑕疵與表面塗佈之缺失。（25 分）

參考題解

【參考九華講義-構造與施工 第 22 章 防水工程】

（一）防水施作應注意原則：

1. 介面單純、施工簡易。
2. 單一材料多層塗佈防水原則。
3. 應施作保護層避免劣化失敗。
4. 施工縫、伸縮縫、帷幕牆單元等結構接縫處理。
5. 防水施作細部處理及收頭原則。
6. 材料接著原則。

（二）屋頂防水常見瑕疵與表面塗佈之缺失：

1. 氣候不良條件下施工或防水材接著不良產生膨臌現象。
2. 結構體表面或施作底材未清理，已有風化起砂、劣化使之接著不良。
3. 接縫處未考量外力作，使防水材料破壞或防水材料不連續而導致失敗。
4. 未將結構體表面填封，防止水氣之穿透，造成防水材產生膨臌現象。
5. 隅角、伸縮縫、接縫、施工縫等處未能有效施作截水、滾邊防水，使接縫處理不佳。
6. 細部處理及收頭施工不良，導致邊緣、收頭處失敗。
7. 不同材質界面施工縫未施作防水（如落水頭與 RC 等）。
8. 未考量不同材料特性對應該材料接著方式，如使用底油或接著劑、與結構表面直接接著等。

110年 公務人員高等考試三級考試試題／建築設計

一、設計題目：新創事業聯合辦公室設計

二、設計概述：

某直轄市政府為了鼓勵市民創業，輔導開創個人事業生涯，積極育成新創事業作為市政府施政特色；擬於轄區內某閒置市有地開發設置新創事業「服務式聯合辦公室」大樓，提供優惠出租辦公室，裝修完成並配置辦公家具、設備、共用會議空間等硬體；為了降低事業營運成本，並提供共同收發、秘書、會計、法務等行政服務，按勞務收費。除了提供辦公場所設備、行政人力外，設施地面層並提供餐飲、企業商品展售服務，以促進新創事業發展。

三、基地說明：

本基地為都市計畫劃定之機關用地，面積約 960 平方公尺（40M＊24M，道路截角 3 公尺，參見基地圖），基地位於本市新開發區之住宅社區鄰里中心角地，面臨 16 公尺道路及 12 公尺道路；社區生活機能完備，街道兩側地面層多為鄰里小型商業活動。基地北側直接鄰接社區國小；基地西側鄰地為機關用地，附近為鄰里商業區；基地周邊多為公寓華廈集合住宅區，部分一樓供商業使用。基地法定建蔽率 60%，法定容積率 240%，建築物高度不得超過 25 公尺。

四、設計重點：

1. 研擬本設施之政策說明，並列表自訂說明本設施之建築計畫內容。
2. 分析新創事業微型企業開辦類型區分，共同行政服務空間模式配合，共用會談接待空間配置，及本提案規劃設計構想概念說明。
3. 新創業務專區之敷地計畫、動線及庭園景觀規劃構想說明。
4. 設計提案平面設計、空間機能、立面處理、結構構造合理性及服務空間之設計方案掌握。
5. 提案之設計說明、圖面表達及溝通技法呈現。

五、空間需求：

1. 新創租戶單元面積、附屬服務設施及數量自訂；應考量秘書、會計、法務等行政服務搭配；及本設施行政管理辦公室。
2. 多功能共用會談接待空間自訂（提供接待、會談、演講及簡報使用）。
3. 地面層商店、室內展示空間，入口門廳保全、收發等功能。

4. 茶水、廁所、共同設備、動線、停車、裝卸等必要服務設施。
5. 設施無圍牆之敷地庭園、休憩空間。其他設施可依構想增加自訂。

六、圖說要求及評分項目：

1. 本設施之政策說明及建築計畫與空間需求量分析之表列說明，包括活動設定與對應空間說明。（30 分）
2. 建築規劃設計概念說明。（20 分）
3. 總配置圖包括庭院規劃、各層平面圖、主要立面圖等，至少一向主要剖面圖，比例自訂。（40 分）
4. 其他表現設計構想之圖表、透視圖或大樣圖。（10 分）

七、基地圖：

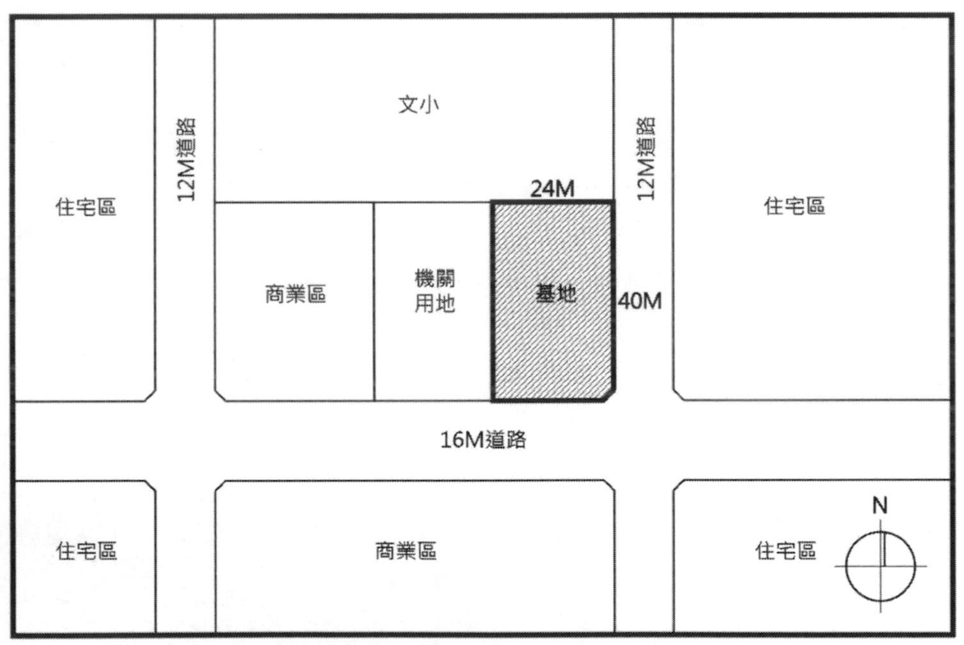

參考題解

請參見附件一 A、附件一 B。

110年 公務人員高等考試三級考試試題／營建法規與實務

一、國內各主要都市皆有設置都市設計審議制度，通過都市設計審議也已成為起造人取得建造執照之前提。試申論：

（一）都市設計審議制度與都市計畫法及其相關法規之法源及關聯性為何？（10 分）

（二）經都市設計審議委員會決議之事項，其法律效力為何？（10 分）

（三）起造人若對決議不服，應如何救濟？（10 分）

參考題解

（一）內政部 97.6.6 內授營都字第 0970084530 號函

都市設計係都市計畫土地使用分區管制之一環，土地使用分區管制事項依都市計畫法第 22 條及 39 條之規定，得於細部計畫表明，並得於該法施行細則作必要之規定。另都市計畫定期通盤檢討實施辦法第 8 條、都市計畫法臺灣省施行細則第 35 條，都市計畫法臺北市施行細則第 8 條之 1 及都市計畫法高雄市施行細則第 32 條，並已依據上開都市計畫法，明訂都市設計之實施細節。

（二）監察院（各級政府對都市計畫、都市設計之審議，其審議權限是否符合依法行政原則與適法性專案調查研究報告）

現行都市設計法制，以下位階法令規範或就母法（都市計畫法）未明文規定之事項，於授權命令下再委任，制訂相關行政規則行之，其法律規範密度尚嫌不足，為貫徹憲法保障人民權利之意旨，自以法律明文規定為宜。

（三）監察院（各級政府對都市計畫、都市設計之審議，其審議權限是否符合依法行政原則與適法性專案調查研究報告）

我國各級政府都市設計之司法救濟程序：按行政程序法 92 條規定：「行政處分係指行政機關就公法上具體事件所為之決定或其他公權力措施而為對外直接發生法律效果之單方行政行為。」都市設計審議係針對符合都市設計範圍或規模之建築基地進行審議或審查，其結果作為申請核發建照執照之依據。依因此符合前開條文之規定，都市設計審議之結果係行政處分，故得為訴願、行政訴訟之司法救濟。

二、依據建築技術規則之規定，建築物「特別安全梯」、「安全梯」、「直通樓梯」之用途與差異為何？（15分）又對於上述樓梯，其樓梯梯級構造的防火時效要求為何？（10分）

參考題解

【參考九華講義-營建法規 第5章】

一、下列建築物依規定應設置之直通樓梯，其構造應改為室內或室外之安全梯或特別安全梯，且自樓面居室之任一點至安全梯口之步行距離應合於本編第九十三條規定：（技則-96）

（一）通達三層以上，五層以下之各樓層，直通樓梯應至少有一座為安全梯。

（二）通達六層以上，十四層以下或通達地下二層之各樓層，應設置安全梯；通達十五層以上或地下三層以下之各樓層，應設置戶外安全梯或特別安全梯。但十五層以上或地下三層以下各樓層之樓地板面積未超過一百平方公尺者，戶外安全梯或特別安全梯改設為一般安全梯。

（三）通達供本編第九十九條使用之樓層者，應為安全梯，其中至少一座應為戶外安全梯或特別安全梯。但該樓層位於五層以上者，通達該樓層之直通樓梯均應為戶外安全梯或特別安全梯，並均應通達屋頂避難平臺。

（※直通樓梯之構造應具有半小時以上防火時效。）

二、安全梯、戶外安全梯、特別安全梯之構造：（技則-97）

（一）室內安全梯之構造：

1. 安全梯間四周牆壁除外牆依第三章規定外，應具有一小時以上防火時效，天花板及牆面之裝修材料並以耐燃一級材料為限。
2. 進入安全梯之出入口，應裝設具有一小時以上防火時效且具有半小時以上阻熱性（且具有遮煙性能）之防火門，並不得設置門檻；其寬度不得小於九十公分。
3. 安全梯間應設有緊急電源之照明設備，其開設採光用之向外窗戶或開口者，應與同幢建築物之其他窗戶或開口相距九十公分以上。

（二）戶外安全梯之構造：

1. 安全梯間四週之牆壁除外牆依前章規定外，應具有一小時以上之防火時效。
2. 安全梯與建築物任一開口間之距離，除至安全梯之防火門外，不得小於二公尺。但開口面積在一平方公尺以內，並裝置具有半小時以上之防火時效之防火設備者，不在此限。
3. 出入口應裝設具有一小時以上防火時效且具有半小時以上阻熱性之防火門，並不得設置門檻，其寬度不得小於九十公分。但以室外走廊連接安全梯者，其出入口得免裝設防火門。

4. 對外開口面積（非屬開設窗戶部分）應在二平方公尺以上。

（三）特別安全梯之構造：

1. 樓梯間及排煙室之四週牆壁除依第三章規定外，應具有一小時以上防火時效，其天花板及牆面之裝修，應為耐燃一級材料。管道間之維修孔，並不得開向樓梯間。
2. 樓梯間及排煙室，應設有緊急電源之照明設備。其開設採光用固定窗戶或在陽臺外牆開設之開口，除開口面積在一平方公尺以內並裝置具有半小時以上之防火時效之防火設備者，應與其他開口相距九十公分以上。
3. 自室內通陽臺或進入排煙室之出入口，應裝設具有一小時以上防火時效及半小時以上阻熱性之防火門，自陽臺或排煙室進入樓梯間之出入口應裝設具有半小時以上防火時效之防火門。
4. 樓梯間與排煙室或陽臺之間所開設之窗戶應為固定窗。
5. 建築物達十五層以上或地下層三層以下者，各樓層之特別安全梯，如供建築物使用類組集會表演、娛樂場所、商場百貨、餐飲場所、健身休閒或文教設施組使用者，其樓梯間與排煙室或樓梯間與陽臺之面積，不得小於各該層居室樓地板面積百分之五；如供其他使用，不得小於各該層居室樓地板面積百分之二。

> 三、我國都市容積獎勵有那些種類，請詳細說明之；（15 分）並請討論都市容積獎勵制度之法源為何？（10 分）

參考題解

【參考九華講義-營建法規 第 3 章】

一、容積獎勵：（省細則 32-2、34-2~34-5）

（一）公有土地供作老人活動設施、長期照顧服務機構、公立幼兒園及非營利幼兒園、公共托育設施及社會住宅使用者，其容積得酌予提高至法定容積之一點五倍，經都市計畫變更程序者得再酌予提高。但不得超過法定容積之二倍。公有土地依其他法規申請容積獎勵或容積移轉，與前項提高法定容積不得重複申請。**行政法人興辦第一項設施使用之非公有土地，準用前二項規定辦理。**

（二）內政部、縣（市）政府或鄉（鎮、市）公所擬定或變更都市計畫，如有增設供公眾使用停車空間及開放空間之必要，得於都市計畫書訂定增加容積獎勵之規定。

（三）都市計畫範圍內屋齡三十年以上五層樓以下之公寓大廈合法建築物，經所有權人同意辦理原有建築物之重建，且無法劃定都市更新單元辦理重建者，得依該合法建築物原建築容積建築；或符合下列條件者，得於法定容積百分之二十限度內放寬其建築容積：

1. 採綠建築規劃設計：建築基地及建築物採綠建築設計，取得候選綠建築證書及通過綠建築分級評估銀級以上。
2. 提高結構物耐震性能：耐震能力達現行規定之一點二五倍。
3. 應用智慧建築技術：建築基地及建築物採智慧建築設計，取得候選智慧建築證書，且通過智慧建築等級評估銀級以上。
4. 納入綠色能源：使用再生能源發電設備。
5. 其他對於都市環境品質有高於法規規定之具體貢獻。

縣（市）政府辦理審查前項條件時，應就分級、細目、條件、容積額度及協議等事項作必要之規定。

依第三十三條第二項規定辦理重建者，不得再依第一項規定申請放寬建築容積。

二、法源依據：（都計 85、省細則 34-1）

（一）都計 85；本法施行細則，在直轄市由直轄市政府訂定，送內政部核轉行政院備案；在省由內政部訂定，送請行政院備案。

（二）省細則 34-1；內政部、縣（市）政府或鄉（鎮、市）公所擬定或變更都市計畫，如有增設供公眾使用停車空間及開放空間之必要，得於都市計畫書訂定增加容積獎勵之規定。

四、綠建築標章於綠建築制度之功能為何？（10 分）綠建築標章共分為那幾個等級？（5 分）請比較與候選綠建築證書又有何差異？（5 分）

參考題解

【參考九華講義-營建法規 第 6 章】

一、綠建築標章功能

（一）總目標：配合綠色矽島建設目標，積極推動維護生態環境之綠建築。

（二）次目標：

1. 促進建築與環境共生共利，永續經營居住環境。
2. 落實建築節約能源，持續降低能源消耗及減少二氧化碳排放。
3. 發展室內環境品質技術，創造舒適健康室內居住環境。

4. 促進建築廢棄物減量，減少環境污染與衝擊。

5. 提昇資源有效利用技術，維護生態環境之平衡。

6. 獎勵並建立綠建築市場機制，發展台灣本土亞熱帶建築新風貌。

二、分級評估：依綠建築評估手冊所訂定之分級評估方法，評定綠建築等級，依序為合格級、銅級、銀級、黃金級、鑽石級等五級。

三、綠建築標章：指已取得使用執照之建築物、經直轄市、縣（市）政府認定之合法房屋、已完工之特種建築物或社區，經本部認可符合綠建築評估指標所取得之標章。

四、候選綠建築證書：指取得建造執照之建築物、尚在施工階段之特種建築物、原有合法建築物或社區，經本部認可符合綠建築評估指標所取得之證書。

單元

2 公務人員普考

110年 公務人員普通考試試題／營建法規概要

一、依營造業法第 35 條規定，專任工程人員應負責辦理八項工作，請寫出其中五項。（25 分）

參考題解

營造業之專任工程人員：(營造業-34、35)

（一）應為繼續性之從業人員，不得為定期契約勞工，並不得兼任其他業務或職務。

（二）但經中央主管機關認可之兼任教學、研究、勘災、鑑定或其他業務、職務者，不在此限。

（三）應負責辦理下列工作：

1. 查核施工計畫書，並於認可後簽名或蓋章。
2. 於開工、竣工報告文件及工程查報表簽名或蓋章。
3. 督察按圖施工、解決施工技術問題。
4. 依工地主任之通報，處理工地緊急異常狀況。
5. 查驗工程時到場說明，並於工程查驗文件簽名或蓋章。
6. 營繕工程必須勘驗部分赴現場履勘，並於申報勘驗文件簽名或蓋章。
7. 主管機關勘驗工程時，在場說明，並於相關文件簽名或蓋章。
8. 其他依法令規定應辦理之事項。

二、依建築法第 58 條規定，建築物在施工中，主管建築機關發現有七項情事之一者，應以書面通知承造人或起造人或監造人，勒令停工或修改；必要時，得強制拆除。請列出七項情事中的五項。（25 分）

參考題解

建築物在施工中，直轄市、縣（市）（局）主管建築機關認有必要時，得隨時加以勘驗，發現左列情事之一者，應以書面通知承造人或起造人或監造人，勒令停工或修改；必要時，得強制拆除：(建築法-58)

（一）妨礙都市計畫者。

（二）妨礙區域計畫者。

（三）危害公共安全者。

（四）妨礙公共交通者。

（五）妨礙公共衛生者。

（六）主要構造或位置或高度或面積與核定工程圖樣及說明書不符者。

（七）違反本法其他規定或基於本法所發布之命令者。

三、請解釋下列各綠建築名詞之意涵：（每小題 5 分，共 25 分）
（一）綠化總固碳當量　（四）生活雜排水回收再利用率
（二）基地保水指標　（五）綠建材
（三）雨水貯留利用率

參考題解

（一）綠化總固碳當量：（技則-Ⅱ-299）
指基地綠化栽植之各類植物固碳當量與其栽植面積乘積之總和。

（二）基地保水指標：（技則-Ⅱ-299）
指建築後之土地保水量與建築前自然土地之保水量之相對比值。

（三）雨水貯留利用率：（技則-Ⅱ-299）
指在建築基地內所設置之雨水貯留設施之雨水利用量與建築物總用水量之比例。

（四）生活雜排水回收再利用率：（技則-Ⅱ-299）
指在建築基地內所設置之生活雜排水回收再利用設施之雜排水回收再利用量與建築物總生活雜排水量之比例。

（五）綠建材：（技則-Ⅱ-299）
指經中央主管建築機關認可符合生態性、再生性、環保性、健康性及高性能之建材。

四、依政府採購法第 18 條規定，將採購的招標方式，分為公開招標、選擇性招標及限制性招標，請問此三種方法之定義為何？（25 分）

參考題解

招標方式：（採購法-18）

（一）公開招標：指以公告方式邀請不特定廠商投標。

（二）選擇性招標：指以公告方式預先依一定資格條件辦理廠商資格審查後，再行邀請符合資格之廠商投標。

（三）限制性招標：指不經公告程序，邀請二家以上廠商比價或僅邀請一家廠商議價。

110年 公務人員普通考試試題／施工與估價概要

一、政府各部門在推動公共工程計畫時，需達到準確估算工程經費之目標。請詳述在設計階段作業費用（含基本設計及細部設計）應包含那些項目。（25 分）

參考題解

設計階段作業費用（含基本設計及細部設計）

（一）相關資料蒐集、調查、預測及分析費：

1. 基本需求資料蒐集、調查、預測及分析費。
2. 水文、氣象、海象、地震及生態資料蒐集調查費。
3. 公共設施管線調查費。
4. 其他項目調查費。

（二）測量費：測量分航空測量、地面測量及河海測量三項。

（三）工址調查、鑽探、試驗及分析費：工作內容包括現有資料蒐集、踏勘、地質調查、鑽探取樣、現地試驗、室內試驗、大地工程分析等。

（四）階段性專案管理及顧問費：主辦機關因受限於人力及專業能力，而無法有效達成前述目標時，可委託專業或技術服務廠商辦理階段性或全程之專案管理及顧問（含需要之工程保險分析）工作。

（五）設計分析費：依據規劃成果，辦理工程基本設計、細部設計，及相關評估分析（包括依「職業安全衛生法」第 5 條第 2 項規定之工程設計階段風險評估），所需費用依「機關委託技術服務廠商評選及計費辦法」及相關規定辦理。如有需要辦理綠建築及智慧建築證書申請、水土保持計畫、BIM 服務時，得於本項次內列項估列。

（六）專題研究報告費：遇有特殊地質、地形、海域、構造、施工技術、或特殊情況，需另作專題之專案研究所需之費用。

（七）專業責任保險費：機關得視需要，於委託勞務契約要求規劃設計廠商投保專業責任險。投保範圍包括因業務疏漏、錯誤或過失，違反業務上之義務，致機關或其他第三人遭受之損失。

二、假設工程在施工前，應提出施工計畫書供審核，請詳述假設工程計畫應包含那些內容。（25 分）

參考題解

【參考九華講義-構造與施工 第 29 章 營建計畫管理】

假設工程計畫	
工區配置	1. 工程位置圖（應包括地圖，標明工程位置） 2. 附近相關道路（應包括工區四周重要道路路名及位置） 3. 施工便道 4. 工地大門、警衛亭與圍籬 5. 物料堆置區域規劃（應包括已檢驗材料與未檢驗材料之區分） 6. 臨時房舍（應包括工地辦公室、倉庫與廁所位置） 7. 設備位置（包含臨時水電設施位置、工區照明配置、主要起重設備位置） 8. 基地區域排水規劃（含地表水處理） 9. 車輛出入清潔設施位置 10. 垃圾清運點 11. 排水溝配置
整地計畫	包括整地範圍（路權及樁位）與高程、舊有建物與障礙物清除。
臨時房舍規劃	1. 排水 2. 照明及插座 3. 給水 4. 電力 5. 電信 6. 衛浴設備 7. 滅火設備
臨時用地規劃	包括契約規定之工區用地規劃及其他為配合施工過程所需而可能借用（租用）之臨時用地規劃。
施工便道規劃	為便於人員、機具之進出、施工之進行與材料運輸所設置之施工便道或臨時道路規劃。
臨時用電配置	對於工地臨時用電，應以自備電源或向電力公司申請方式進行規劃。若為設施工程，本節得視工程內容調整。 1. 自備電源：如發電機組之容量、數量、配置方式等。 2. 電力公司電源：應敘明電力申請之容量、電桿等。
臨時給排水配置	有關工程臨時給排水，包括工地房舍與施工現場中，業主與承攬廠商雙方人員之飲用水、盥洗設備用水、工程用水、道路灑水等之給水來源及污水排放規劃。
剩餘土石方處理	1. 剩餘土石方處理之相關政府法令規定。 2. 土石方數量計算。 3. 運棄路線規劃及路幅寬度。 4. 規劃棄土地點。

	5. 如何防範於運棄過程中造成污染以及監控方式。 6. 除主辦機關與監造單位以外，廠商亦須依照設計圖說檢討土石方平衡，並將土石方運棄量儘可能降低。
植栽移植與復原計畫	基地原有植物喬木如主辦機關擬保留，廠商需提出移植與復原計畫，包括擬移植地點、斷根運送方式以及復育保護等措施。廠商得視內容規模多寡，亦可於景觀工程分項施工計畫中提出。
其他有關之臨時設施及安全維護事項	有關工地告示、安全衛生標誌、通訊設備、消防設備及工地安全等之規劃及維護管理作為之擬定。

資料來源：建築工程施工計畫書製作綱要手冊。

三、建築工程必須防堵屋外雨水流入屋內，試分別針對 RC 平版屋頂與金屬屋面等施作位置之防水工程詳述其防水方式、使用材料與施工方法。（25 分）

參考題解

【參考九華講義-構造與施工 第 22 章 防水工程】

（一）建築物水侵入原因

1. 水壓力。
2. 重力。
3. 風壓力。
4. 毛細作用。
5. 綜合因素。

（二）RC 平版屋頂及金屬屋面

屋頂形式	防水方式	防水材料	施工方法
RC 平版屋頂	1. 軀體防水 2. 鋪設防水	1. RC 水密性良好。 2. 鋪設面狀防水層，如瀝青油毛氈。	1. 良好水密性 RC，厚度若達 20~25cm 視為良好防水層，已達軀體防水功能。 2. 鋪設面狀防水層，如以瀝青油毛氈鋪設七皮者，結構體表面粉光清潔，施作一層底油後鋪設瀝青與油毛氈，合計 4 層瀝青 3 層油毛氈。鋪設方式可依鋸齒鋪、百頁鋪等方式，由下而上並交疊 10 公分以上為原則施作。最後表面施以保護層，以延長使用年限。
金屬屋面	隔絕及導水	金屬屋面本體、排水路，導水溝。	金屬本體為防水隔絕，金屬版片間卡扣之形抗構造應高於金屬屋面本體，並方向向下水平於屋頂斜面，既可構成排水路，減少水分聚留，末端以天溝導水後排水。屋面金屬亦可施作塗佈形防水層增加防水性能，注意接縫面之收頭，天溝固定位置應避開金屬屋面並於高於排水水位。屋脊設

屋頂形式	防水方式	防水材料	施工方法
			置金屬蓋版隔絕水進入。金屬板屋面斜率應大於20%，如需以穿孔方式固定時，應側面入釘為原則。

四、為確保建築工程中基樁施工作業安全，請詳述承包商於施工現場應注意那些事項。（25分）

參考題解

【參考九華講義-構造與施工 第 5 章 基礎工程】

基樁施工作業安全應注意事項：

依營造安全衛生設施標準第8章基樁等施工設備

第 108 條

雇主對於以動力打擊、振動、預鑽等方式從事打樁、拔樁等樁或基樁施工設備（以下簡稱基樁等施工設備）之機體及其附屬裝置、零件，應具有適當其使用目的之必要強度，並不得有顯著之損傷、磨損、變形或腐蝕。

第 109 條

雇主為了防止動力基樁等施工設備之倒塌，應依下列規定辦理：

一、設置於鬆軟地磐上者，應襯以墊板、座鈑、或敷設混凝土等。

二、裝置設備物時，應確認其耐用及強度；不足時應即補強。

三、腳部或架台有滑動之虞時，應以樁或鏈等固定之。

四、以軌道或滾木移動者，為防止其突然移動，應以軌夾等固定之。

五、以控材或控索固定該設備頂部時，其數目應在三以上，其末端應固定且等間隔配置。

六、以重力均衡方式固定者，為防止其平衡錘之移動，應確實固定於腳架。

第 110 條

雇主對於基樁等施工設備之捲揚鋼纜，有下列情形之一者不得使用：

一、有接頭者。

二、鋼纜一撚間有百分之十以上素線截斷者。

三、直徑減少達公稱直徑百分之七以上者。

四、已扭結者。

五、有顯著變形或腐蝕者。

第 111 條

雇主使用於基樁等施工設備之捲揚鋼纜，應依下列規定辦理：

一、打樁及拔樁作業時，其捲揚裝置之鋼纜在捲胴上至少應保留二卷以上。

二、應使用夾鉗、鋼索夾等確實固定於捲揚裝置之捲胴。

三、捲揚鋼纜與落錘或樁錘等之套結，應使用夾鉗或鋼索夾等確實固定。

第 112 條

雇主對於拔樁設備之捲揚鋼纜、滑車等，應使用具有充分強度之鉤環或金屬固定具與樁等確實連結等。

第 113 條

雇主對於基樁設備等施工設備之捲揚機，應設固定夾或金屬擋齒等剎車裝置。

第 114 條

雇主對於基樁等施工設備，應能充分抗振，且各部份結合處應安裝牢固。

第 115 條

雇主對於基樁等施工設備，應能將其捲揚裝置之捲胴軸與頭一個環槽滑輪軸間之距離，保持在捲揚裝置之捲胴寬度十五倍以上。

前項規定之環槽滑輪應通過捲揚裝置捲胴中心，且置於軸之垂直面上。

基樁等施工設備，其捲揚用鋼纜於捲揚時，如構造設計良好使其不致紊亂者，得不受前二項規定之限制。

第 116 條

雇主對於基樁等施工設備之環槽滑輪之安裝，應使用不因荷重而破裂之金屬固定具、鉤環或鋼纜等確實固定之。

第 117 條

雇主對於以蒸氣或壓縮空氣為動力之基樁等施工設備，應依下列規定：

一、為防止落錘動作致蒸氣或空氣軟管與落錘接觸部份之破損或脫落，應使該等軟管固定於落錘接觸部分以外之處所。

二、應將遮斷蒸氣或空氣之裝置，設置於落錘操作者易於操作之位置。

第 118 條

雇主對於基樁等施工設備之捲揚裝置，當其捲胴上鋼纜發生亂股時，不得在鋼纜上加以荷重。

第 119 條

雇主對於基樁等施工設備之捲揚裝置於有荷重下停止運轉時，應以金屬擋齒阻擋或以固定夾確實剎車，使其完全靜止。

第 120 條

雇主不得使基樁等設備之操作者，於該機械有荷重時擅離操作位置。

第 121 條

雇主為防止因基樁設備之環槽滑輪、滑車裝置破損致鋼纜彈躍或環槽滑輪、滑車裝置等之破裂飛散所生之危險，應禁止勞工進入運轉中之捲揚用鋼纜彎曲部份之內側。

第 122 條

雇主對於以基樁等施工設備吊升樁時，其懸掛部份應吊升於環槽滑輪或滑車裝置之正下方。

第 123 條

雇主對於基樁等施工設備之作業，應訂定一定信號，並指派專人於作業時從事傳達信號工作。

基樁等施工設備之操作者，應遵從前項規定之信號。

第 124 條

雇主對於基樁等施工設備之裝配、解體、變更或移動等作業，應指派專人依安全作業標準指揮勞工作業。

第 125 條

雇主對於藉牽條支持之基樁等施工設備之支柱或雙桿架等整體藉動力驅動之捲揚機或其他機械移動其腳部時，為防止腳部之過度移動引起之倒塌，應於對側以拉力配重、捲揚機等確實控制。

第 126 條

雇主對於基樁等施工設備之組配，應就下列規定逐一確認：

一、構件無異狀方得組配。

二、機體繫結部份無鬆弛及損傷。

三、捲揚用鋼纜、環槽滑輪及滑車裝置之安裝狀況良好。

四、捲揚裝置之剎車系統之性能良好。

五、捲揚機安裝狀況良好。

六、牽條之配置及固定狀況良好。

七、基腳穩定避免倒塌。

第 127 條

雇主對於基樁等施工設備控索之放鬆時，應使用拉力配重或捲揚機等適當方法，並不得加載荷重超過從事放鬆控索之勞工負荷之程度。

第 128 條

雇主對於基樁等施工設備之作業，為防止損及危險物或有害物管線、地下電纜、自來水管或其他埋設物等，致有危害勞工之虞時，應事前就工作地點實施調查並查詢該等埋設之管線權責單位，確認其狀況，並將所得資料通知作業勞工。

資料來源：營造安全衛生設施標準。

110年 公務人員普通考試試題／建築圖學概要

一、某亞熱帶城市的大樓，25 公分厚的室外部貼磁磚、室內部粉刷的鋼筋混凝土外牆，面朝北、且臨商圈吵雜的馬路，夏季很熱、冬季冷且風壓很強，豪雨易造成開口部位的滲漏。請設計一道開口 160 cm×200 cm（W×H），複層 Low E 玻璃「橫拉」氣密鋁窗，以解決隔熱、隔音、導水等複合功能，請適度上顏色表示：（25 分）

（一）請根據下圖繪製比例 1/5 的剖（平、立）面大樣或者剖透視（剖線 1~5），説明上、下窗框與窗扇疊合部，其室內與室外窗扇的水密性能、等壓空間、填縫劑（條）及批水版等的設計。

（二）繪「剖透圖」説明複層 Low-E 玻璃窗其 Low-E 膜（單層）應該貼附的位置與室內、外側的關係，並且說明其阻斷室外輻射熱能、涼爽的原理。

（比例：1/5）

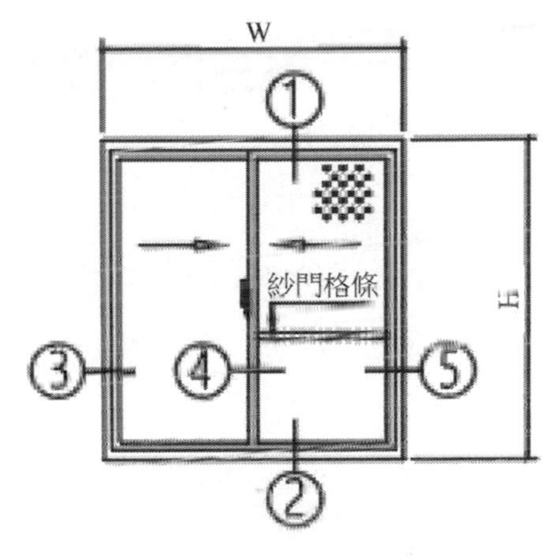

參考題解

「橫拉」氣密鋁窗

（一）窗框剖面圖如下

1. 剖線①，②

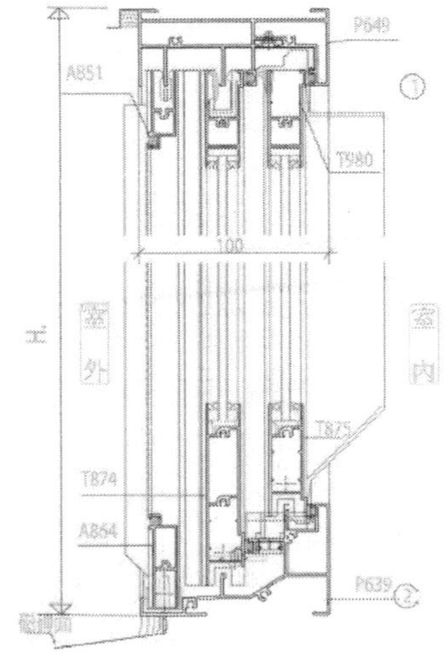

2. 剖線③，④，⑤

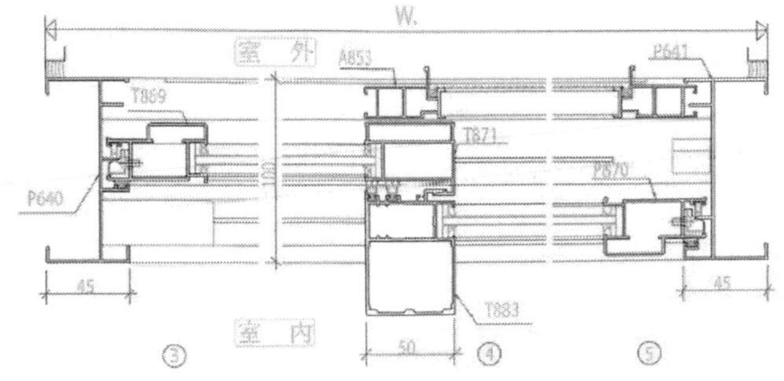

資料來源：

http://www.unigenwindows.com.tw/product_inpage.php?id=25

（二）「剖透圖」說明

台灣為亞熱帶環境，Low-E 膜通常鍍於靠室外側內層玻璃，方可有較好之阻熱

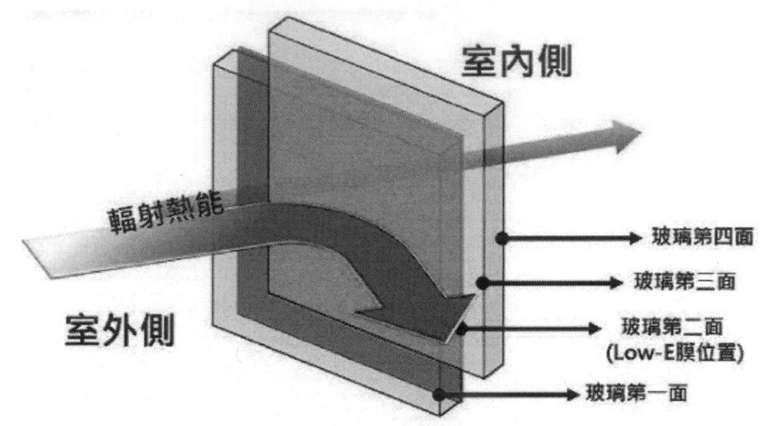

資料來源：https://windowmind33.pixnet.net/blog/post/190741320-%E5%90%84

二、請條列建築的全生命週期可分為那些不同的階段？並且條列建築資訊建模（Building information modeling）在「設計階段」包括那些應用層面？（25 分）

參考題解

（一）定義：BIM 資訊模型其中包含物件訊息，可應用於支持管理上或營建上的決策，模型於建築物的生命週期中，由各專業領域的設計者陸續提供相關的資料與專業知識，並整合儲存於一個立體的模型內，相對地，各領域的人員亦可由該模型中獲取所需處理的資料，達到資料共享與資訊再利用的目的。

（二）BIM 於建物全生命週期各階段之導入與應用如下列：

1. 規劃階段：即時分析項目如下：
   量體研究，方案分析，日照分析，風場分析，熱能分析，功能面積研究，初步預算，結構分析與設計，落實設計。
2. 設計階段：量身訂做項目如下：
   設計碰撞檢測，結構計算，視圖渲染，面積計算，法規檢討，系統整合，團隊協同作業，產出設計圖說。
3. 施工階段：數量精算項目如下：
   施工中衝突檢討，數量精算，建材分類，施工排序，進度排程模擬，建材輸送，設計變更，成本分析，價值工程，工地管理。

4. 營運管理階段：節約開支項目如下：
   整合的單一電子檔管理，動線分析，能耗優化，空間管理，設備管理，翻新與升級，全生命週期預算。

資料來源：http://www.ciche.org.tw/wordpress/wp-content/uploads/2018/03/DB4103-P035-BIM%E6%96%BC%E5%BB%BA%E7%89%A9.pdf

三、某位於北半球、中臺灣的建築物的等角投影圖與其方向和視角如下圖（一）、（二）、（三）所標示，請據此推論，該建築物配置圖（四）的冬至日的上午 10：00 左右的「陰與影」投影圖，陰與影請用鉛筆素描表示。（請依題目所提供之大小（尺寸）於試卷上繪製）（25 分）

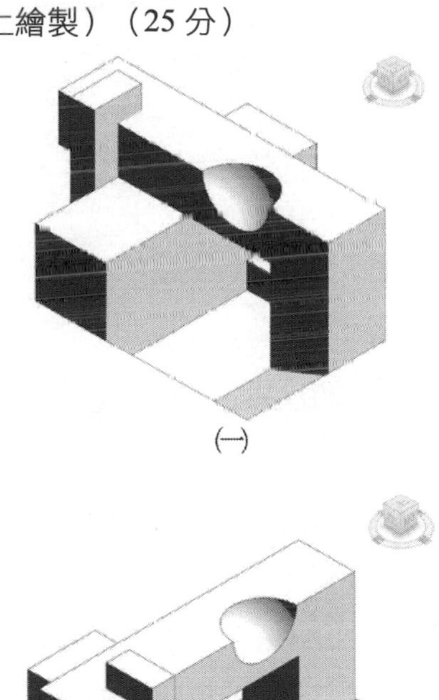

(一)

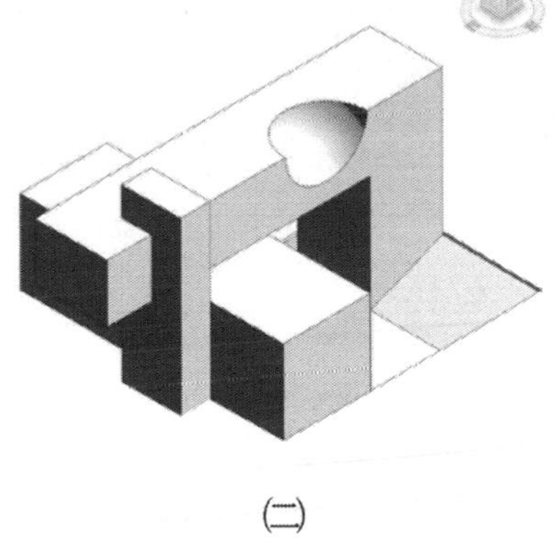

(二)

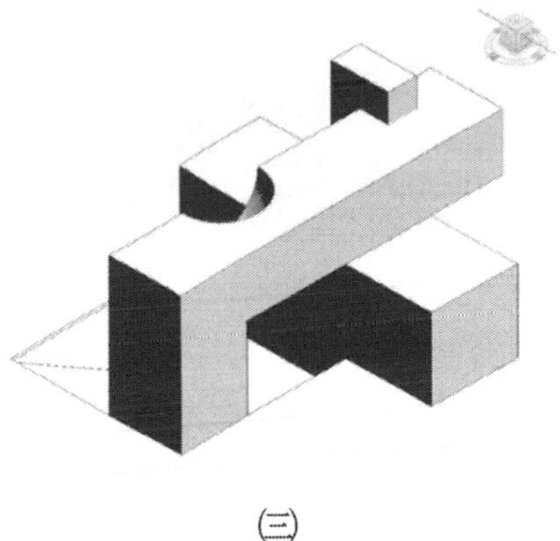

(三)

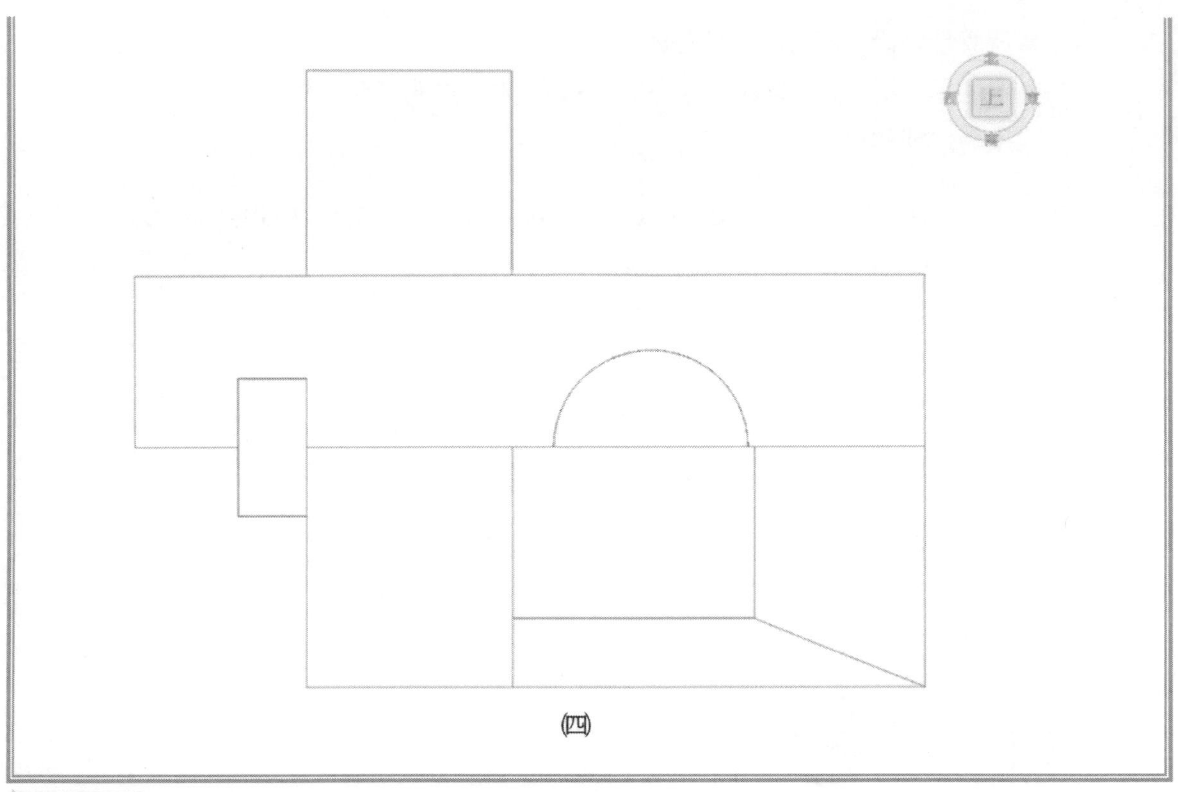

(四)

參考題解

冬至日的上午 10：00 左右太陽角度約為東南向（平面圖右下角），陰影方向示意如下：

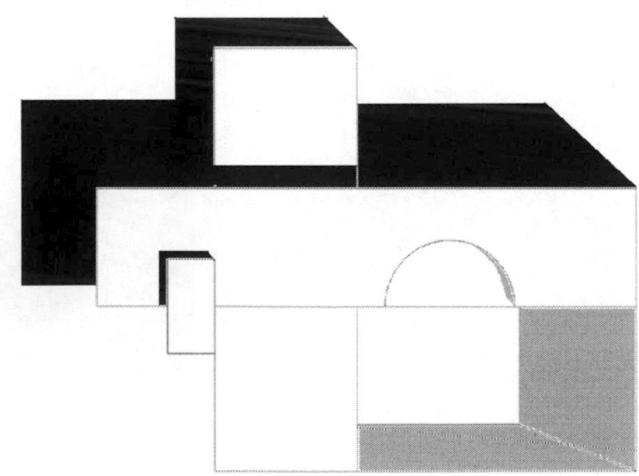

四、請根據所提供的左、前、右與上視圖，將尺寸放大「2 倍」繪製正交（無消點）立體圖，其立體圖的視角如下立方體所示。（25 分）

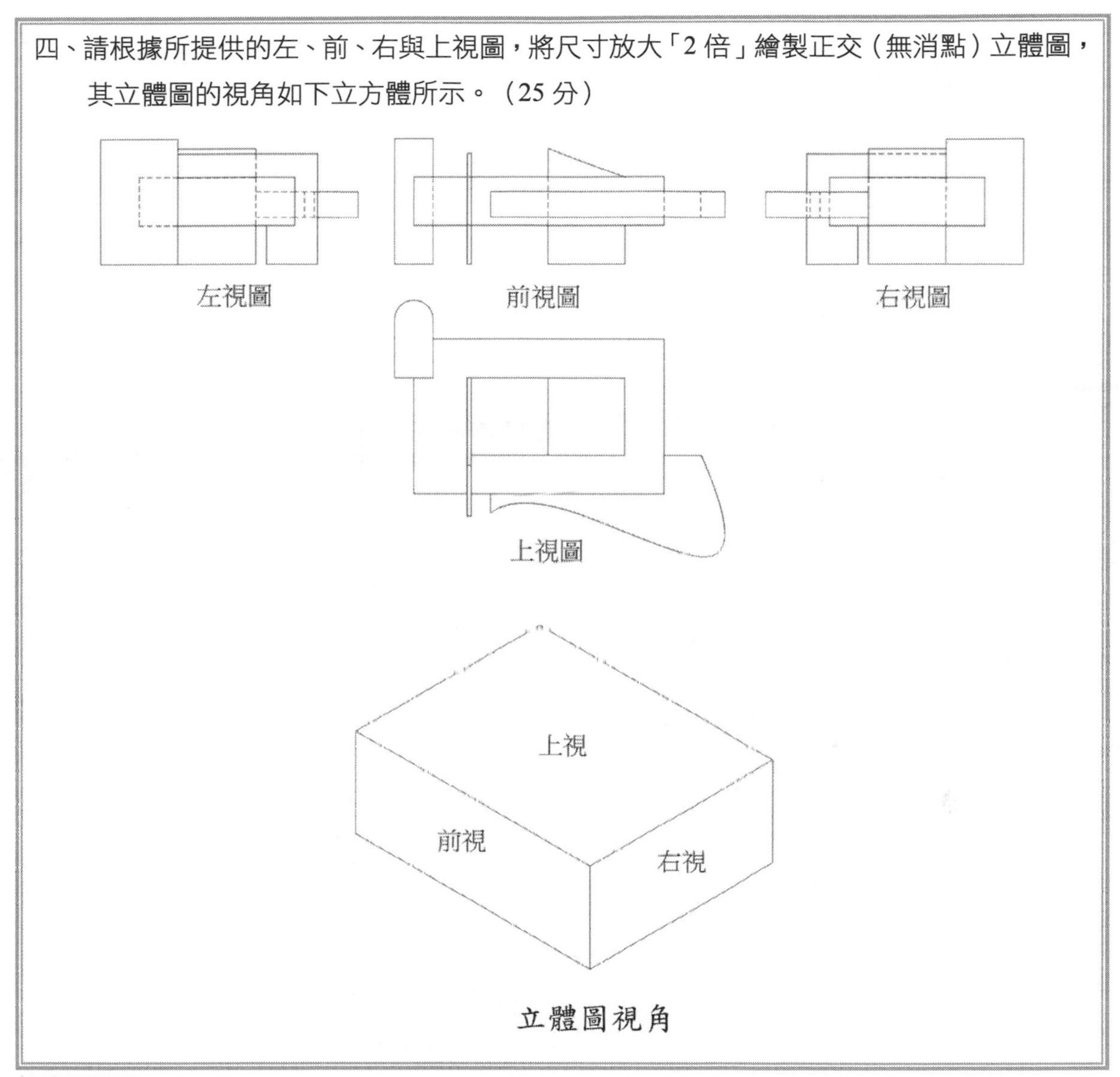

左視圖　　前視圖　　右視圖

上視圖

上視

前視

右視

立體圖視角

參考題解

根據題目提供的圖繪製正交（無消點）立體圖

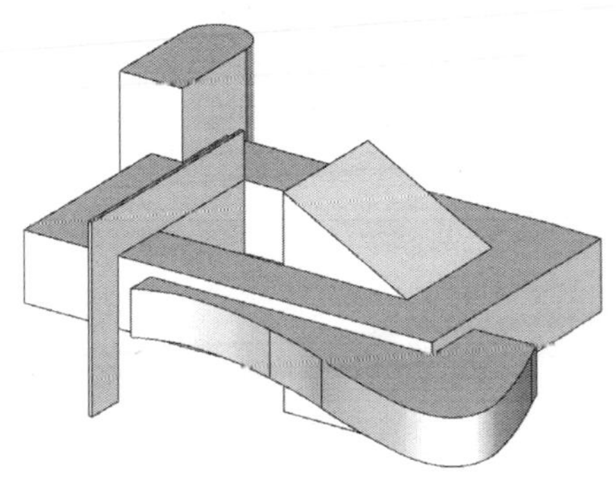

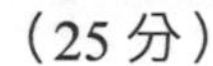

110 年 公務人員普通考試試題／工程力學概要

一、圖示之桁架結構，各桿件之斷面積均為 2000 mm²。試求 AE、AF 及 EG 桿件之內力。（25 分）

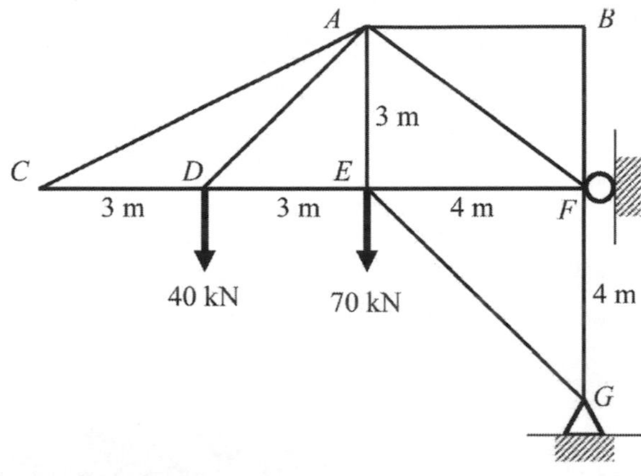

參考題解

（一）採用如下圖所示的桿件編號，考慮@切面左半部可得

$$\sum M_E = 40(3) - \frac{4S_2}{5}(3) = 0$$

$$\sum M_F = 40(7) + 70(4) + \frac{S_4}{\sqrt{2}}(4) = 0$$

解得

$S_2 = S_{AF} = 50\ kN$（拉力）；$S_4 = S_{EG} = -140\sqrt{2}\ kN$（壓力）

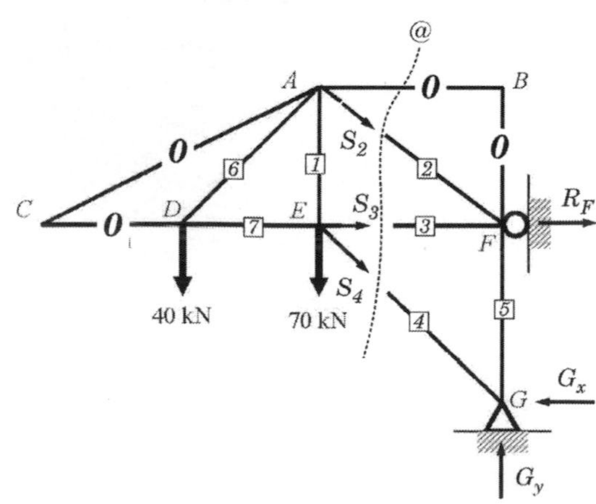

（二）參右圖所示，由節點 A 可得

$$S_6 = \frac{4\sqrt{2}}{5} S_2 = 40\sqrt{2}kN \text{（拉力）}$$

$$S_1 = S_{AE} = \frac{-S_6}{\sqrt{2}} - \frac{3S_2}{5} = -70kN \text{（壓力）}$$

二、圖示 *ACG* 為剛性桿，由 *A* 點鉸接與兩水平鋼纜 *BC* 及 *FG* 支撐。鋼纜的斷面積為 50 mm²，彈性模數為 200 GPa。若 *G* 點受 300 kN 垂直載重作用，試求 *G* 點之垂直位移。（25 分）

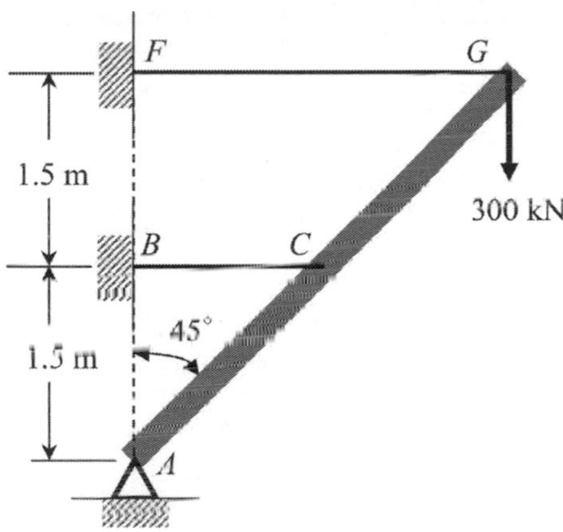

參考題解

（一）設 ACG 桿旋轉 θ 角，如下圖所示，則兩鋼纜的長度變化各為

$$\delta_1 = \frac{3\sqrt{2}\theta}{\sqrt{2}} = 3\theta \quad ; \quad \delta_2 = \frac{\left(3\sqrt{2}/2\right)\theta}{\sqrt{2}} = \frac{3\theta}{2}$$

因此，兩鋼纜的內力為

$$S_1 = \frac{AE}{3}\delta_1 = AE\theta \quad ; \quad S_2 = \frac{AE}{3/2}\delta_2 = AE\theta$$

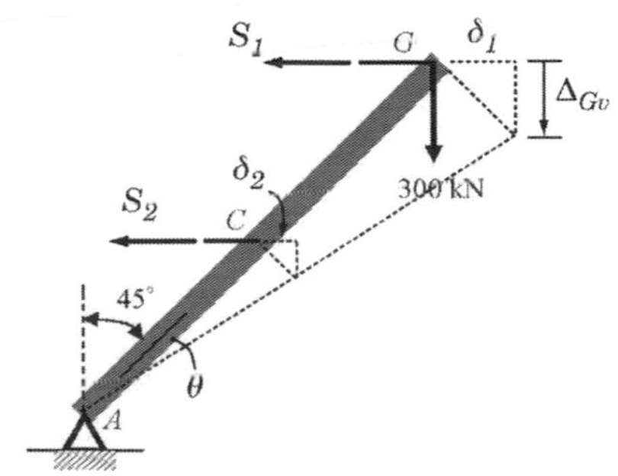

（二）考慮對 A 點的隅矩平衡可得

$$\sum M_A = S_1(3) + S_2(3/2) - 300(3) = 0$$

由上式解得 $\theta = 200/AE$。再由上圖得 G 點垂直位移 Δ_{Gv} 為

$$\Delta_{Gv} = 3\theta = \frac{600}{\left(50\times10^{-6}\right)\left(200\times10^{6}\right)} = 0.06\ m(\downarrow)$$

三、圖示 *AD* 梁受外力 $P = Q = 500$ N 作用。試求點 *A*、*C* 間的跨距 *a*，使得 *AD* 梁中彎矩的絕對值盡可能小。（25 分）

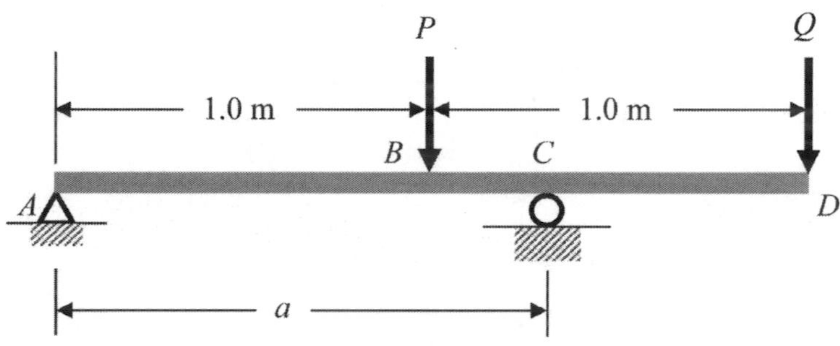

參考題解

（一）如下圖所示，其中 A 點支承力 R_A 為

$$R_A = \frac{P(a-1) - Q(2-a)}{a} = \frac{500(2a-3)}{a}$$

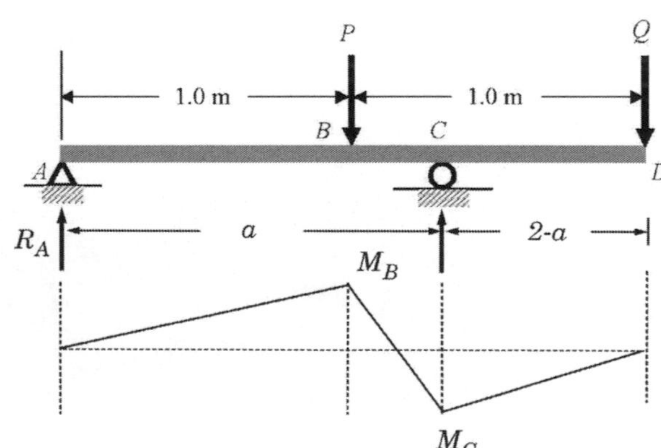

（二）參上圖所示的彎矩示意圖，彎矩之極值出現在 B 點或 C 點，兩點彎矩之大小（絕對值）分別表

$$M_B = R_A(1) = \frac{500(2a-3)}{a}$$

$$M_C = Q(2-a) = 500(2-a)$$

欲使樑中彎矩之絕對值儘可能小，則應使 $M_B = M_C$ ，亦即有

$$\frac{2a-3}{a} = 2-a$$

由上式可解得 $a=\sqrt{3}\ m$ 。

四、若有材料、長度與重量均相同的三支直梁，其橫斷面分別為(一)正方形(二)圓形(三)深度為其寬度兩倍的矩形。考慮這三個斷面受相同彎矩作用下，試求三者之最大彎曲應力比。（25 分）

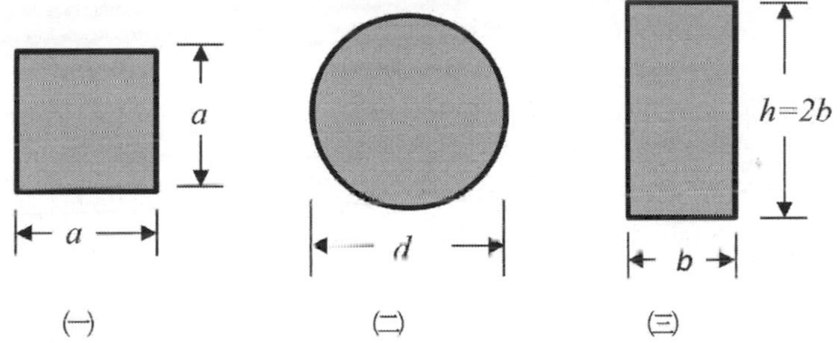

參考題解

（一）依題意，三桿件的斷面積應相同，亦即

$$a^2 - \pi\left(\frac{d}{2}\right)^2 = 2b^2$$

由上式可得

$$d = \frac{2}{\sqrt{\pi}}a \quad ; \quad b = \frac{a}{\sqrt{2}} \qquad ①$$

（二）承受相同彎矩 M 作用時，三者之最大彎曲應力分別為

$$\sigma_1 = \frac{M(a/2)}{a^4/12} = \frac{6M}{a^3}$$

$$\sigma_2 = \frac{M(d/2)}{\pi(d/2)^4/4} = \frac{32M}{\pi d^3}$$

$$\sigma_3 = \frac{Mb}{b(2b)^3/12} = \frac{3M}{2b^3}$$

所以，引用①式可得三者之比值為

$$\sigma_1:\sigma_2:\sigma_3 = \frac{6}{a^3}:\frac{32}{\pi d^3}:\frac{3}{2b^3} = 6:4\sqrt{\pi}:3\sqrt{2}$$

單元

3

建築師專技高考

110 年 專門職業及技術人員高等考試試題／營建法規與實務

（C）1. 依水土保持法規之規定，下列敘述何者錯誤？

(A)所謂山坡地超限利用，係指依山坡地保育利用條例規定查定為宜林地或加強保育地內，從事農、漁、牧業之墾殖、經營或使用者。但不包括依區域計畫法編定為農牧用地，或依都市計畫法、國家公園法及其他依法得為農、漁、牧業之墾殖、經營或使用

(B)水土保持義務人於山坡地或森林區內開發建築用地，應先擬具水土保持計畫，送請主管機關核定

(C)所謂保護帶，係指特定水土保持區內維持農耕而不宜開發建築之土地

(D)山坡地坡度陡峭，具危害公共安全之虞者，應劃定為特定水土保持區

【解析】

水土保持法-第一章 總則

第 3 條

本法專用名詞定義如下：

一、水土保持之處理與維護：係指應用工程、農藝或植生方法，以保育水土資源、維護自然生態景觀及防治沖蝕、崩塌、地滑、土石流等災害之措施。

｜　｜　｜　｜　｜　｜　｜　｜

七、保護帶：係指特定水土保持區內應依法定林木造林或維持自然林木或植生覆蓋而不宜農耕之土地。

八、保安林：係指森林法所稱之保安林。

<u>(A)選項解釋</u>

依山坡地保育利用條例規定查定為「宜林地」或「加強保育地」內，不實施造林，而從事農、漁、牧業之墾殖、經營或使用者，稱為山坡地超限利用。如於上述土地內，從事開發建築、經營遊憩、設置墳墓等非農業使用者為違規使用行為，則不屬於山坡地超限利用。另於國有林事業區內，從事農、漁、牧業之墾殖、經營或使用者，因該土地未依山坡地保育利用條例規定辦理查定，亦不屬於山坡地超限利用。（資料來源：何謂山坡地超限利用？發布單位：農業處修改時間：108-07-01 https：//www.hsinchu.gov.tw/News_Content.aspx?n=141&s=90858）

<u>(B)選項解釋</u>

水土保持法-第二章 一般水土保持之處理與維護

第 12 條

水土保持義務人於山坡地或森林區內從事下列行為，應先擬具水土保持計畫，送請主管機關核定，如屬依法應進行環境影響評估者，並應檢附環境影響評估審查結果一併送核：

一、從事農、林、漁、牧地之開發利用所需之修築農路或整坡作業。

二、探礦、採礦、鑿井、採取土石或設置有關附屬設施。

三、修建鐵路、公路、其他道路或溝渠等。

四、開發建築用地、設置公園、墳墓、遊憩用地、運動場地或軍事訓練場、堆積土石、處理廢棄物或其他開挖整地。

前項水土保持計畫未經主管機關核定前，各目的事業主管機關不得逕行核發開發或利用之許可。

第一項各款行為申請案依區域計畫相關法令規定，應先報請各區域計畫擬定機關審議者，應先擬具水土保持規劃書，申請目的事業主管機關送該區域計畫擬定機關同級之主管機關審核。水土保持規劃書得與環境影響評估平行審查。

第一項各款行為，屬中央主管機關指定之種類，且其規模未達中央主管機關所定者，其水土保持計畫得以簡易水土保持申報書代替之；其種類及規模，由中央主管機關定之。

(D)選項解釋

水土保持法-第三章 特定水土保持之處理與維護

第 16 條

下列地區，應劃定為特定水土保持區：

一、水庫集水區。

二、主要河川上游之集水區須特別保護者。

三、海岸、湖泊沿岸、水道兩岸須特別保護者。

四、沙丘地、沙灘等風蝕嚴重者。

五、山坡地坡度陡峭，具危害公共安全之虞者。

六、其他對水土保育有嚴重影響者。

前項特定水土保持區，應由中央或直轄市主管機關設置或指定管理機關管理之。

（D）2. 依建築物室內裝修管理辦法規定，室內裝修從業者業務範圍，下列敘述何者錯誤？

(A)依法登記開業之建築師得從事室內裝修設計業務

(B)依法登記開業之營造業得從事室內裝修施工業務

(C)室內裝修業得從事室內裝修設計或施工之業務

(D)依法登記開業之工業技師得從事室內裝修設計之業務

【解析】

建築物室內裝修管理辦法

第 5 條

室內裝修從業者業務範圍如下：

一、依法登記開業之建築師得從事室內裝修設計業務。

二、依法登記開業之營造業得從事室內裝修施工業務。

三、室內裝修業得從事室內裝修設計或施工之業務。

（A）3. 依建築物公共安全檢查簽證及申報辦法規定，有關耐震能力評估檢查，下列敘述何者錯誤？

(A)中華民國 88 年 12 月 31 日以前領得建造執照之所有建築物均須列入檢查

(B)經初步評估判定結果為尚無疑慮者，得免進行詳細評估

(C)建築物同屬一使用人使用者，該使用人得代為申報

(D)檢具已拆除建築物之證明文件，送當地主管機關備查者得免申報

【解析】

建築物公共安全檢查簽證及申報辦法

第 7 條

下列建築物應辦理耐震能力評估檢查：

一、中華民國八十八年十二月三十一日以前領得建造執照，供建築物使用類組 A-1、A-2、B-2、B-4、D-1、D-3、D-4、F-1、F-2、F-3、F-4、H-1 **組使用之樓地板面積累計達一千平方公尺以上之建築物，且該建築物同屬一所有權人或使用人。**

二、經當地主管建築機關依法認定耐震能力具潛在危險疑慮之建築物。

前項第二款應辦理耐震能力評估檢查之建築物，得由當地主管建築機關依轄區實際需求訂定分類、分期、分區執行計畫及期限，並公告之。

(B)選項解釋

建築物公共安全檢查簽證及申報辦法

第 10 條

辦理耐震能力評估檢查之專業機構應指派其所屬檢查員辦理評估檢查。

前項評估檢查應依下列各款之一辦理，並將評估檢查簽證結果製成評估檢查報告書：

一、經初步評估判定結果為尚無疑慮者，得免進行詳細評估。

二、經初步評估判定結果為有疑慮者，應辦理詳細評估。

三、經初步評估判定結果為確有疑慮，且未逕行辦理補強或拆除者，應辦理詳細評估。

(C)選項解釋

建築物公共安全檢查簽證及申報辦法

第4條

建築物公共安全檢查申報人（以下簡稱申報人）規定如下：

一、防火避難設施及設備安全標準檢查，為建築物所有權人或使用人。

二、耐震能力評估，為建築物所有權人。

前項建築物為公寓大廈者，得由其管理委員會主任委員或管理負責人代為申報。**建築物同屬一使用人使用者，該使用人得代為申報耐震能力評估檢查。**

(D)選項解釋

建築物公共安全檢查簽證及申報辦法

第9條

依第七條規定應辦理耐震能力評估檢查之建築物，申報人檢具下列文件之一，送當地主管建築機關備查者，得免辦理耐震能力評估檢查申報：

一、本辦法中華民國一百零七年二月二十一日修正施行前，已依建築物實施耐震能力評估及補強方案完成耐震能力評估及補強程序之相關證明文件。

二、依法登記開業建築師、執業土木工程技師、結構工程技師出具之補強成果報告書。

三、已拆除建築物之證明文件。

（B）4. 建築法所稱建築執照分為四種，如單獨申請圍牆之興建，須申請下列那一種執照？

(A)建造執照　(B)雜項執照　(C)增建執照　(D)修建執照

【解析】

建築法-第一章 總則

第7條

本法所稱雜項工作物，為營業爐、水塔、瞭望臺、招牌廣告、樹立廣告、散裝倉、廣播塔、煙囪、**圍牆**、機械遊樂設施、游泳池、地下儲藏庫、建築所需駁崁、挖填土石方等工程及建築物興建完成後增設之中央系統空氣調節設備、昇降設備、機械停車設備、防空避難設備、污物處理設施等。

建築法-第二章 建築許可

第28條

建築執照分左列四種：

一、建造執照：建築物之新建、增建、改建及修建，應請領建造執照。

二、雜項執照：雜項工作物之建築，應請領雜項執照。

三、使用執照：建築物建造完成後之使用或變更使用，應請領使用執照。

四、拆除執照：建築物之拆除，應請領拆除執照。

（C）5. 依建築物公共安全檢查簽證及申報辦法規定，下列敘述何者正確？

(A)僅需申報建築物防火避難設施檢查

(B)僅需申報耐震能力評估檢查

(C)申報人為建築物所有權人或使用人，公寓大廈者得由主任委員或管理負責人代為申報

(D)耐震能力評估檢查之申報人僅得為建築物所有權人

【解析】

(C)(D)選項解釋

建築物公共安全檢查簽證及申報辦法

第 4 條

建築物公共安全檢查申報人（以下簡稱申報人）規定如下：

一、防火避難設施及設備安全標準檢查，為建築物所有權人或使用人。

二、耐震能力評估，為建築物所有權人。

前項建築物為公寓大廈者，得由其管理委員會主任委員或管理負責人代為申報。建築物同屬一使用人使用者，該使用人得代為申報耐震能力評估檢查。

(A)(B)選項解釋

建築物公共安全檢查簽證及申報辦法

第 3 條

建築物公共安全檢查申報範圍如下：

一、防火避難設施及設備安全標準檢查。

二、耐震能力評估檢查。

（D）6. 依公共工程施工品質管理作業要點規定，監造單位派駐現場人員之工作，不包括下列何者？

(A)抽驗材料設備　(B)抽查施工作業

(C)訂定監造計畫　(D)辦理施工自主檢查

【解析】

公共工程施工品質管理作業要點

十一、監造單位及其所派駐現場人員工作重點如下：

（一）**訂定監造計畫，並監督、查證廠商履約。**

（二）施工廠商之施工計畫、品質計畫、預定進度、施工圖、施工日誌（參考格式如附表四）、器材樣品及其他送審案件之審核。

（三）重要分包廠商及設備製造商資格之審查。

（四）訂定檢驗停留點，辦理抽查施工作業及抽驗材料設備，並於抽查（驗）紀錄表簽認。

（五）抽查施工廠商放樣、施工基準測量及各項測量之成果。

（六）發現缺失時，應即通知廠商限期改善，並確認其改善成果。

（七）督導施工廠商執行工地安全衛生、交通維持及環境保護等工作。

（八）履約進度及履約估驗計價之審核。

（九）履約界面之協調及整合。

（十）契約變更之建議及協辦。

（十一）機電設備測試及試運轉之監督。

（十二）審查竣工圖表、工程結算明細表及契約所載其他結算資料

（十三）驗收之協辦。

（十四）協辦履約爭議之處理。

（十五）依規定填報監造報表（參考格式如附表五）。

（十六）其他工程監造事宜。

前項各款得依工程之特性及實際需要，擇項訂之。如屬委託監造者，應訂定於招標文件內。

（D）7. 依建築物公共安全檢查簽證及申報辦法，供住宿類（H-2）組集合住宅使用之建築物，規定檢查項目除直通樓梯、避難層出入口、昇降設備、避雷設備、緊急供電系統外，尚包括下列那一項？

(A)內部裝修材料　(B)走廊　(C)防火區劃　(D)安全梯

【解析】

建築物公共安全檢查簽證及申報辦法

附表二 建築物防火避難設施及設備安全標準檢查簽證項目表

項次	檢查項目	備註
（一）防火避難設施類	1.防火區劃	一、辦理建築物防火避難設施及設備安全標準檢查之各檢查項目，應按實際現況用途檢查簽證及申報。
	2.非防火區劃分間牆	
	3.內部裝修材料	
	4.避難層出入口	

項次	檢查項目	備註
	5.避難層以外樓層出入口	二、供 H-2 組別集合住宅使用之建築物，依本表規定之檢查項目為直通樓梯、安全梯、避難層出入口、昇降設備、避雷設備及緊急供電系統。
	6.走廊（室內通路）	
	7.直通樓梯	
	8.安全梯	
	9.屋頂避難平臺	
	10.緊急進口	
（二）設備安全類	1.昇降設備	
	2.避雷設備	
	3.緊急供電系統	
	4.特殊供電	
	5.空調風管	
	6.燃氣設備	

（C）8. 依建築法規定，二層以上建築物施工時，其施工部分距離道路境界線或基地境界線至少多少公尺以內者，應設置防止物體墜落之適當圍籬？

(A)1.5　(B)2.0　(C)2.5　(D)3.0

【解析】

建築法-第五章 施工管理

第 66 條

二層以上建築物施工時，其施工部分距離道路境界線或基地境界線不足二公尺半者，或五層以上建築物施工時，應設置防止物體墜落之適當圍籬。

（B）9. 依建築法規定強制拆除之建築物，違反規定重建者，應受下列那一項罰則？

(A)處新臺幣 6 萬以上 30 萬元以下罰鍰

(B)處 1 年以下有期徒刑、拘役或科或併科新臺幣 30 萬元以下罰金

(C)處 1 年半有期徒刑

(D)處 1 年以上 2 年以下有期徒刑、拘役或科或併科新臺幣 30 萬元以下罰金

【解析】

建築法-第八章 罰則

第 95 條

依本法規定強制拆除之建築物，違反規定重建者，處一年以下有期徒刑、拘役或科或併科新臺幣三十萬元以下罰金。

（D）10. 依山坡地建築管理辦法規定，下列何項非屬於起造人申請雜項執照時，應檢附之文件？

(A)申請書

(B)土地權利證明文件

(C)水土保持計畫核定證明文件或免擬具水土保持計畫之證明文件

(D)工程合約書

【解析】

山坡地建築管理辦法

第 4 條

起造人申請雜項執照，應檢附下列文件：

一、申請書。

二、土地權利證明文件。

三、工程圖樣及說明書。

四、水土保持計畫核定證明文件或免擬具水土保持計畫之證明文件。

五、依環境影響評估法相關規定應實施環境影響評估者，檢附審查通過之文件。

（D）11. 依招牌廣告及樹立廣告管理辦法規定，下列何者得免申請雜項執照？

(A)設置於地面之樹立廣告高度 7 公尺　(B)設置於屋頂之樹立廣告高度 4 公尺

(C)正面式招牌廣告縱長 3 公尺　(D)側懸式招牌廣告縱長 5 公尺

【解析】

招牌廣告及樹立廣告管理辦法

第 3 條

下列規模之招牌廣告及樹立廣告，免申請雜項執照：

一、正面式招牌廣告縱長未超過二公尺者。

二、側懸式招牌廣告縱長未超過六公尺者。

三、設置於地面之樹立廣告高度未超過六公尺者。

四、設置於屋頂之樹立廣告高度未超過三公尺者。

（B）12. 依建築法規定，下列敘述何者正確？

(A)特種建築物得經直轄市、縣（市）主管建築機關之許可，不適用本法全部或一部之規定

(B)實施都市計畫以外地區或偏遠地區建築物之管理得以簡化，不適用本法全部或一部之規定

(C)紀念性之建築物得經行政院之許可，不適用本法全部或一部之規定

(D)海港、碼頭、鐵路車站、航空站等範圍內之雜項工作物，經中央目的事業主管機關之許可，不適用本法全部或一部之規定

【解析】

建築法-第九章 附則

第 99-1 條

實施都市計畫以外地區或偏遠地區建築物之管理得予簡化，不適用本法全部或一部之規定；其建築管理辦法，得由縣政府擬訂，報請內政部核定之。

<u>(A)選項解釋</u>

建築法-第九章 附則

第 98 條

特種建築物得經行政院之許可，不適用本法全部或一部之規定。

<u>(C)(D)選項解釋</u>

建築法-第九章 附則

第 99 條

左列各款經直轄市、縣（市）主管建築機關許可者，得不適用本法全部或一部之規定：

一、紀念性之建築物。

二、地面下之建築物。

三、臨時性之建築物。

四、海港、碼頭、鐵路車站、航空站等範圍內之雜項工作物。

五、興闢公共設施，在拆除剩餘建築基地內依規定期限改建或增建之建築物。

六、其他類似前五款之建築物或雜項工作物。

前項建築物之許可程序、施工及使用等事項之管理，得於建築管理規則中定之。

（B）13. 依建築法規定，下列何者得經直轄市、縣（市）（局）主管建築機關許可，突出建築線？

(A)公有建築物　(B)在公益上或短期內有需要且無礙交通之建築物

(C)無礙交通之陽台　(D)無礙交通之露臺

【解析】

建築法-第四章 建築界限

第 51 條

建築物不得突出於建築線之外，但紀念性建築物，**以及在公益上或短期內有需要且無礙交通之建築物**，經直轄市、縣（市）（局）主管建築機關許可其突出者，不在此限。

（D）14. 依建築物公共安全檢查簽證及申報辦法規定，下列何者非屬建築物公共安全檢查申報項目？

(A)直通樓梯　(B)避難層出入口　(C)昇降設備　(D)消防安全設備

【解析】

建築物公共安全檢查簽證及申報辦法

附表二　建築物防火避難設施及設備安全標準檢查簽證項目表

項次	檢查項目	備註
（一）防火避難設施類	1.防火區劃	一、辦理建築物防火避難設施及設備安全標準檢查之各檢查項目，應按實際現況用途檢查簽證及申報。 二、供 H-2 組別集合住宅使用之建築物，依本表規定之檢查項目為直通樓梯、安全梯、避難層出入口、昇降設備、避雷設備及緊急供電系統。
	2.非防火區劃分間牆	
	3.內部裝修材料	
	4.避難層出入口	
	5.避難層以外樓層出入口	
	6.走廊（室內通路）	
	7.直通樓梯	
	8.安全梯	
	9.屋頂避難平臺	
	10.緊急進口	
（二）設備安全類	1.昇降設備	
	2.避雷設備	
	3.緊急供電系統	
	4.特殊供電	
	5.空調風管	
	6.燃氣設備	

（B）15. 依建築法規定，將建築物之一部分拆除，於原建築基地範圍內改造，而不增高或擴大面積者，屬於下列何者之建造行為？

(A)新建　(B)改建　(C)修建　(D)增建

【解析】

建築法-第一章 總則

第 9 條

本法所稱建造，係指左列行為：

一、新建：為新建造之建築物或將原建築物全部拆除而重行建築者。

二、增建：於原建築物增加其面積或高度者。但以過廊與原建築物連接者，應視為新建。

三、改建：將建築物之一部分拆除，於原建築基地範圍內改造，而不增高或擴大面積者。

四、修建：建築物之基礎、樑柱、承重牆壁、樓地板、屋架及屋頂，其中任何一種有過半之修理或變更者。

（C）16. 專任工程人員係指受聘於下列何者之技師或建築師？

(A)建設公司　(B)建築師事務所　(C)營造業　(D)督導機關

【解析】

營造業法-第一章 總則

第 3 條

本法用語定義如下：

一、營繕工程：係指土木、建築工程及其相關業務。

二、營造業：係指經向中央或直轄市、縣（市）主管機關辦理許可、登記，承攬營繕工程之廠商。

三、綜合營造業：係指經向中央主管機關辦理許可、登記，綜理營繕工程施工及管理等整體性工作之廠商。

四、專業營造業：係指經向中央主管機關辦理許可、登記，從事專業工程之廠商。

五、土木包工業：係指經向直轄市、縣（市）主管機關辦理許可、登記，在當地或毗鄰地區承攬小型綜合營繕工程之廠商。

六、統包：係指基於工程特性，將工程規劃、設計、施工及安裝等部分或全部合併辦理招標。

七、聯合承攬：係指二家以上之綜合營造業共同承攬同一工程之契約行為。

八、負責人：在無限公司、兩合公司係指代表公司之股東；在有限公司、股份有限公司係指代表公司之董事；在獨資組織係指出資人或其法定代理人；在合夥組織係指執行業務之合夥人；公司或商號之經理人，在執行職務範圍內，亦為負責人。

九、專任工程人員：係指受聘於營造業之技師或建築師，擔任其所承攬工程之施工技術指導及施工安全之人員。其為技師者，應稱主任技師；其為建築師者，應稱主任建築師。

十、工地主任：係指受聘於營造業，擔任其所承攬工程之工地事務及施工管理之人員。

十一、技術士：係指領有建築工程管理技術士證或其他土木、建築相關技術士證人員。

（B）17. 下列那一種情形不符合建築法規所稱建築工程部分完竣？

(A)連棟式建築物，其中任一棟業經施工完竣

(B)建築面積 6000 平方公尺的建築物，其中任一樓層至基地地面間各層業經施工完竣

(C)12 層樓的建築物，其中任一樓層至基地地面間各層業經施工完竣

(D)高度 50 公尺的建築物，其中任一樓層至基地地面間各層業經施工完竣

【解析】

(A)選項解釋

建築物部分使用執照核發辦法

第 3 條

本法第七十條之一所稱建築工程部分完竣，係指下列情形之一者：

一、二幢以上建築物，其中任一幢業經全部施工完竣。

二、連棟式建築物，其中任一棟業經施工完竣。

三、高度超過三十六公尺或十二層樓以上，或建築面積超過八〇〇〇平方公尺以上之建築物，其中任一樓層至基地地面間各層業經施工完竣。

前項所稱幢、棟定義如下：

一、幢：建築物地面層以上結構體獨立不與其他建築物相連，地面層以上其使用機能可獨立分開者。

二、棟：以一單獨或共同出入口及以無開口之防火牆及防火樓板所區劃分開者。

（D）18. 依建築師法之規定，開業證書有效期間幾年？

(A)3 年　(B)4 年　(C)5 年　(D)6 年

【解析】

建築師法-第二章 開業

第 9-1 條

開業證書有效期間為六年，領有開業證書之建築師，應於開業證書有效期間屆滿日之三個月前，檢具原領開業證書及內政部認可機構、團體出具之研習證明文件，向所在直轄市、縣（市）主管機關申請換發開業證書。

前項申請換發開業證書之程序、應檢附文件、收取規費及其他應遵行事項之辦法，由內政部定之。

第一項機構、團體出具研習證明文件之認可條件、程序及其他應遵行事項之辦法，由內政部定之。

前三項規定施行前，已依本法規定核發之開業證書，其有效期間自前二項辦法施行之日起算六年；其申請換發，依第一項規定辦理。

（C）19. 有關建築師開業之敘述，下列何者錯誤？

(A)建築師開業，應設立建築師事務所執行業務，或由二個以上建築師組織聯合建築師事務所共同執行業務

(B)外國人得依中華民國法律應建築師考試，考試及格領有建築師證書之外國人並得申請開業

(C)建築師開業證書之換發不受建築師研習再教育因素之限制

(D)建築師受委託辦理業務，其工作範圍及應收酬金，應與委託人於事前訂立書面契約，共同遵守

【解析】

建築師法-第二章 開業

第 9-1 條

開業證書有效期間為六年，領有開業證書之建築師，應於開業證書有效期間屆滿日之三個月前，檢具原領開業證書及內政部認可機構、團體出具之研習證明文件，向所在直轄市、縣（市）主管機關申請換發開業證書。

前項申請換發開業證書之程序、應檢附文件、收取規費及其他應遵行事項之辦法，由內政部定之。

第一項機構、團體出具研習證明文件之認可條件、程序及其他應遵行事項之辦法，由內政部定之。

前三項規定施行前，已依本法規定核發之開業證書，其有效期間自前二項辦法施行之日起算六年；其申請換發，依第一項規定辦理。

建築師開業證書申請換發及研習證明文件認可辦法

第 1 條

本辦法依**建築師法第九條之一第二項及第三項**規定訂定之。

第 7 條

建築師研習包含下列項目：

一、建築師倫理。

二、建築課程。

三、建築相關法令。

四、建築品質及實務。

五、其他經中央主管機關規定者。

前項研習以下列方式實施，其得採計積分之計算方式及其個別項目積分計算如附表：

一、參加建築師公會活動。

二、參加講習訓練。

三、教學、研究、研發。

四、作品發表。

五、從事公共服務或參與社會公益活動。

前項第一款建築師公會活動或第二款講習訓練，由各機關（構）、團體辦理者，應於舉辦活動或訓練前，申請中央主管機關認可，並於活動或訓練後，發給研習證明文件。

(A)選項解釋

建築師法-第一章 總則

第 6 條

建築師開業，應設立建築師事務所執行業務，或由二個以上建築師組織聯合建築師事務所共同執行業務，並向所在地直轄市、縣（市）辦理登記開業且以全國為其執行業務之區域。

(B)選項解釋

建築師法-第六章 附則

第 54 條

外國人得依中華民國法律應建築師考試。

前項考試及格領有建築師證書之外國人，在中華民國執行建築師業務，應經內政部之許可，並應遵守中華民國一切法令及建築師公會章程及章則。

外國人經許可在中華民國開業為建築師者，其有關業務上所用之文件、圖說，應以中華民國文字為主。

(D)選項解釋

建築師法-第三章 開業建築師之業務及責任

第 22 條

建築師受委託辦理業務，其工作範圍及應收酬金，應與委託人於事前訂立書面契約，共同遵守。

（D）20. 下列何者不是建築師得接受委託範圍？

(A)實質環境之調查　(B)估價　(C)測量　(D)鑽探簽證

【解析】

建築師法-第三章 開業建築師之業務及責任

第 16 條

建築師受委託人之委託，辦理建築物及其**實質環境之調查**、**測量**、設計、監造、**估價**、檢查、鑑定等各項業務，並得代委託人辦理申請建築許可、招商投標、擬定施工契約及其他工程上之接洽事項。

（B）21. 依建築技術規則規定，地下建築物供地下通道使用之總樓地板面積，至多應按每多少平方公尺以具有一小時以上防火時效之牆壁、防火門窗等防火設備及防火構造之樓地板予以區劃分隔？

(A)1000　(B)1500　(C)2000　(D)3000

【解析】

建築技術規則建築設計施工編-第十一章 地下建築物-第三節 建築物之防火

第 202 條

地下建築物供地下使用單元使用之總樓地板面積在一、〇〇〇平方公尺以上者，應按每一、〇〇〇平方公尺，以具有一小時以上防火時效之牆壁、防火門窗等防火設備及該處防火構造之樓地板予以區劃分隔。

供地下通道使用，其總樓地板面積在一、五〇〇平方公尺以上者，應按每一、五〇〇平方公尺，以具有一小時以上防火時效之牆壁、防火門窗等防火設備及該處防火構造之樓地板予以區劃分隔。且每一區劃內，應設有地下通道直通樓梯。

（A）22. 依建築技術規則規定，廣告牌塔主要部分之構造不得為下列何者？

(A)磚造　(B)鋼骨鋼筋混凝土造

(C)鋼構造　(D)鋼筋混凝土造

【解析】

建築技術規則建築設計施工編-第七章 雜項工作物

第 147 條

廣告牌塔、裝飾塔、廣播塔或高架水塔等之構造應依左列規定：

一、主要部份之構造不得為磚造或無筋混凝土造。

二、各部份構造應符合本規則建築構造編及建築設備編之有關規定。

三、設置於建築物外牆之廣告牌不得堵塞本規則規定設置之各種開口及妨礙消防車輛之通行。

（C）23. 防火構造建築物內之挑空部分，應以一小時以上防火時效之牆壁、防火門窗等防火設備與該處防火構造之樓地板形成區劃分隔，下列何者得不受限制？

(A)連跨樓層數在 4 層以下，且樓地板面積在 1500 平方公尺以下之挑空

(B)連跨樓層數在 4 層以下，且樓地板面積在 2000 平方公尺以下之挑空

(C)連跨樓層數在 3 層以下，且樓地板面積在 1500 平方公尺以下之挑空

(D)連跨樓層數在 3 層以下，且樓地板面積在 2000 平方公尺以下之挑空

【解析】

建築技術規則建築設計施工編-第三章 建築物之防火-第四節 防火區劃

第 79-2 條

防火構造建築物內之挑空部分、昇降階梯間、安全梯之樓梯間、昇降機道、垂直貫穿樓板之管道間及其他類似部分，應以具有一小時以上防火時效之牆壁、防火門窗等防火設備與該處防火構造之樓地板形成區劃分隔。昇降機道裝設之防火設備應具有遮煙性能。管道間之維修門並應具有一小時以上防火時效及遮煙性能。

前項昇降機道前設有昇降機間且併同區劃者，昇降機間出入口裝設具有遮煙性能之防火設備時，昇降機道出入口得免受應裝設具遮煙性能防火設備之限制；昇降機間出入口裝設之門非防火設備但開啟後能自動關閉且具有遮煙性能時，昇降機道出入口之防火設備得免受應具遮煙性能之限制。

挑空符合下列情形之一者，得不受第一項之限制：

一、避難層通達直上層或直下層之挑空、樓梯及其他類似部分，其室內牆面與天花板以耐燃一級材料裝修者。

二、連跨樓層數在三層以下，且樓地板面積在一千五百平方公尺以下之挑空、樓梯及其他類似部分。

第一項應予區劃之空間範圍內，得設置公共廁所、公共電話等類似空間，其牆面及天花板裝修材料應為耐燃一級材料。

（B）24. 某十層樓高防火構造建築物總樓地板面積 5000 平方公尺，應按每多少平方公尺，以具有一小時以上防火時效之牆壁、防火門窗等防火設備與該處防火構造之樓地板區劃分隔？

(A)1000　　(B)1500　　(C)2000　　(D)2500

【解析】

建築技術規則建築設計施工編-第三章 建築物之防火-第四節 防火區劃

第 79 條

防火構造建築物總樓地板面積在一、五〇〇平方公尺以上者，應按每一、五〇〇平方公尺，以具有一小時以上防火時效之牆壁、防火門窗等防火設備與該處防火構造之樓地板區劃分隔。防火設備並應具有一小時以上之阻熱性。

前項應予區劃範圍內，如備有效自動滅火設備者，得免計算其有效範圍樓地面板面積之二分之一。

防火區劃之牆壁，應突出建築物外牆面五十公分以上。但與其交接處之外牆面長度有九十公分以上，且該外牆構造具有與防火區劃之牆壁同等以上防火時效者，得免突出。

建築物外牆為帷幕牆者，其外牆面與防火區劃牆壁交接處之構造，仍應依前項之規定。

（B）25. 依建築技術規則規定，高層建築物之總樓地板面積與留設空地之比，在商業區時至多不得大於多少？

(A)25　(B)30　(C)35　(D)40

【解析】

建築技術規則建築設計施工編-第十二章 高層建築物-第一節 一般設計通則

第 228 條

高層建築物之總樓地板面積與留設空地之比，不得大於左列各值：

一、商業區：三十。

二、住宅區及其他使用分區：十五。

（A）26. 都市更新地區內土地增值稅得予減免，下列何者依規定係減徵 40%？

(A) 依權利變換取得之土地，於更新後第一次移轉時

(B) 實施權利變換應分配之土地未達最小分配面積單元，而改領現金者

(C) 實施權利變換，以土地及建築物抵付權利變換負擔者

(D) 以更新地區內之土地為信託財產，因信託關係而於委託人與受託人間移轉所有權者

【解析】

都市更新條例-第六章 獎助

第 67 條

更新單元內之土地及建築物，依下列規定減免稅捐：

一、更新期間土地無法使用者，免徵地價稅；其仍可繼續使用者，減半徵收。但未依計畫進度完成更新且可歸責於土地所有權人之情形者，依法課徵之。

二、更新後地價稅及房屋稅減半徵收二年。

三、重建區段範圍內更新前合法建築物所有權人取得更新後建築物，於前款房屋稅減半徵收二年期間內未移轉，且經直轄市、縣（市）主管機關視地區發展趨勢及財政狀況同意者，得延長其房屋稅減半徵收期間至喪失所有權止，但以十年為限。本條例中華民國一百零七年十二月二十八日修正之條文施行前，前款房屋稅減半徵收二年期間已屆滿者，不適用之。

四、依權利變換取得之土地及建築物，於更新後第一次移轉時，減徵土地增值稅及契稅百分之四十。

五、不願參加權利變換而領取現金補償者，減徵土地增值稅百分之四十。

六、實施權利變換應分配之土地未達最小分配面積單元，而改領現金者，免徵土地增值稅。

七、實施權利變換，以土地及建築物抵付權利變換負擔者，免徵土地增值稅及契稅。

八、原所有權人與實施者間因協議合建辦理產權移轉時，經直轄市、縣（市）主管機關視地區發展趨勢及財政狀況同意者，得減徵土地增值稅及契稅百分之四十。

前項第三款及第八款實施年限，自本條例中華民國一百零七年十二月二十八日修正之條文施行之日起算五年；其年限屆期前半年，行政院得視情況延長之，並以一次為限。

都市更新事業計畫於前項實施期限屆滿之日前已報核或已核定尚未完成更新，於都市更新事業計畫核定之日起二年內或於權利變換計畫核定之日起一年內申請建造執照，且依建築期限完工者，其更新單元內之土地及建築物，準用第一項第三款及第八款規定。

第 68 條

以更新地區內之土地為信託財產，訂定以委託人為受益人之信託契約者，不課徵贈與稅。

前項信託土地，因信託關係而於委託人與受託人間移轉所有權者，不課徵土地增值稅。

（C）27. 依山坡地建築管理辦法規定，山坡地應於雜項工程完成查驗合格後，領得雜項工程使用執照，始得申請那種執照？

(A)變更執照　(B)拆除執照　(C)建造執照　(D)使用執照

【解析】

山坡地建築管理辦法

第 9 條

山坡地應於雜項工程完工查驗合格後，領得雜項工程使用執照，始得申請建造執照。

申請建造執照，應檢附建築法第三十條規定之文件圖說及雜項工程使用執照。但依第三條第二項規定雜項執照併同於建造執照中申請者，免檢附雜項工程使用執照。

建造期間之施工管理，依建築法有關規定辦理。

（C）28. 依建築技術規則規定，架空走廊如穿越道路，其廊身與路面垂直淨距離最低不得小於多少？

(A)4.2 公尺　　(B)4.4 公尺　　(C)4.6 公尺　　(D)4.8 公尺

【解析】

建築技術規則建築設計施工編-第二章 一般設計通則-第二節 牆面線、建築物突出部份

第 10 條

架空走廊之構造應依左列規定：

一、應為防火構造或不燃材料所建造，但側牆不能使用玻璃等容易破損之材料裝修。

二、廊身兩側牆壁之高度應在一·五公尺以上。

三、架空走廊如穿越道路，其廊身與路面垂直淨距離不得小於四·六公尺。

四、廊身支柱不得妨害車道，或影響市容觀瞻。

（D）29. 依建築技術規則規定，高度超過幾公尺之煙囪應為鋼筋混凝土造或鋼鐵造？

(A)6　　(B)8　　(C)9　　(D)10

【解析】

建築技術規則建築設計施工編-第七章 雜項工作物

第 146 條

煙囪之構造除應符合本規則建築構造編、建築設備編有關避雷設備及本編第五十二條、第五十三條規定外，並應依下列規定辦理：

一、磚構造及無筋混凝土構造應補強設施，未經補強之煙囪，其高度應依本編第五十二條第一款規定。

二、混凝土管煙囪，在管之搭接處應以鐵管套連接，並應加設支撐用框架或以斜拉線固定。

三、高度超過十公尺之煙囪應為鋼筋混凝土造或鋼鐵造。

四、鋼筋混凝土造煙囪之鋼筋保護層厚度應為五公分以上。

前項第二款之斜拉線應固定於鋼筋混凝土樁或建築物或工作物或經防腐處理之木樁。

（D）30. 實施容積管制地區，建築物高度依多少比例之斜率，其垂直建築線方向投影於面前道路之陰影面積，不得超過基地臨接面前道路之長度與該道路寬度乘積之半，且其陰影最大不得超過面前道路對側境界線？

(A)1.5：1　　(B)2.0：1　　(C)3.0：1　　(D)3.6：1

【解析】

建築技術規則建築設計施工編-第九章 容積設計

第 160 條

實施容積管制地區之建築設計，除都市計畫法令或都市計畫書圖另有規定外，依本

章規定。

第 164 條

建築物高度依下列規定：

一、**建築物以三·六比一之斜率，依垂直建築線方向投影於面前道路之陰影面積，不得超過基地臨接面前道路之長度與該道路寬度乘積之半，且其陰影最大不得超過面前道路對側境界線**；建築基地臨接面前道路之對側有永久性空地，其陰影面積得加倍計算。陰影及高度之計算如下：

$$As \leqq \frac{L \times Sw}{2}$$

且 $H \leqq 3.6\,(Sw + D)$

其中

As：建築物以三·六比一之斜率，依垂直建築線方向，投影於面前道路之陰影面積。

L：基地臨接面前道路之長度。

Sw：面前道路寬度（依本編第十四條第一項各款之規定）。

H：建築物各部分高度。

D：建築物各部分至建築線之水平距離。

二、前款所稱之斜率，為高度與水平距離之比值。

（B）31. 樓地板面積超過 50 平方公尺之居室，其天花板或天花板下方 80 公分範圍以內之有效通風面積未達樓地板面積至多百分之多少者，視為無窗戶居室？

(A)1　　(B)2　　(C)3　　(D)4

【解析】

建築技術規則建築設計施工編-第一章 用語定義

第 1 條（本條文有附件）

本編建築技術用語，其他各編得適用，其定義如下：

一、一宗土地：本法第十一條所稱一宗土地，指一幢或二幢以上有連帶使用性之建築物所使用之建築基地。但建築基地為道路、鐵路或永久性空地等分隔者，不視為同一宗土地。

| | | | | | | |

三十五、無窗戶居室：具有下列情形之一之居室：

（一）依本編第四十二條規定有效採光面積未達該居室樓地板面積百分之五者。

（二）可直接開向戶外或可通達戶外之有效防火避難構造開口，其高度未達一點二公尺，寬度未達七十五公分；如為圓型時直徑未達一公尺者。

（三）樓地板面積超過五十平方公尺之居室，其天花板或天花板下方八十公分範圍以內之有效通風面積未達樓地板面積百分之二者。

（本條文部分以下省略，為節省版面空間，以提供解題部分法規為主）

（B）32. 有一位於山坡地之建築物，基地建蔽率為 40%，容積率為 100%，除經目的事業主管機關審定有增加其建築物高度必要者外，其建築物高度非屬依都市計畫法或區域計畫法有關規定許可者，此其建築物高度至多不得超過多少公尺？

(A)15　(B)18　(C)21　(D)24

【解析】

建築技術規則建築設計施工編-第十三章 山坡地建築-第二節 設計原則

第 268 條

建築物高度除依都市計畫法或區域計畫法有關規定許可者，從其規定外，不得高於法定最大容積率除以法定最大建蔽率之商乘三點六再乘以二，其公式如左：

$$H \leqq \frac{\text{法定最大容積率}}{\text{法定最大建蔽率}} \times 3.6 \times 2$$

建築物高度因構造或用途等特殊需要，經目的事業主管機關審定有增加其建築物高度必要者，得不受前項限制。

計算高度：

$$H \leqq \frac{100\%}{40\%} \times 3.6 \times 2$$

$H \leqq 18$

（D）33. 依綠建築基準，建築物雨水或生活雜排水回收再利用之適用範圍，為總樓地板面積達多少平方公尺以上之新建建築物，但衛生醫療類（F-1 組）或經中央主管建築機關認可之建築物，不在此限？

(A)5000　(B)6000　(C)8000　(D)10000

【解析】

建築技術規則建築設計施工編-第十七章 綠建築基準-第一節 一般設計通則

第 298 條

本章規定之適用範圍如下：

一、建築基地綠化：指促進植栽綠化品質之設計，其適用範圍為新建建築物。但個別興建農舍及基地面積三百平方公尺以下者，不在此限。

|　|　|　|　|　|　|　|

四、建築物雨水或生活雜排水回收再利用：指將雨水或生活雜排水貯集、過濾、再利用之設計，其適用範圍為總樓地板面積達一萬平方公尺以上之新建建築物。但衛生醫療類（F-1 組）或經中央主管建築機關認可之建築物，不在此限。

五、綠建材：指第二百九十九條第十二款之建材；其適用範圍為供公眾使用建築物及經內政部認定有必要之非供公眾使用建築物。

（A）34. 依建築技術規則之規定，建築物內規定應設置之樓梯可以何者代替之？

(A)坡道　(B)昇降階梯　(C)昇降機　(D)輪椅昇降台

【解析】

建築技術規則建築設計施工編-第二章 一般設計通則-第七節 樓梯、欄杆、坡道

第 39 條

建築物內規定應設置之樓梯可以坡道代替之，除其淨寬應依本編第三十三條之規定外，並應依左列規定：

一、坡道之坡度，不得超過一比八。

二、坡道之表面，應為粗面或用其他防滑材料處理之。

（C）35. 依建築技術規則山坡地建築專章規定，除經直轄市、縣（市）政府另定適用規定者，基地範圍依平均坡度計算法得出之坵塊平均坡度值，得計入法定空地面積之最大平均坡度為百分之多少以下？

(A)30　(B)40　(C)55　(D)65

【解析】

建築技術規則建築設計施工編-第十三章 山坡地建築-第一節 山坡地基地不得開發建築認定基準

第 262 條

（因條文排版無法完整呈現內容，請詳閱完整條文檔案）

山坡地有下列各款情形之一者，不得開發建築。但穿過性之道路、通路或公共設施管溝，經適當邊坡穩定之處理者，不在此限：

一、坡度陡峭者：所開發地區之原始地形應依坵塊圖上之平均坡度之分布狀態，區劃成若干均質區。在坵塊圖上其平均坡度超過百分之三十者。但區內最高點及最低點間之坡度小於百分之十五，且區內不含顯著之獨立山頭或跨越主嶺線者，不在此限。

八、斷崖：斷崖上下各二倍於斷崖高度之水平距離範圍內。但地質上或設有適當之擋土設施並經當地主管建築機關認為安全無礙者，不在此限。

前項第六款河岸包括海崖、階地崖及臺地崖。

第一項第一款坵塊圖上其平均坡度超過百分之五十五者，不得計入法定空地面積；坵塊圖上其平均坡度超過百分之三十且未逾百分之五十五者，得作為法定空地或開放空間使用，不得配置建築物。但因地區之發展特性或特殊建築基地之水土保持處理與維護之需要，經直轄市、縣（市）政府另定適用規定者，不在此限。

建築基地跨越山坡地與非山坡地時，其非山坡地範圍有礦場或坑道者，適用第一項第四款規定。

（A）36. 依建築技術規則規定，建築基地因設置雨水貯留利用系統及生活雜排水回收再利用系統，所增加之設備空間，於樓地板面積容積一定比例以內者，得不計入容積樓地板面積及不計入機電設備面積，其最高比例為何？

(A)千分之五　(B)千分之十　(C)千分之二十　(D)千分之五十

【解析】

建築技術規則建築設計施工編-第十七章 綠建築基準-第一節 一般設計通則

第 300 條

適用本章之建築物，其容積樓地板面積、機電設備面積、屋頂突出物之計算，得依下列規定辦理：

一、建築基地因設置雨水貯留利用系統及生活雜排水回收再利用系統，所增加之設備空間，於樓地板面積容積千分之五以內者，得不計入容積樓地板面積及不計入機電設備面積。

二、建築物設置雨水貯留利用系統及生活雜排水回收再利用系統者，其屋頂突出物之高度得不受本編第一條第九款第一目之限制。但不超過九公尺。

（A）37. 綠建築中所稱平均熱傳透率，是指當室內外溫差在絕對溫度多少度時，建築物外殼單位面積在單位時間內之平均傳透熱量？

(A)1　(B)2　(C)3　(D)5

【解析】

建築技術規則建築設計施工編-第十七章 綠建築基準-第一節 一般設計通則

第 299 條

本章用詞，定義如下：

一、綠化總固碳當量：指基地綠化栽植之各類植物固碳當量與其栽植面積乘積之總和。

二、最小綠化面積：指基地面積扣除執行綠化有困難之面積後與基地內應保留法定空地比率之乘積。

三、基地保水指標：指建築後之土地保水量與建築前自然土地之保水量之相對比值。

四、建築物外殼耗能量：指為維持室內熱環境之舒適性，建築物外周區之空調單位樓地板面積之全年冷房顯熱熱負荷。

五、外周區：指空間之熱負荷受到建築外殼熱流進出影響之空間區域，以外牆中心線五公尺深度內之空間為計算標準。

六、外殼等價開窗率：指建築物各方位外殼透光部位，經標準化之日射、遮陽及通風修正計算後之開窗面積，對建築外殼總面積之比值。

七、平均熱傳透率：指當室內外溫差在絕對溫度一度時，建築物外殼單位面積在單位時間內之平均傳透熱量。

八、窗面平均日射取得量：指除屋頂外之建築物所有開窗面之平均日射取得量。

九、平均立面開窗率：指除屋頂以外所有建築外殼之平均透光開口比率。

十、雨水貯留利用率：指在建築基地內所設置之雨水貯留設施之雨水利用量與建築物總用水量之比例。

十一、生活雜排水回收再利用率：指在建築基地內所設置之生活雜排水回收再利用設施之雜排水回收再利用量與建築物總生活雜排水量之比例。

十二、綠建材：指經中央主管建築機關認可符合生態性、再生性、環保性、健康性及高性能之建材。

十三、耗能特性分區：指建築物室內發熱量、營業時程較相近且由同一空調時程控制系統所控制之空間分區。

前項第二款執行綠化有困難之面積，包括消防車輛救災活動空間、戶外預鑄式建築物污水處理設施、戶外教育運動設施、工業區之戶外消防水池及戶外裝卸貨空間、住宅區及商業區依規定應留設之騎樓、迴廊、私設通路、基地內通路、現有巷道或既成道路。

（B）38. 依建築技術規則規定，下列新建建築物，何者得免設置無障礙樓梯？

(A)3 層鄉公所

(B)3 層獨棟建築物，自地面層至最上層均屬同一住宅單位且第 2 層以上僅供住宅使用

(C)3 層銀行

(D)6 層集合住宅

【解析】

建築技術規則建築設計施工編-第十章 無障礙建築物

第 167 條

為便利行動不便者進出及使用建築物，新建或增建建築物，應依本章規定設置無障礙設施。但符合下列情形之一者，不在此限：

一、**獨棟或連棟建築物，該棟自地面層至最上層均屬同一住宅單位且第二層以上僅供住宅使用。**

二、供住宅使用之公寓大廈專有及約定專用部分。

三、除公共建築物外，建築基地面積未達一百五十平方公尺或每棟每層樓地板面積均未達一百平方公尺。

前項各款之建築物地面層，仍應設置無障礙通路。

前二項建築物因建築基地地形、垂直增建、構造或使用用途特殊，設置無障礙設施確有困難，經當地主管建築機關核准者，得不適用本章一部或全部之規定。

建築物無障礙設施設計規範，由中央主管建築機關定之。

（A）39. 依都市計畫法，直轄市及縣（市）政府對於內政部核定之主要計畫、細部計畫，如有申請復議之必要時，應如何處理？

(A)應於接到核定公文之日起 1 個月內提出

(B)應於接到核定公文之日起 2 個月內提出

(C)應於接到核定公文之日起 3 個月內提出

(D)應於接到核定公文之日起 6 個月內提出

【解析】

都市計畫法-第九章 附則

第 82 條

直轄市及縣（市）政府對於內政部核定之主要計畫、細部計畫，**如有申請復議之必要時，應於接到核定公文之日起一個月內提出**，並以一次為限；經內政部復議仍維持原核定計畫時，應依第二十一條之規定即予發布實施。

（C）40. 依都市計畫容積移轉實施辦法，位於整體開發地區、實施都市更新地區、面臨永久性空地或其他都市計畫指定地區範圍內之接受基地，其可移入容積得酌予增加。但至多不得超過該接受基地基準容積之多少？

(A)20%　　(B)30%　　(C)40%　　(D)50%

【解析】

都市計畫容積移轉實施辦法

第 8 條

接受基地之可移入容積，以不超過該接受基地基準容積之百分之三十為原則。

位於整體開發地區、實施都市更新地區、面臨永久性空地或其他都市計畫指定地區範圍內之接受基地，其可移入容積得酌予增加。但不得超過該接受基地基準容積之百分之四十。

（B）41. 有關都市計畫法用語定義，下列敘述何者錯誤？

(A)都市計畫事業：係指依本法規定所舉辦之公共設施、新市區建設、舊市區更新等實質建設之事業

(B)優先發展區：係指預計在 5 年內，必須優先規劃建設發展之都市計畫地區

(C)新市區建設：係指建築物稀少，尚未依照都市計畫實施建設發展之地區

(D)舊市區更新：係指舊有建築物密集，畸零破舊，有礙觀瞻，影響公共安全，必須拆除重建，就地整建或特別加以維護之地區

【解析】

都市計畫法-第一章 總則

第 7 條

本法用語定義如左：

一、主要計畫：係指依第十五條所定之主要計畫書及主要計畫圖，作為擬定細部計畫之準則。

二、細部計畫：係指依第二十二條之規定所為之細部計畫書及細部計畫圖，作為實施都市計畫之依據。

三、都市計畫事業：係指依本法規定所舉辦之公共設施、新市區建設、舊市區更新等實質建設之事業。

四、優先發展區：係指預計在十年內必須優先規劃建設發展之都市計畫地區。

五、新市區建設：係指建築物稀少，尚未依照都市計畫實施建設發展之地區。

六、舊市區更新：係指舊有建築物密集，畸零破舊，有礙觀瞻，影響公共安全，必須拆除重建，就地整建或特別加以維護之地區。

（B）42. 依都市計畫容積移轉實施辦法之規定，接受基地移入之容積，應按送出基地及接受基地之何種比值計算？

(A)法定容積　　(B)當期公告土地現值

(C)土地市價　　(D)1：1

【解析】

都市計畫容積移轉實施辦法

第 9 條

（1）**接受基地移入送出基地之容積，應按申請容積移轉當期各該送出基地及接受基地公告土地現值之比值計算，其計算公式如下：**

接受基地移入之容積＝送出基地之土地面積×（申請容積移轉當期送出基地之公告土地現值／申請容積移轉當期接受基地之公告土地現值）×接受基地之容積率

（2）前項送出基地屬第六條第一項第一款之土地者，其接受基地移入之容積，應扣除送出基地現已建築容積及基準容積之比率。其計算公式如下：

第六條第一項第一款土地之接受基地移入容積＝接受基地移入之容積×〔1－（送出基地現已建築之容積／送出基地之基準容積）〕

（3）第一項送出基地屬第六條第一項第三款且因國家公益需要設定地上權、徵收地上權或註記供捷運系統穿越使用者，其接受基地移入容積計算公式如下：

送出基地屬第六條第一項第三款且因國家公益需要設定地上權、徵收地上權或註記供捷運系統穿越使用者之接受基地移入容積＝接受基地移入之容積×〔1－（送出基地因國家公益需要設定地上權、徵收地上權或註記供捷運系統穿越使用時之補償費用／送出基地因國家公益需要設定地上權、徵收地上權或註記供捷運系統穿越使用時之公告土地現值）〕

（D）43. 下列何種更新地區之劃定程序，得逕由各級主管機關劃定公告實施之，免送各級都市計畫委員會審議？

(A)建築物窳陋且非防火構造或鄰棟間隔不足，有妨害公共安全之虞

(B)涉及都市計畫之擬定或變更

(C)為配合中央或地方之重大建設

(D)全區採整建或維護方式處理

【解析】

都市更新條例-第二章　更新地區之劃定

第 9 條

更新地區之劃定或變更及都市更新計畫之訂定或變更，未涉及都市計畫之擬定或變更者，準用都市計畫法有關細部計畫規定程序辦理；**其涉及都市計畫主要計畫或細部計畫之擬定或變更者，依都市計畫法規定程序辦理，主要計畫或細部計畫得一併辦理擬定或變更。**

全區採整建或維護方式處理，或依第七條規定劃定或變更之更新地區，其更新地區之劃定或變更及都市更新計畫之訂定或變更，得逕由各級主管機關公告實施之，免

依前項規定辦理。

第一項都市更新計畫應表明下列事項，作為擬訂都市更新事業計畫之指導：

一、更新地區範圍。

二、基本目標與策略。

三、實質再發展概要：

（一）土地利用計畫構想。　（三）交通運輸系統構想。

（二）公共設施改善計畫構想。　（四）防災、救災空間構想。

四、其他應表明事項。

依第八條劃定或變更策略性更新地區之都市更新計畫，除前項應表明事項外，並應表明下列事項：

一、劃定之必要性與預期效益。

二、都市計畫檢討構想。

三、財務計畫概要。

四、開發實施構想。

五、計畫年期及實施進度構想。

六、相關單位配合辦理事項。

（C）44. 下列那一種情形得免辦理都市更新事業計畫之公開展覽？

(A)採重建方式辦理，且實施者已取得更新單元內全體私有土地及私有合法建築物所有權人同意者

(B)因具有歷史、文化價值，經主管機關優先劃定為更新地區者

(C)因景觀計畫之變更而辦理都市更新事業計畫之變更，經主管機關認定不影響原核定之都市更新事業計畫者

(D)由主管機關自行實施都市更新事業者

【解析】

第32條

都市更新事業計畫由實施者擬訂，送由當地直轄市、縣（市）主管機關審議通過後核定發布實施；其屬中央主管機關依第七條第二項或第八條規定劃定或變更之更新地區辦理之都市更新事業，得逕送中央主管機關審議通過後核定發布實施。並即公告三十日及通知更新單元範圍內土地、合法建築物所有權人、他項權利人、囑託限制登記機關及預告登記請求權人；變更時，亦同。

擬訂或變更都市更新事業計畫期間，應舉辦公聽會，聽取民眾意見。

都市更新事業計畫擬訂或變更後，送各級主管機關審議前，應於各該直轄市、縣(市)

政府或鄉（鎮、市）公所公開展覽三十日，並舉辦公聽會；實施者已取得更新單元內全體私有土地及私有合法建築物所有權人同意者，公開展覽期間得縮短為十五日。
前二項公開展覽、公聽會之日期及地點，應刊登新聞紙或新聞電子報，並於直轄市、縣（市）主管機關電腦網站刊登公告文，並通知更新單元範圍內土地、合法建築物所有權人、他項權利人、囑託限制登記機關及預告登記請求權人；任何人民或團體得於公開展覽期間內，以書面載明姓名或名稱及地址，向各級主管機關提出意見，由各級主管機關予以參考審議。經各級主管機關審議修正者，免再公開展覽。
依第七條規定劃定或變更之都市更新地區或採整建、維護方式辦理之更新單元，實施者已取得更新單元內全體私有土地及私有合法建築物所有權人之同意者，於擬訂或變更都市更新事業計畫時，得免舉辦公開展覽及公聽會，不受前三項規定之限制。
都市更新事業計畫擬訂或變更後，與事業概要內容不同者，免再辦理事業概要之變更。

（A）45. 有關都市更新事業計畫範圍內公有土地及建築物之處理，下列敘述何者正確？
(A)除另有合理之利用計畫，確無法併同實施都市更新事業者外，於舉辦都市更新事業時，應一律參加都市更新
(B)其使用、收益與處分，仍應依土地法、國有財產法、預算法規定辦理
(C)以協議合建方式實施時，不得標售或專案讓售予實施者
(D)以權利變換方式實施都市更新事業時，不得讓售實施者

【解析】

(A)(C)(D)選項解釋

都市更新條例-第四章 都市更新事業之實施

第46條

公有土地及建築物，除另有合理之利用計畫，確無法併同實施都市更新事業者外，於舉辦都市更新事業時，應一律參加都市更新，並依都市更新事業計畫處理之，不受土地法第二十五條、國有財產法第七條、第二十八條、第五十三條、第六十六條、預算法第二十五條、第二十六條、第八十六條及地方政府公產管理法令相關規定之限制。
公有土地及建築物為公用財產而須變更為非公用財產者，應配合當地都市更新事業計畫，由各該級政府之非公用財產管理機關逕行變更為非公用財產，統籌處理，不適用國有財產法第三十三條至第三十五條及地方政府公產管理法令之相關規定。
前二項公有財產依下列方式處理：
一、自行辦理、委託其他機關（構）、都市更新事業機構辦理或信託予信託機構辦理

更新。

二、由直轄市、縣（市）政府或其他機關以徵收、區段徵收方式實施都市更新事業時，應辦理撥用或撥供使用。

三、以權利變換方式實施都市更新事業時，除按應有之權利價值選擇參與分配土地、建築物、權利金或領取補償金外，並得讓售實施者。

四、以協議合建方式實施都市更新事業時，得主張以權利變換方式參與分配或以標售、專案讓售予實施者；其採標售方式時，除原有法定優先承購者外，實施者得以同樣條件優先承購。

五、以設定地上權方式參與或實施。

六、其他法律規定之方式。

經劃定或變更應實施更新之地區於本條例中華民國一百零七年十二月二十八日修正之條文施行後擬訂報核之都市更新事業計畫，其範圍內之公有土地面積或比率達一定規模以上者，除有特殊原因者外，應依第十二條第一項規定方式之一辦理。其一定規模及特殊原因，由各級主管機關定之。

公有財產依第三項第一款規定委託都市更新事業機構辦理更新時，除本條例另有規定外，其徵求都市更新事業機構之公告申請、審核、異議、申訴程序及審議判斷，準用第十三條至第二十條規定。

公有土地上之舊違章建築戶，如經協議納入都市更新事業計畫處理，並給付管理機關使用補償金等相關費用後，管理機關得與該舊違章建築戶達成訴訟上之和解。

(B)選項解釋

都市更新條例-第四章 都市更新事業之實施

第 47 條

各級主管機關、其他機關（構）或鄉（鎮、市）公所因自行實施或擔任主辦機關經公開評選都市更新事業機構實施都市更新事業取得之土地、建築物或權利，其處分或收益，不受土地法第二十五條、國有財產法第二十八條、第五十三條及各級政府財產管理規則相關規定之限制。

直轄市、縣（市）主管機關或鄉（鎮、市）公所因參與都市更新事業或推動都市更新辦理都市計畫變更取得之土地、建築物或權利，其處分或收益，不受土地法第二十五條及地方政府財產管理規則相關規定之限制。

（A）46. 都市更新事業計畫由實施者擬訂，送由當地直轄市、縣（市）主管機關審議通過後核定發布實施，並即公告。其公告時間為：

(A)30 日　(B)20 日　(C)15 日　(D)10 日

【解析】

都市更新條例-第四章 都市更新事業之實施

第 32 條

都市更新事業計畫由實施者擬訂，送由當地直轄市、縣（市）主管機關審議通過後核定發布實施；其屬中央主管機關依第七條第二項或第八條規定劃定或變更之更新地區辦理之都市更新事業，得逕送中央主管機關審議通過後核定發布實施。並即公告三十日及通知更新單元範圍內土地、合法建築物所有權人、他項權利人、囑託限制登記機關及預告登記請求權人；變更時，亦同。

擬訂或變更都市更新事業計畫期間，應舉辦公聽會，聽取民眾意見。

都市更新事業計畫擬訂或變更後，送各級主管機關審議前，應於各該直轄市、縣（市）政府或鄉（鎮、市）公所公開展覽三十日，並舉辦公聽會；實施者已取得更新單元內全體私有土地及私有合法建築物所有權人同意者，公開展覽期間得縮短為十五日。

前二項公開展覽、公聽會之日期及地點，應刊登新聞紙或新聞電子報，並於直轄市、縣（市）主管機關電腦網站刊登公告文，並通知更新單元範圍內土地、合法建築物所有權人、他項權利人、囑託限制登記機關及預告登記請求權人；任何人民或團體得於公開展覽期間內，以書面載明姓名或名稱及地址，向各級主管機關提出意見，由各級主管機關予以參考審議。經各級主管機關審議修正者，免再公開展覽。

依第七條規定劃定或變更之都市更新地區或採整建、維護方式辦理之更新單元，實施者已取得更新單元內全體私有土地及私有合法建築物所有權人之同意者，於擬訂或變更都市更新事業計畫時，得免舉辦公開展覽及公聽會，不受前三項規定之限制。

都市更新事業計畫擬訂或變更後，與事業概要內容不同者，免再辦理事業概要之變更。

（A）47. 依國土計畫法規定，下列敘述何者正確？

(A) 中央主管機關應於本法施行後 2 年內，公告實施全國國土計畫

(B) 直轄市、縣（市）主管機關應於全國國土計畫公告實施後 4 年內，依中央主管機關指定之日期，一併公告實施直轄市、縣（市）國土計畫

(C) 直轄市、縣（市）主管機關應於直轄市、縣（市）國土計畫公告實施後 3 年內，依中央主管機關指定之日期，一併公告國土功能分區圖

(D) 直轄市、縣（市）主管機關依前述公告國土功能分區圖之日起，區域計畫法、都市計畫法及國家公園法不再適用

【解析】

國土計畫法-第七章 附則

第 45 條

中央主管機關應於本法施行後二年內，公告實施全國國土計畫。

直轄市、縣（市）主管機關應於全國國土計畫公告實施後三年內，依中央主管機關指定之日期，一併公告實施直轄市、縣（市）國土計畫；並於直轄市、縣（市）國土計畫公告實施後四年內，依中央主管機關指定之日期，一併公告國土功能分區圖。

直轄市、縣（市）主管機關依前項公告國土功能分區圖之日起，區域計畫法不再適用。

（B）48. 有關國土計畫及區域計畫之法定計畫年期，下列敘述何者正確？

(A)全國國土計畫之計畫年期，以不超過 30 年為原則

(B)直轄市、縣（市）國土計畫之計畫年期，以不超過 20 年為原則

(C)全國區域計畫之計畫年期，以不超過 20 年為原則

(D)直轄市、縣（市）區域計畫之計畫年期，以不超過 10 年為原則

【解析】

國土計畫法施行細則

第 4 條

本法第九條第一項所定全國國土計畫之計畫年期、基本調查、國土空間發展及成長管理策略、部門空間發展策略，其內容如下：

一、計畫年期：以不超過二十年為原則。

二、基本調查：以全國空間範圍為尺度，蒐集人口、住宅、經濟、土地使用、運輸、公共設施、自然資源及其他相關項目現況資料，並調查國土利用現況。

三、國土空間發展及成長管理策略應載明下列事項：

（一）國土空間發展策略

1. 天然災害、自然生態、自然與人文景觀及自然資源保育策略

2. 海域保育或發展策略

3. 農地資源保護策略及全國農地總量

4. 城鄉空間發展策略。

（二）成長管理策

1. 城鄉發展總量及型態。2. 未來發展地區。3. 發展優先順序。

（三）其他相關事項。

四、部門空間發展策略，應包括住宅、產業、運輸、重要公共設施及其他相關部門，並載明下列事項：

（一）發展對策。（二）發展區位。

（A）49. 依國土計畫法規定，中央主管機關應設置國土永續發展基金，下列何者非屬基金來源？

(A)使用許可案件所收取之影響費 (B)政府循預算程序之撥款

(C)違反國土計畫法罰鍰之一定比率提撥 (D)民間捐贈

【解析】

國土計畫法-第七章 附則

第 44 條

中央主管機關應設置國土永續發展基金；其基金來源如下：

一、使用許可案件所收取之國土保育費。

二、政府循預算程序之撥款。

三、自來水事業機構附徵之一定比率費用。

四、電力事業機構附徵之一定比率費用。

五、違反本法罰鍰之一定比率提撥。

六、民間捐贈。

七、本基金孳息收入。

八、其他收入。

前項第二款政府之撥款，自本法施行之日起，中央主管機關應視國土計畫檢討變更情形逐年編列預算移撥，於本法施行後十年，移撥總額不得低於新臺幣五百億元。

第三款及第四款來源，自本法施行後第十一年起適用。

第一項第三款至第五款，其附徵項目、一定比率之計算方式、繳交時間、期限與程序及其他相關事項之辦法，由中央主管機關定之。

國土永續發展基金之用途如下：

一、依本法規定辦理之補償所需支出。

二、國土之規劃研究、調查及土地利用之監測。

三、依第一項第五款來源補助直轄市、縣（市）主管機關辦理違規查處及支應民眾檢舉獎勵。

四、其他國土保育事項。

（A）50. 國土計畫法用詞定義，下列敘述何者正確？

(A)全國國土計畫：指以全國國土為範圍，所訂定目標性、政策性及整體性之國土計畫

(B)直轄市、縣（市）國土計畫：指以直轄市、縣（市）行政轄區除其海域管轄範圍外，所訂定實質發展及管制之國土計畫

(C)都會區域：指由 2 個以上之中心都市為核心，及與中心都市在社會、經濟上、地域上、空間上具有高度關聯之鄉（鎮、市、區）所共同組成之範圍

(D)特定區域：指具有特殊自然、經濟、文化或其他性質，經目的事業或直轄市、縣（市）主管機關指定之範圍

【解析】

國土計畫法-第一章 總則

第 3 條

本法用詞，定義如下：

一、國土計畫：指針對我國 管轄之陸域及海域，為達成國土永續發展，所訂定引導國土資源保育及利用之空間發展計畫。

二、全國國土計畫：指以全國國土為範圍，所訂定目標性、政策性及整體性之國土計畫。

三、直轄市、縣（市）國土計畫：指以直轄市、縣（市）行政轄區及其海域管轄範圍，所訂定實質發展及管制之國土計畫。

四、都會區域：指由一個以上之中心都市為核心，及與中心都市在社會、經濟上具有高度關聯之直轄市、縣（市）或鄉（鎮、市、區）所共同組成之範圍。

五、特定區域：指具有特殊自然、經濟、文化或其他性質，經中央主管機關指定之範圍。

六、部門空間發展策略：指主管機關會商各目的事業主管機關，就其部門發展所需涉及空間政策或區位適宜性，綜合評估後，所訂定之發展策略。

七、國土功能分區：指基於保育利用及管理之需要，依土地資源特性，所劃分之國土保育地區、海洋資源地區、農業發展地區及城鄉發展地區。

八、成長管理：指為確保國家永續發展、提升環境品質、促進經濟發展及維護社會公義之目標，考量自然環境容受力，公共設施服務水準與財務成本、使用權利義務及損益公平性之均衡，規範城鄉發展之總量及型態，並訂定未來發展地區之適當區位及時程，以促進國土有效利用之使用管理政策及作法。

（C）51. 依非都市土地使用管制規則之規定，下列何者用地均應由行政院農業委員會會同建築管理、地政機關訂定其建蔽率及容積率？

(A)礦業、窯業、國土保安　　(B)養殖、水利、特定目的事業

(C)農牧、林業、生態保護、國土保安　　(D)古蹟保存、農牧、特定目的事業

【解析】

非都市土地使用管制規則-第二章 容許使用、建蔽率及容積率

第9條

下列非都市土地建蔽率及容積率不得超過下列規定。但直轄市或縣（市）政府得視實際需要酌予調降，並報請中央主管機關備查：

一、甲種建築用地：建蔽率百分之六十。容積率百分之二百四十。

二、乙種建築用地：建蔽率百分之六十。容積率百分之二百四十。

三、丙種建築用地：建蔽率百分之四十。容積率百分之一百二十。

四、丁種建築用地：建蔽率百分之七十。容積率百分之三百。

五、窯業用地：建蔽率百分之六十。容積率百分之一百二十。

六、交通用地：建蔽率百分之四十。容積率百分之一百二十。

七、遊憩用地：建蔽率百分之四十。容積率百分之一百二十。

八、殯葬用地：建蔽率百分之四十。容積率百分之一百二十。

九、特定目的事業用地：建蔽率百分之六十。容積率百分之一百八十。

經區域計畫擬定機關核定之開發計畫，有下列情形之一，區內可建築基地經編定為特定目的事業用地者，其建蔽率及容積率依核定計畫管制，不受前項第九款規定之限制：

一、規劃為工商綜合區使用之特定專用區。

二、規劃為非屬製造業及其附屬設施使用之工業區。

依工廠管理輔導法第二十八條之十辦理使用地變更編定之特定目的事業用地，其建蔽率不受第一項第九款規定之限制。但不得超過百分之七十。

經主管機關核定之土地使用計畫，其建蔽率及容積率低於第一項之規定者，依核定計畫管制之。

第一項以外使用地之建蔽率及容積率，由下列使用地之中央主管機關會同建築管理、地政機關訂定：

一、農牧、林業、生態保護、國土保安用地之中央主管機關：行政院農業委員會。

二、養殖用地之中央主管機關：行政院農業委員會漁業署。

三、鹽業、礦業、水利用地之中央主管機關：經濟部。

四、古蹟保存用地之中央主管機關：文化部。

（C）52. 依非都市土地使用管制規則規定，特定農業區得申請變更編定為下列何類使用地？
(A)甲種建築用地 (B)丁種建築用地 (C)特定目的事業用地 (D)林業用地

【解析】

非都市土地使用管制規則-第四章 使用地變更編定

第27條

土地使用分區內各種使用地，除依第三章規定辦理使用分區及使用地變更者外，應在原使用分區範圍內申請變更編定。

前項使用分區內各種使用地之變更編定原則，除本規則另有規定外，應依使用分區內各種使用地變更編定原則表如附表三辦理。

非都市土地變更編定執行要點，由內政部定之。

第 27 條　附表三　使用分區內各種使用地變更編定原則表

使用分區／變更編定原則／使用地類別	特定農業區	一般農業區	鄉村區	工業區	森林區	山坡地保育區	風景區	河川區	特定專用區
甲種建築用地	×	×	×	×	×	×	×	×	×
乙種建築用地	×	×	+	×	×	×	×	×	×
丙種建築用地	×	×	×	×	×	×	×	×	×
丁種建築用地	×	×	×	+	×	×	×	×	×
農牧用地	+	+	+	+	+	+	+	+	+
林業用地	×	+	×	+	+	+	+	×	+
養殖用地	×	+	×	×	+	+	+	×	+
鹽業用地	×	+	×	×	×	×	×	×	+
礦業用地	+	+	×	+	×	+	+	×	+
窯業用地	×	×	×	×	×	×	×	×	+
交通用地	×	+	+	+	×	+	+	+	+
水利用地	+	+	+	+	+	+	+	+	+
遊憩用地	×	+	+	+	×	+	+	×	+
古蹟保存用地	+	+	+	+	+	+	+	+	+
生態保護用地	+	+	+	+	+	+	+	+	+
國土保安用地	+	+	+	+	+	+	+	+	+
殯葬用地	×	+	×	×	×	+	+	×	+
特定目的事業用地	+	+	+	+	×	+	+	+	+

說明：

一、「×」為不允許變更編定為該類使用地。但本規則另有規定者，得依其規定辦理。

二、「+」為允許依本規則規定申請變更編定為該類使用地。

（C）53. 依非都市土地使用管制規則規定，已依開發許可變更為丙種建築用地之土地，下列對於其使用管制及建築開發的敘述，何者正確？

(A) 可以直接作為市場用地使用

(B) 可以直接變更原開發計畫核准之主要公共設施、公用設備或必要性服務設施

(C) 違反原核定之土地使用計畫，經該管主管機關提出要求處分並經限期改善而未改善時，直轄市或縣（市）政府應報經區域計畫擬定機關廢止原開發許可

(D) 由當地鄉（鎮、市、區）公所負責管制其使用並應隨時檢查是否有違反土地使用管制之規定

【解析】

非都市土地使用管制規則-第三章 土地使用分區變更

第 21 條

申請人有下列情形之一者，直轄市或縣（市）政府應報經區域計畫擬定機關廢止原開發許可或開發同意：

一、違反核定之土地使用計畫、目的事業或環境影響評估等相關法規，經該管主管機關提出要求處分並經限期改善而未改善。

二、興辦事業計畫經目的事業主管機關廢止或依法失其效力、整地排水計畫之核准經直轄市或縣（市）政府廢止或水土保持計畫之核准經水土保持主管機關廢止或依法失其效力。

三、申請人自行申請廢止。

屬區域計畫擬定機關委辦直轄市或縣（市）政府審議許可案件，由直轄市或縣（市）政府廢止原開發許可，並副知區域計畫擬定機關。

屬中華民國九十二年三月二十八日本規則修正生效前免經區域計畫擬定機關審議，並達第十一條規定規模之山坡地開發許可案件，中央主管機關得委辦直轄市、縣（市）政府依前項規定辦理。

（D）54. 國家公園內之特別景觀區，為應特殊需要，經國家公園管理處之許可，下列何者非屬得為之行為？

(A)引進外來動、植物　　(B)採集標本

(C)使用農藥　　(D)溫泉水源之利用

【解析】

國家公園法

第 17 條

特別景觀區或生態保護區內，為應特殊需要，經國家公園管理處之許可，得為左列

行為：

一、引進外來動、植物。

二、採集標本。

三、使用農藥。

（C）55. 依公寓大廈管理條例第 57 條規定，新建築物之起造人應於何時將公寓大廈共用部分、約定共用部分與其附屬設施設備移交管理委員會或管理負責人？

(A)於領得使用執照後 1 年內

(B)於接獲地方主管機關書面通知日起 7 日內

(C)於管理委員會成立或管理負責人推選或指定後 7 日內，會同相關人員，現場針對水電等設備，確認其功能正常無誤後

(D)基於社區自治精神，由起造人與管理委員會或管理負責人自行協商移交日期

【解析】

公寓大廈管理條例-第六章 附則

第 57 條

起造人應將公寓大廈共用部分、約定共用部分與其附屬設施設備；設施設備使用維護手冊及廠商資料、使用執照謄本、竣工圖說、水電、機械設施、消防及管線圖說，**於管理委員會成立或管理負責人推選或指定後七日內會同政府主管機關、公寓大廈管理委員會或管理負責人現場針對水電、機械設施、消防設施及各類管線進行檢測，確認其功能正常無誤後，移交之。**

前項公寓大廈之水電、機械設施、消防設施及各類管線不能通過檢測，或其功能有明顯缺陷者，管理委員會或管理負責人得報請主管機關處理，其歸責起造人者，主管機關命起造人負責修復改善，並於一個月內，起造人再會同管理委員會或管理負責人辦理移交手續。

（C）56. 某社區欲在公寓大廈樓頂設置廣告，以增加社區公共基金之收入，惟向當地主管建築機關申請廣告物設置許可前，應依下列何種程序辦理始生效力？

(A)應經管理委員會會議決議

(B)應經區分所有權人會議決議

(C)應經區分所有權人會議決議，且經該頂層區分所有權人同意

(D)應經區分所有權人會議決議，且會議紀錄經法院公證

【解析】

公寓大廈管理條例-第二章 住戶之權利義務

第 8 條

公寓大廈周圍上下、外牆面、樓頂平臺及不屬專有部分之防空避難設備，其變更構造、顏色、設置廣告物、鐵鋁窗或其他類似之行為，除應依法令規定辦理外，該公寓大廈規約另有規定或區分所有權人會議已有決議，經向直轄市、縣（市）主管機關完成報備有案者，應受該規約或區分所有權人會議決議之限制。

公寓大廈有十二歲以下兒童或六十五歲以上老人之住戶，外牆開口部或陽臺得設置不妨礙逃生且不突出外牆面之防墜設施。防墜設施設置後，設置理由消失且不符前項限制者，區分所有權人應予改善或回復原狀。

住戶違反第一項規定，管理負責人或管理委員會應予制止，經制止而不遵從者，應報請主管機關依第四十九條第一項規定處理，該住戶並應於一個月內回復原狀。屆期未回復原狀者，得由管理負責人或管理委員會回復原狀，其費用由該住戶負擔。

公寓大廈管理條例-第三章 管理組織

第 33 條

區分所有權人會議之決議，未經依下列各款事項辦理者，不生效力：

一、專有部分經依區分所有權人會議約定為約定共用部分者，應經該專有部分區分所有權人同意。

二、**公寓大廈外牆面、樓頂平臺，設置廣告物、無線電台基地台等類似強波發射設備或其他類似之行為，設置於屋頂者，應經頂層區分所有權人同意**；設置其他樓層者，應經該樓層區分所有權人同意。該層住戶，並得參加區分所有權人會議陳述意見。

三、依第五十六條第一項規定成立之約定專用部分變更時，應經使用該約定專用部分之區分所有權人同意。但該約定專用顯已違反公共利益，經管理委員會或管理負責人訴請法院判決確定者，不在此限。

（D）57. 公寓大廈之公共基金應設專戶儲存，並由管理負責人或管理委員會負責管理，其運用是依何者之決議為之？

(A)管理委員會　　(B)管理負責人

(C)管理服務人　　(D)區分所有權人會議

【解析】

公寓大廈管理條例-第二章 住戶之權利義務

第 18 條

公寓大廈應設置公共基金，其來源如下：

一、起造人就公寓大廈領得使用執照一年內之管理維護事項，應按工程造價一定比例或金額提列。

二、區分所有權人依區分所有權人會議決議繳納。

三、本基金之孳息。

四、其他收入。

依前項第一款規定提列之公共基金，起造人於該公寓大廈使用執照申請時，應提出繳交各直轄市、縣（市）主管機關公庫代收之證明；於公寓大廈成立管理委員會或推選管理負責人，並完成依第五十七條規定點交共用部分、約定共用部分及其附屬設施設備後向直轄市、縣（市）主管機關報備，由公庫代為撥付。同款所稱比例或金額，由中央主管機關定之。

公共基金應設專戶儲存，並由管理負責人或管理委員會負責管理；如經區分所有權人會議決議交付信託者，由管理負責人或管理委員會交付信託。其運用應依區分所有權人會議之決議為之。

第一項及第二項所規定起造人應提列之公共基金，於本條例公布施行前，起造人已取得建造執照者，不適用之。

（B）58. 公寓大廈之區分所有權人會議應作成會議紀錄，載明開會經過及決議事項，並由主席簽名，最遲應於會後幾日內送達各區分所有權人並公告之？

(A)7　(B)15　(C)20　(D)30

【解析】

公寓大廈管理條例-第三章 管理組織

第 34 條

區分所有權人會議應作成會議紀錄，載明開會經過及決議事項，由主席簽名，於會後**十五日**內送達各區分所有權人並公告之。

前項會議紀錄，應與出席區分所有權人之簽名簿及代理出席之委託書一併保存。

（C）59. 依營造業法規之規定，應置工地主任之工程金額或規模之敘述，下列何者錯誤？

(A)承攬金額新臺幣 5 千萬元以上之工程　(B)建築物高度 36 公尺以上之工程

(C)建築物地下室開挖 5 公尺以上之工程　(D)橋樑柱跨距 25 公尺以上之工程

【解析】

營造業法施行細則

第 18 條

本法第三十條所定應置工地主任之工程金額或規模如下：

一、承攬金額新臺幣五千萬元以上之工程。

二、建築物高度三十六公尺以上之工程。

三、建築物地下室開挖十公尺以上之工程。

四、橋樑柱跨距二十五公尺以上之工程。

（B）60. 依優良營造業複評及獎勵辦法規定，不得複評為優良營造業者不包含下列何者？

(A)違反建築法受處分者　(B)違反公平交易法受處分者

(C)違反都市計畫法受處分者　(D)違反區域計畫法受處分者

【解析】

優良營造業複評及獎勵辦法

第 5 條

營造業有下列各款情形之一者，不得複評為優良營造業：

一、違反建築法、都市計畫法或區域計畫法受處分者。

二、違反本法規定，被處新臺幣一百萬元以上罰鍰者，或被處以三個月以上停業處分、經撤銷或廢止登記者。

三、違反環境保護法規情節重大者。

四、在工作場所發生勞工死亡職業災害或一次罹災人數逾三人者；但勞動檢查機構判定為營造業未違反勞工安全衛生法規者，不在此限。

五、綜合營造業承攬之營繕工程或專業工程項目，轉交由專業營造業承攬，該專業營造業因該受轉交工程而有第三款或前款情事之一者。

營造業有違反稅務或關務法規受罰鍰處分或刑事判決確定者，三年內不得複評為優良營造業。但應處罰鍰之行為，其情節輕微，或漏稅在一定金額以下，符合稅務違章案件減免處罰標準或海關緝私條例第四十五條之一規定之免罰案件者，不在此限。

營造業有違反政府採購法第一百零一條，並經機關依同法一百零二條規定刊登於政府採購公報者，三年內不得複評為優良營造業。

（D）61. 依營造業法規定，綜合營造業轉交工程予專業營造業時，其轉交工程之施工責任，下列敘述何者正確？

(A)原承攬之綜合營造業無需負責任

(B)受轉交之專業營造業負全部責任

(C)受轉交之專業營造業負責，原承攬之綜合營造業負連帶責任

(D)原承攬之綜合營造業負責，受轉交之專業營造業就轉交部分，負連帶責任

【解析】

營造業法-第三章 承攬契約

第 25 條

綜合營造業承攬之營繕工程或專業工程項目，除與定作人約定需自行施工者外，得交由專業營造業承攬，其轉交工程之施工責任，由原承攬之綜合營造業負責，受轉

交之專業營造業並就轉交部分，負連帶責任。

轉交工程之契約報備於定作人且受轉交之專業營造業已申請記載於工程承攬手冊，並經綜合營造業就轉交部分設定權利質權予受轉交專業營造業者，民法第五百十三條之抵押權及第八百十六條因添附而生之請求權，及於綜合營造業對於定作人之價金或報酬請求權。

專業營造業除依第一項規定承攬受轉交之工程外，得依其登記之專業工程項目，向定作人承攬專業工程及該工程之必要相關營繕工程。

（B）62. 依政府採購法規定，機關辦理公告金額以上委託技術服務採購，經公開客觀評選為優勝者，得採何種方式招標？

(A)公開招標　(B)限制性招標　(C)選擇性招標　(D)合理性招標

【解析】

政府採購法-第二章 招標

第 22 條

機關辦理公告金額以上之採購，符合下列情形之一者，得採限制性招標：

一、以公開招標、選擇性招標或依第九款至第十一款公告程序辦理結果，無廠商投標或無合格標，且以原定招標內容及條件未經重大改變者。

二、屬專屬權利、獨家製造或供應、藝術品、秘密諮詢，無其他合適之替代標的者。

三、遇有不可預見之緊急事故，致無法以公開或選擇性招標程序適時辦理，且確有必要者。

四、原有採購之後續維修、零配件供應、更換或擴充，因相容或互通性之需要，必須向原供應廠商採購者。

五、屬原型或首次製造、供應之標的，以研究發展、實驗或開發性質辦理者。

六、在原招標目的範圍內，因未能預見之情形，必須追加契約以外之工程，如另行招標，確有產生重大不便及技術或經濟上困難之虞，非洽原訂約廠商辦理，不能達契約之目的，且未逾原主契約金額百分之五十者。

七、原有採購之後續擴充，且已於原招標公告及招標文件敘明擴充之期間、金額或數量者。

八、在集中交易或公開競價市場採購財物。

九、委託專業服務、技術服務、資訊服務或社會福利服務，經公開客觀評選為優勝者。

十、辦理設計競賽，經公開客觀評選為優勝者。

十一、因業務需要，指定地區採購房地產，經依所需條件公開徵求勘選認定適合需要者。

十二、購買身心障礙者、原住民或受刑人個人、身心障礙福利機構或團體、政府立案之原住民團體、監獄工場、慈善機構及庇護工場所提供之非營利產品或勞務。

十三、委託在專業領域具領先地位之自然人或經公告審查優勝之學術或非營利機構進行科技、技術引進、行政或學術研究發展。

十四、邀請或委託具專業素養、特質或經公告審查優勝之文化、藝術專業人士、機構或團體表演或參與文藝活動或提供文化創意服務。

十五、公營事業為商業性轉售或用於製造產品、提供服務以供轉售目的所為之採購，基於轉售對象、製程或供應源之特性或實際需要，不適宜以公開招標或選擇性招標方式辦理者。

十六、其他經主管機關認定者。

前項第九款專業服務、技術服務、資訊服務及第十款之廠商評選辦法與服務費用計算方式與第十一款、第十三款及第十四款之作業辦法，由主管機關定之。

第一項第九款社會福利服務之廠商評選辦法與服務費用計算方式，由主管機關會同中央目的事業主管機關定之。

第一項第十三款及第十四款，不適用工程採購。

（B）63. 最有利標採購之評選委員會委員名單之公布與否，下列敘述何者正確？

(A)於開始評選前應絕對保密

(B)委員會成立後，其委員名單應即公開於主管機關指定之資訊網站；但經機關衡酌個案特性及實際需要，有不予公開之必要者，不在此限

(C)其委員名單有變更或補充者，應一律公開於主管機關指定之資訊網站

(D)機關公開委員名單者，公開前亦無須保密

【解析】

採購評選委員會組織準則

第 6 條

本委員會成立後，其委員名單應即公開於主管機關指定之資訊網站；委員名單有變更或補充者，亦同。但經機關衡酌個案特性及實際需要，有不予公開之必要者，不在此限。

機關公開委員名單者，公開前應予保密；未公開者，於開始評選前應予保密。

（B）64. 依建築物工程技術服務建造費用百分比法計費者，除機關已視個案特性及實際需要調整外，其服務費用包括規劃、設計及監造三項，原則上各占百分之多少？

(A)規劃：設計：監造=5%：55%：40%　(B)規劃：設計：監造=10%：45%：45%

(C)規劃：設計：監造=0%：45%：55%　(D)規劃：設計：監造=10%：40%：50%

【解析】

機關委託技術服務廠商評選及計費辦法

附表一　建築物工程技術服務建造費用百分比參考表

建造費用（新臺幣）	服務費用百分比上限參考（%）				
	第一類	第二類	第三類	第四類	第五類
五百萬元以下部分	八・六	九・三	九・八	十・五	比照服務成本加公費法編列，或比照第四類辦理。
超過五百萬元至一千萬元部分	八・0	八・七	九・三	十・0	
超過一千萬元至五千萬元部分	六・九	七・六	八・二	八・九	
超過五千萬元至一億元部分	五・八	六・四	七・0	七・六	
超過一億元至五億元部分	四・六	五・二	五・八	六・四	
超過五億元部分	三・七	四・三	五・0	五・六	

第一類	五層以下之辦公室、教室、宿舍、國民住宅、幼兒園、倉庫或農漁畜牧棚舍等及其他類似建築物暨雜項工作物。
第二類	一、四層以下之普通實驗室、實習工場、溫室、陳列室、市場、育樂中心、禮堂、俱樂部、餐廳、診所、視聽教室、殯葬設施、冷凍庫、加油站或停車建築物等及其他類似建築物。 二、游泳池、運動場或靶場。 三、六層至十二層之第一類用途建築物。
第三類	一、圖書館、研究實驗室、體育館、競技場、工業廠房、戲院、電影院、天文台、美術館、藝術館、博物館、科學館、水族館、展示場、廣播及電視台、監獄或看守所等及其他類似之建築物。 二、十三層以上之第一類用途建築物。 三、第二類第一項用途之建築物其樓層超過四層者。
第四類	航空站、旅館、音樂廳、劇場、歌劇院、醫院、忠烈祠、孔廟、寺廟或紀念性建築物及其他類似之建築物。

第五類	一、 歷史性建築之工程。 二、 其他建築工程之環境規劃設計業務，如社區、校園或山坡地開發、許可等。
附註	一、 本表所列服務費用包括規劃、設計及監造三項，原則上規劃占百分之十，設計占百分之四十五，監造占百分之四十五。但機關得視個案特性及實際需要調整該百分比之組成。 二、 建築師依法律規定須交由結構、電機或冷凍空調等技師或消防設備師辦理之工程所需費用，包含於本表所列設計監造服務費用內，不 三、 本表所列服務費用占建造費用之百分比，應按金額級距分段計算，並為編列預算之參考基準。 四、 同幢建築物用途分屬二類以上者，依各該用途樓地板面積所占比率依其服務費率分別計算。 五、 同一建築基地內，有二幢以上之建築物採用同一設計圖說者，其設計服務費用，得依下列方式計算： F = A＊R{0.75(1＋1/2＋1/3…＋1/N)＋0.25N} 上式中： F：設計服務費。 A：一幢建築物之建造費用。 R：服務費率。 N：相同設計圖說之建築物幢數。 六、本表所稱建築物樓層數，係指建築物地表面以上之樓層數。 七、與同一服務契約有關之各項工程，合併計算建造費用。惟如屬分期或分區或開口服務契約之分案工程施作，且契約已明訂依分期或分區或開口服務契約之分案工程給付服務費用者(但不包括同一工程之分標採購案)，不在此限。 八、建築物之室內裝修及整修工程得比照同類之建築物計費。但如屬既有建築物之結構補強，且須就補強之結構物進行分析者，其服務費用由機關依個案特性及實際需要另行估算，不適用本表計費。 九、特殊構造或用途、小規模(例如工程經費未達新臺幣一百萬元)、國家公園範圍內或區位偏遠之工程，其服務費用得依個案特性及實際需要預估編列，不受本表百分比上限之限制。 十、本表所列百分比，不包括本辦法第四條、第五條第一項第四款、第六條第一項第一款第二目、第二款第一目及第八條第三款至第五款服務事項之服務費用。其費用由機關依個案特性及實際需要另行估算，如需加計，不受本表百分比上限之限制。 十一、申請公有建築物候選智慧建築證書或智慧建築標章之服務費用，由機關依個案特性及實際需要另行估算，如需加計，不受本表百分比上限之限制。

（B）65. 依機關委託技術服務廠商評選及計費辦法規定，機關辦理新建建築物規劃、設計之技術服務採購，其採購金額最低為新臺幣多少以上應辦理競圖？

(A)300 萬元　(B)500 萬元　(C)600 萬元　(D)1000 萬元

【解析】

機關委託技術服務廠商評選及計費辦法-第二章 評選及議價

第 19 條

機關委託廠商辦理新建建築物之技術服務，其服務費用之採購金額在新臺幣五百萬元以上，且服務項目包括規劃、設計者，應要求廠商提出服務建議書及規劃、設計構想圖說（配置圖、平面圖、立面圖、剖面圖、透視圖等），並應辦理競圖。

技術服務涉及競圖者，招標文件除依第十一條規定者外，應另載明下列事項：

一、計畫之目標及原則。

二、工程名稱及地點。

三、基地資料，包括土地權屬地籍圖謄本、都市計畫圖說、地形圖或現況實測圖、地質調查資料、可能存在之淹水、斷層等資料及其他相關資料。

四、規劃、設計內容，包括室內外空間用途、數量、使用人數或面積、使用方式、設備需求、特殊需求及其他需求。

五、允許增減面積比率。

六、工程經費概算。

七、工程期限。

八、圖說內容、比例尺、大小尺寸、張數及裱裝方式等。

九、表現方式，包括模型、透視圖及顏色需求等。

十、其他必要事項。

技術服務金額未達新臺幣五百萬元之規劃、設計採購，其採競圖方式辦理者，準用前項規定。但得不要求製作模型及彩繪透視圖。

（D）66. 政府採購招標文件允許投標廠商提出同等品者，得標廠商得於使用同等品前，依契約規定向機關提出相關資料供審查。下列何者不屬於前述資料？

(A)廠牌　(B)價格　(C)功能　(D)出廠證明

【解析】

政府採購法施行細則-第二章 招標

第 25 條

本法第二十六條第三項所稱同等品，指經機關審查認定，其功能、效益、標準或特性不低於招標文件所要求或提及者。

招標文件允許投標廠商提出同等品，並規定應於投標文件內預先提出者，廠商應於投標文件內敘明同等品之廠牌、價格及功能、效益、標準或特性等相關資料，以供審查。

招標文件允許投標廠商提出同等品，未規定應於投標文件內預先提出者，得標廠商得於使用同等品前，依契約規定向機關提出同等品之廠牌、價格及功能、效益、標準或特性等相關資料，以供審查。

（B）67.建築物無障礙設施設計規範有關廁所盥洗室之馬桶及扶手規定，下列敘述何者錯誤？

(A)馬桶至少有一側邊之淨空間不得小於 70 公分

(B)扶手如設於側牆時，馬桶中心線距側牆之距離不得大於 70 公分

(C)馬桶前緣淨空間不得小於 70 公分

(D)馬桶至少有一側為可固定之掀起式扶手

【解析】

無障礙設施設計規範-第五章 廁所盥洗室-505 馬桶及扶手

505.2 淨空間：**馬桶至少有一側邊之淨空間不得小於 70 公分，扶手如設於側牆時，馬桶中心線距側牆之距離不得大於 60 公分，馬桶前緣淨空間不得小於 70 公分**（如圖 505.2）。

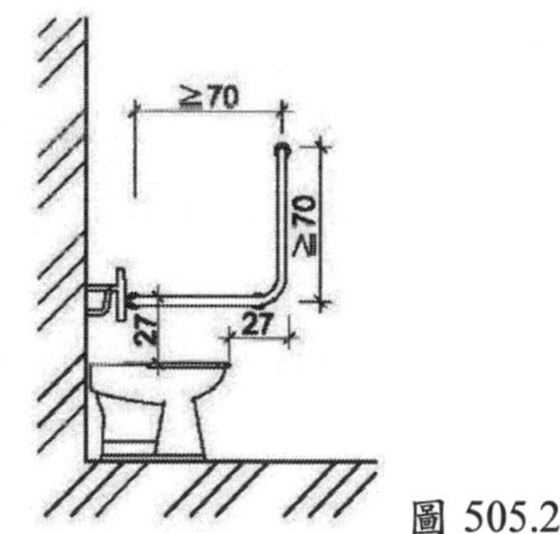

圖 505.2

505.6 可動扶手：**馬桶至少有一側為可固定之掀起式扶手**。使用狀態時，扶手外緣與馬桶中心線之距離為 35 公分，且兩側扶手上緣與馬桶座墊距離為 27 公分，長度不得小於馬桶前端且突出部分不得大於 15 公分（如圖 505.6）。

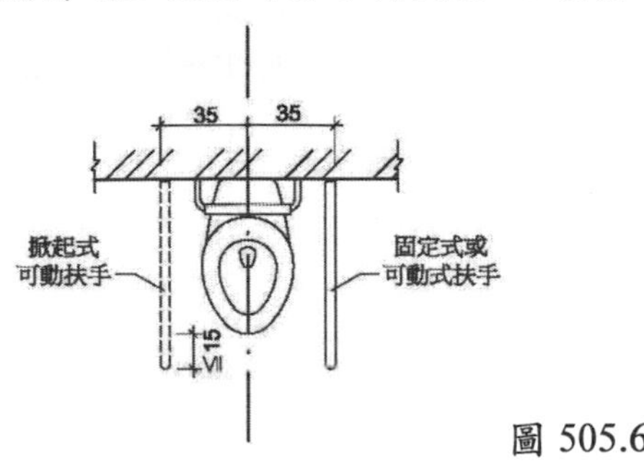

圖 505.6

（D）68. 無障礙昇降設備之昇降機門規定，下列敘述何者正確？

(A)昇降機門應水平方向開啟，應為手動開關方式

(B)昇降機門無須設有可自動停止並重新開啟的裝置

(C)梯廳昇降機到達時，門開啟至關閉之時間不應少於 3 秒鐘

(D)昇降機出入口處與機廂地板面之水平間隙不得大於 3.2 公分

【解析】

無障礙設施設計規範-第四章 昇降設備-405 昇降機門

405 昇降機門

405.1 昇降機門：應為水平方向開啟，並為**自動開關方式**。如門受到物體或人阻礙時，昇降機門**應設有可自動停止並重新開啟之裝置**。

405.2 關門時間：昇降機開門時，昇降機門應維持完全開啟狀態**至少** 10 **秒鐘**。

405.3 昇降機出入口：**昇降機出入口處之地板面，應與機廂地板面保持平整，其與機廂地板面之水平間隙不得大於** 3.2 **公分**。

（C）69. 依建築物無障礙設施設計規範，下列敘述何者正確？

(A)戶外平台階梯之寬度在 5 公尺以上者，應於中間加裝扶手

(B)梯級級高之設置應符合級高（R）需為 20 公分以下，級深（T）不得小於 26 公分

(C)其樓梯兩側應裝設距梯級鼻端高度 75-85 公分之扶手

(D)二平台（或樓板）間之高差在 25 公分以下者，得不設扶手

【解析】

無障礙設施設計規範-第三章 樓梯-305 樓梯扶手

305.1 扶手設置：高差超過 20 公分之樓梯兩側應設置符合本規範 207 節規定之扶手，高度自梯級鼻端起算（如圖 305.1）。扶手應連續不得中斷，但樓梯中間平台外側扶手得不連續。

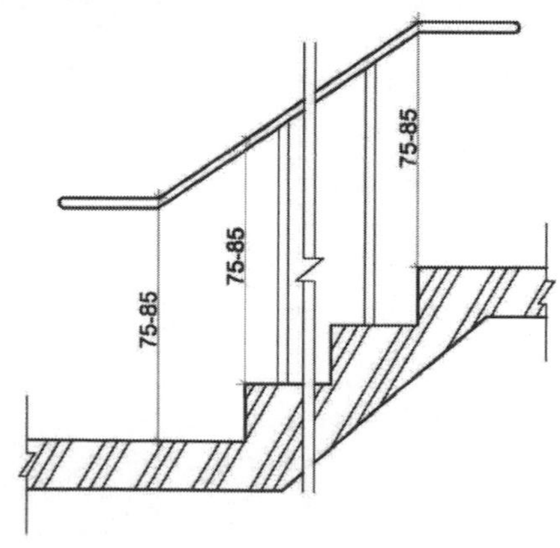

圖 305.1

(A)選項解釋

無障礙設施設計規範-第三章 樓梯-307 戶外平台階梯

307 戶外平台階梯：戶外平台階梯之寬度**在 6 公尺以上者**，應於中間加裝扶手，級高之設置應符合本規範 304.1 之規定，扶手之設置應符合本規範 305 節之規定。

(B)選項解釋

無障礙設施設計規範-第三章 樓梯-304 樓梯梯級

304.1 級高及級深：樓梯上所有梯級之級高及級深應統一，級高（R）應為 16 公分以下，級深（T）應為 26 公分以上（如圖 304.1），且 55 公分≦2R+T≦65 公分。

(D)選項解釋（已無此規範條文）

（C）70. 設置無障礙昇降機的引導設施及引導標誌，下列敘述何者錯誤？

(A)建築物主要入口處及沿路轉彎處應設置無障礙昇降機方向指引

(B)設置無障礙標誌，其下緣距地板面可為 210 公分

(C)平行固定於牆面之無障礙標誌，考慮乘坐輪椅者的視線，高度其下緣應距地板面 120-160 公分處

(D)無障礙標誌長寬尺寸最小不得小於 15 公分

【解析】

(B)(C)(D)選項解釋

無障礙設施設計規範-第四章 昇降設備-403 引導標誌

403.3 主要入口樓層標誌：主要入口樓層之昇降機應設置無障礙標誌，其下緣應距地板面 190 公分至 220 公分，長、寬尺寸不得小於 15 公分。如主要通路走廊與昇降機開門方向平行，則應另設置垂直於牆面之無障礙標誌。

(A)選項解釋

無障礙設施設計規範-第四章 昇降設備-403 引導標誌

403.1 入口引導：建築物主要入口處及沿路轉彎處應設置無障礙昇降機方向指引。

（B）71. 某一新建之 H 類老人福利機構建築物，依法設有 100 個停車位，依建築技術規則規定，其無障礙停車位至少應設置幾個？

(A)1 (B)2 (C)3 (D)4

【解析】

第一百六十七條之六 建築物法定停車位總數量為五十輛以下者，應至少設置一輛無障礙停車位。

建築物法定停車位總數量為五十一輛以上者，依下列規定計算設置無障礙停車位數量：

一、建築物使用用途為下表所定單一類別：依該類別基準計算設置。

二、建築物使用用途為下表所定二類別：依各該類別分別計算設置。但二類別或其中一類別之法定停車位數量為五十輛以下者，得按該建築物法定停車位總數量，以法定停車位較多數量之類別基準計算設置，二類別之法定停車位數量相同者，按該建築物法定停車位總數量，以其中一類別基準計算設置。

類別	建築物使用用途	法定停車位數量（輛）	無障礙停車位數量（輛）
第一類	H-2 組住宅或集合住宅	五十一至一百五十	二
		一百五十一至二百五十	三
		二百五十一至三百五十	四
		三百五十一至四百五十	五
		四百五十一至五百五十	六
		超過五百五十輛停車位者，超過部分每增加一百輛，應增加一輛無障礙停車位；不足一百輛，以一百輛計。	
第二類	前類以外建築物	五十一至一百	二
		一百零一至一百五十	三
		一百五十一至二百	四
		二百零一至二百五十	五
		二百五十一至三百	六
		三百零一至三百五十	七
		三百五十一至四百	八
		四百零一至四百五十	九
		四百五十一至五百	十
		五百零一至五百五十	十一
		超過五百五十輛停車位者，超過部分每增加五十輛，應增加一輛無障礙停車位；不足五十輛，以五十輛計。	

（C）72. 依建築物無障礙設施設計規範設置室內通路，通路走廊如有開門，則扣除門扇開啟之空間後，其寬度至少不得小於多少公分？

(A)90　(B)100　(C)120　(D)135

【解析】

無障礙設施設計規範-第二章 無障礙通路-204 室內通路走廊

204.2.2　室內通路走廊寬度：室內通路走廊寬度不得小於 120 公分，走廊中如有開門，則扣除門扇開啟之空間後，其寬度不得小於 120 公分（如圖 204.2.2）。

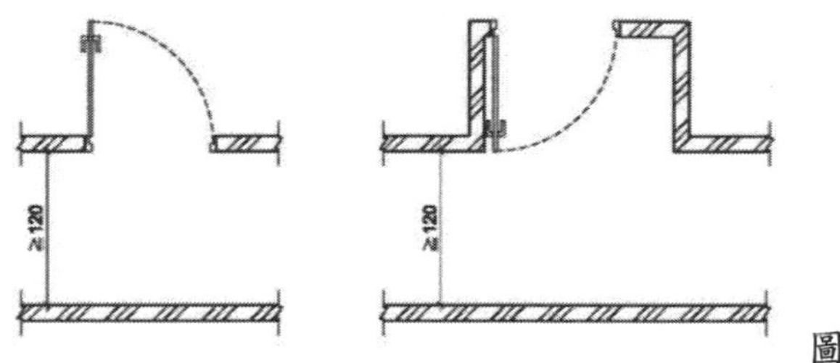

圖 204.2.2

（B）73. 有關無障礙設施室外通路之設計，獨棟或連棟之建築物其地面坡度至多不得大於下列何種比例？

(A)1/12　(B)1/10　(C)1/8　(D)1/6

【解析】

無障礙設施設計規範–第二章 無障礙通路-202 通則

202.4　獨棟或連棟建築物之特別規定

202.4.1　適用對象：建築基地內該棟自地面層至最上層均屬同一住宅單位且僅供住宅使用者。

無障礙設施設計規範–第二章 無障礙通路-203 室外通路

203.2 室外通路設計

203.2.2　室外通路坡度：地面坡度不得大於 1/15；**但適用本規範 202.4 者，其地面坡度不得大於** 1/10，超過者應依本規範 206 節規定設置坡道，且兩不同方向之坡道交會處應設置平台，該平台之坡度不得大於 1/50。

（C）74. 有關無障礙客房之規定，下列敘述何者錯誤？

(A)建築物使用類組 B-4 旅館類者，客房數 80 間者，應設置 1 間無障礙客房

(B)客房內衛浴設備迴轉空間，其直徑不得小於 135 公分

(C)客房內床間淨寬度不得小於 60 公分

(D)客房內求助鈴應至少設置兩處

【解析】

無障礙設施設計規範-第十章 無障礙客房

1004　設置尺寸

1004.1 客房內通路：客房內通路寬度不得小於 120 公分，床間淨寬度不得小於 90 公分。

<u>(A)選項解釋</u>

建築技術規則建築設計施工編-第十章 無障礙建築物

第 167-7 條

建築物使用類組為 B-4 組者，其無障礙客房數量不得少於下表規定：

客房總數量（間）	無障礙客房數量（間）
十六至一百	一
一百零一至二百	二
二百零一至三百	三
三百零一至四百	四
四百零一至五百	五
五百零一至六百	六
超過六百間客房者，超過部分每增加一百間，應增加一間無障礙客房；不足一百間，以一百間計。	

(B)選項解釋

無障礙設施設計規範-第十章 無障礙客房

1003.2 迴轉空間：衛浴設備空間應設置直徑 135 公分以上之迴轉空間，其迴轉空間邊緣 20 公分範圍內如符合膝蓋淨容納空間規定者，得納入迴轉空間計算。

(D)選項解釋

無障礙設施設計規範-第十章 無障礙客房

1005 客房內求助鈴

1005.1 **位置：應至少設置 2 處**，1 處按鍵中心點設置於距地板面 90 公分至 120 公分範圍內；另設置 1 處可供跌倒後使用之求助鈴，按鍵中心點距地板面 15 公分至 25 公分範圍內，且應明確標示，易於操控。

（C）75. 依古蹟土地容積移轉辦法規定，下列敘述何者錯誤？

(A)送出基地之可移出容積，得分次移出

(B)接受基地之可移入容積，以不超過該土地基準容積之 40%為原則

(C)接受基地在不超過規定之可移入容積內，不得分次移入不同送出基地之可移出容積

(D)實施都市更新地區之可移入容積，以不超過該接受基地基準容積之 50%為原則

【解析】

(A)(C)選項解釋

古蹟土地容積移轉辦法

第 9 條

送出基地之可移出容積，得分次移出。

接受基地在不超過第七條規定之可移入容積內，得分次移入不同送出基地之可移出容積。

(B)選項解釋

第7條

接受基地之可移入容積，以不超過該土地基準容積之百分之四十為原則。

位於整體開發地區、實施都市更新地區或面臨永久性空地之接受基地，其可移入容積，得酌予增加。但不得超過該接受基地基準容積之百分之五十。

（D）76. 依住宅法及住宅性能評估實施辦法規定，下列敘述何者錯誤？

(A)住宅性能評估分新建住宅性能評估及既有住宅性能評估2類

(B)新建與既有住宅性能類別之評估等級分為第1級至第4級，共4個等級

(C)新建住宅性能評估由起造人申請

(D)既有住宅性能評估可由既有住宅之承租人向評估機構申請

【解析】

住宅法及住宅性能評估實施辦法

第6條

既有住宅之所有權人或其公寓大廈管理委員會，得檢具申請書、使用執照影本或合法建築物證明文件及其他相關書圖文件，向評估機構申請既有住宅性能評估。經性能評估後，評估機構應發給既有住宅性能評估報告書。

評估機構為辦理既有住宅性能評估，應派員至現場勘查及實施必要之檢測。

(A)選項解釋

住宅法及住宅性能評估實施辦法

第3條

住宅性能評估分新建住宅性能評估及既有住宅性能評估，並依下列性能類別，分別評估其性能等級：

一、結構安全。
二、防火安全。
三、無障礙環境。
四、空氣環境。
五、光環境。
六、音環境。
七、節能省水。
八、住宅維護。

新建與既有住宅性能類別之評估項目、評估內容、權重、等級、評估基準及評分，如附表一至附表二之八。

(B)選項解釋

住宅性能評估實施辦法

以第三條附表一為例：新建住宅性能類別之評估項目及等級基準表

分為四個等級

類型	性能類別	評估項目	等級
集合住宅	結構安全	結構設計	以評估內容（或評估項目）之評分（A級為4分、B級為3分、C級為2分、D級為1分）與權重乘積，分別合計積分，積分以四捨五入法計算至小數點後第2位，並依下列規定由高至低分別評估性能等級： 一、第一級：合計積分為3.50以上。 二、第二級：合計積分為2.50以上未達3.50。 三、第三級：合計積分為1.50以上未達2.50。 四、第四級：合計積分未達1.50 。
		耐震設計	
	防火安全	火災警報	各評估內容最低之評分為該性能類別之總評分，其等級由高至低為： 一、第一級：指該性能類別之各評估內容之評分均符合A級者。 二、第二級：指該性能類別之各評估內容之評分為B級或以上者。 三、第三級：指該性能類別之各評估內容之評分為C級或以上者。 四、第四級：指各評估內容之評分有1項為D級者。
		火災滅火	
		逃生避難	
		防止延燒	
	無障礙環境	住宅共用部分	各性能類別以評估內容（或評估項目）之評分（A級為4分、B級為3分、C級為2分、D級為1分）與權重乘積，分別合計積分，積分以四捨五入法計算至小數點後第2位，並依下列規定由高至低分別評估性能等級： 一、第一級：合計積分為3.50以上。 二、第二級：合計積分為2.50以上未達3.50。 三、第三級：合計積分為1.50以上未達2.50。 四、第四級：合計積分未達1.50 。
		住宅專用部分	
	空氣環境	自然通風	
		機械通風	
	光環境	自然採光	
	音環境	住宅分戶牆隔音	
		住宅外牆開口部隔音	
		住宅樓板隔音	
	節能省水	遮陽效率	
		隔熱效率（頂樓或非頂樓）	
		熱水效率	
		省水效率	
		照明系統節能效率	
	住宅維護	住宅共用部分	
		住宅專用部分	

<u>(C)選項解釋</u>

住宅法及住宅性能評估實施辦法

第 5 條

起造人申請新建住宅性能評估，得依下列方式之一辦理：

一、於領得建造執照尚未領得使用執照前，檢具申請書、建造執照影本、核定工程圖樣與說明書及其他相關書圖文件，向中央主管機關指定之住宅性能評估機構（以下簡稱評估機構）申請新建住宅性能初步評估，並自領得使用執照之日起三個月內，檢具申請書、使用執照影本、核定之竣工工程圖樣、辦理變更設計相關書圖文件、工程勘驗紀錄資料及其他相關書圖文件，送請原評估機構查核確認。

二、於領得使用執照之日起二個月內，檢具申請書、使用執照影本、核定之竣工工程圖樣、工程勘驗紀錄資料及其他相關書圖文件，向評估機構申請新建住宅性能評估。

依前項第一款辦理者，經性能初步評估後，評估機構得發給新建住宅性能初步評估通知書；經原評估機構查核確認相關書圖文件後，始發給新建住宅性能評估報告書。但逾期未送原評估機構查核確認者，其新建住宅性能初步評估通知書失其效力。

依第一項第二款辦理者，經性能評估後，評估機構應發給新建住宅性能評估報告書。

評估機構為辦理新建住宅性能評估，應派員至現場勘查及實施必要之檢測。

（A）77. 依都市危險及老舊建築物加速重建條例規定申請重建時，下列敘述何者錯誤？

(A)由新建建築物之設計人擬具重建計畫

(B)取得重建計畫範圍內全體土地及合法建築物所有權人之同意

(C)向直轄市、縣（市）主管機關申請核准

(D)重建計畫經核准後續依建築法令規定申請建築執照

【解析】

都市危險及老舊建築物加速重建條例

第 5 條

依本條例規定申請重建時，**新建建築物之起造人應擬具重建計畫，取得重建計畫範圍內全體土地及合法建築物所有權人之同意，向直轄市、縣（市）主管機關申請核准後，依建築法令規定申請建築執照。**

前項重建計畫之申請，施行期限至中華民國一百十六年五月三十一日止。

（B）78. 依都市危險及老舊建築物加速重建條例規定申請重建時，下列敘述何者錯誤？

(A) 申請建築容積獎勵者，不得同時適用其他法令規定之建築容積獎勵項目

(B) 經核准重建之新建建築物起造人申請建造執照期限，得經直轄市、縣（市）主管機關同意延長 2 次，延長期間以 1 年為限

(C) 辦理重建之建築物，其結構安全性能評估由建築物所有權人委託經中央主管機關評定之共同供應契約機構辦理

(D) 實施重建之基地，其建蔽率得酌予放寬。但建蔽率之放寬以住宅區之基地為限，且不得超過原建蔽率

【解析】

都市危險及老舊建築物加速重建條例

第 5 條

依本條例規定申請重建時，新建建築物之起造人應擬具重建計畫，取得重建計畫範圍內全體土地及合法建築物所有權人之同意，向直轄市、縣（市）主管機關申請核准後，**依建築法令規定申請建築執照。**

前項重建計畫之申請，施行期限至中華民國一百十六年五月三十一日止。

(A)選項解釋

都市危險及老舊建築物加速重建條例規定

第 6 條

重建計畫範圍內之建築基地，得視其實際需要，給予適度之建築容積獎勵；獎勵後之建築容積，不得超過各該建築基地一點三倍之基準容積或各該建築基地一點一五倍之原建築容積，不受都市計畫法第八十五條所定施行細則規定基準容積及增加建築容積總和上限之限制。

本條例施行後一定期間內申請之重建計畫，得依下列規定再給予獎勵，不受前項獎勵後之建築容積規定上限之限制：

一、施行後三年內：各該建築基地基準容積百分之十。

二、施行後第四年：各該建築基地基準容積百分之八。

三、施行後第五年：各該建築基地基準容積百分之六。

四、施行後第六年：各該建築基地基準容積百分之四。

五、施行後第七年：各該建築基地基準容積百分之二。

六、施行後第八年：各該建築基地基準容積百分之一。

重建計畫範圍內符合第三條第一項之建築物基地或加計同條第二項合併鄰接之建築物基地或土地達二百平方公尺者，再給予各該建築基地基準容積百分之二之獎勵，每增加一百平方公尺，另給予基準容積百分之零點五之獎勵，不受第一項獎勵後之建築容積規定上限之限制。

前二項獎勵合計不得超過各該建築基地基準容積之百分之十。

依第三條第二項合併鄰接之建築物基地或土地，適用第一項至第三項建築容積獎勵規定時，其面積不得超過第三條第一項之建築物基地面積，且最高以一千平方公尺為限。

依本條例申請建築容積獎勵者，不得同時適用其他法令規定之建築容積獎勵項目。

第一項建築容積獎勵之項目、計算方式、額度、申請條件及其他應遵行事項之辦法，由中央主管機關定之。

(C)選項解釋

都市危險及老舊建築物加速重建條例規定

第 3 條

本條例適用範圍，為都市計畫範圍內非經目的事業主管機關指定具有歷史、文化、藝術及紀念價值，且符合下列各款之一之合法建築物：

一、經建築主管機關依建築法規、災害防救法規通知限期拆除、逕予強制拆除，或評估有危險之虞應限期補強或拆除者。

二、經結構安全性能評估結果未達最低等級者。

三、屋齡三十年以上，經結構安全性能評估結果之建築物耐震能力未達一定標準，且改善不具效益或未設置昇降設備者。

前項合法建築物重建時，得合併鄰接之建築物基地或土地辦理。

本條例施行前已依建築法第八十一條、第八十二條拆除之危險建築物，其基地未完成重建者，得於本條例施行日起三年內，依本條例規定申請重建。

第一項第二款、第三款結構安全性能評估，由建築物所有權人委託經中央主管機關評定之共同供應契約機構辦理。

辦理結構安全性能評估機構及其人員不得為不實之簽證或出具不實之評估報告書。

第一項第二款、第三款結構安全性能評估之內容、申請方式、評估項目、權重、等級、評估基準、評估方式、評估報告書、經中央主管機關評定之共同供應契約機構與其人員之資格、管理、審查及其他相關事項之辦法，由中央主管機關定之。

(D)選項解釋

都市危險及老舊建築物加速重建條例規定

第 7 條

依本條例實施重建者，其建蔽率及建築物高度得酌予放寬；其標準由直轄市、縣（市）主管機關定之。但建蔽率之放寬以住宅區之基地為限，且不得超過原建蔽率。

（D）79. 依都市危險及老舊建築物建築容積獎勵辦法規定，重建計畫範圍內建築基地面積達 500 平方公尺以上者，取得候選等級綠建築證書之容積獎勵額度，下列何者錯誤？

(A)鑽石級：基準容積百分之十　(B)黃金級：基準容積百分之八

(C)銀級：基準容積百分之六　(D)合格級：基準容積百分之四

【解析】

都市危險及老舊建築物建築容積獎勵辦法

第 7 條

取得候選等級綠建築證書之容積獎勵額度，規定如下：

一、鑽石級：基準容積百分之十。

二、黃金級：基準容積百分之八。

三、銀級：基準容積百分之六。

四、銅級：基準容積百分之四。

五、合格級：基準容積百分之二。

重建計畫範圍內建築基地面積達五百平方公尺以上者，不適用前項第四款及第五款規定之獎勵額度。

（A）80. 依建築技術規則規定，下列何者建築物無須辦理防火避難綜合檢討評定或檢具防火避難性能設計計畫書及評定書？

(A)高度達 90 公尺以上之 H-2 類組建築物

(B)高度達 25 層以上之 G-2 類組建築物

(C)總樓地板面積達 30000 平方公尺以上之商場百貨

(D)與地下大眾捷運系統連接之地下街

【解析】

建築技術規則總則編

第 3-4 條

下列建築物應辦理防火避難綜合檢討評定，或檢具經中央主管建築機關認可之建築物防火避難性能設計計畫書及評定書；其檢具建築物防火避難性能設計計畫書及評定書者，並得適用本編第三條規定：

一、高度達二十五層或九十公尺以上之高層建築物。但僅供建築物用途類組 H-2 組使用者，不在此限。

二、供建築物使用類組 B-2 組使用之總樓地板面積達三萬平方公尺以上之建築物。

三、與地下公共運輸系統相連接之地下街或地下商場。

前項之防火避難綜合檢討評定，應由中央主管建築機關指定之機關（構）、學校或團體辦理。

第一項防火避難綜合檢討報告書與評定書應記載事項及其他應遵循事項，由中央主管建築機關另定之。

第二項之機關（構）、學校或團體，應具備之條件、指定程序及其應遵循事項，由中央主管建築機關另定之。

110年 專門職業及技術人員高等考試試題／建築結構

甲、申論題部分：(40 分)

一、請解釋形抗結構（form resistant structures）之定義與其結構原理，並繪圖輔以文字說明兩種應用於建築空間之形抗結構系統。（20 分）

參考題解

（一）靠改變形狀以增加強度而來抵抗外力（增加承受載重能力）的結構方式，稱為形抗結構（form resistant structures），如摺版、纜索、拱、膜、薄殼之結構系統屬之。

以下圖之平版與摺版結構斷面來比較說明其結構原理，圖上兩者具相同剖面斷面積，而僅為斷面形狀不同，計算個別慣性矩如下：

平版之慣性矩 $I_1 = \frac{1}{12}Wh^3$

摺版之慣性矩 $I_2 = \frac{1}{12}(2b)a^3 = \frac{1}{48}hW^3sin^2\theta$，其中 $a = \frac{W}{2}sin\theta$，$b = \frac{h}{sin\theta}$

假設 $W = 200$，$h=15$，$\theta=45^{\circ}$

帶入可得 $I_1 = 56,250$，$I_2 = 1,250,000$，$\frac{I_2}{I_1} = 22.22$

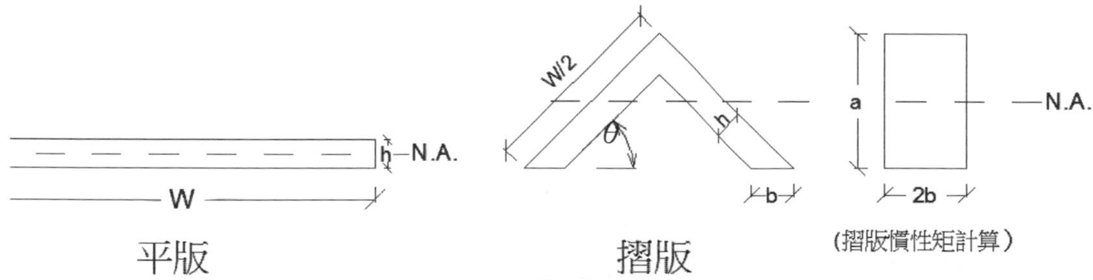

平版　　摺版　　(摺版慣性矩計算)

由上計算可得將平版折成倒 V 字形之摺版可有效提高慣性矩（I）增加彎曲勁度，以結構分析的概念可知，在承受相同垂直載重情況下，摺版產生彎曲應力及撓度較小，故採用相同材料下，摺版可跨越更大跨距。由此分析可知，形抗結構之摺版如何在不增加材料情況下，靠本身形狀改變而獲得較佳結構效率之原因，惟不同形抗結構各有其特性、限制或缺點亦需分別加以評估考量或補強。

（二）應用於建築空間之形抗結構系統

1. 摺版結構系統

如下圖左之倒 V 形長摺版配置，相同材料下可較一般梁結構橫越更長跨度，而摺版角度 θ 越大慣性矩越大，抵抗載重能力也較大，但所能包覆之平面空間也會減小，一般合理角度在 45°～60°。倒 V 字形可連續整合成波形摺版如下右圖，以包覆更大空間，亦可調整成 W 形或槽形等不同形狀，或者利用不同組合發展成多摺疊摺版結構系統，讓造型更加富於變化及美觀，惟摺版因其結構形狀及特性，多適合用於屋頂結構。

另摺版需考量本身勁度不足（如單一版受壓挫曲）的整體破壞及邊緣處的應力集中破壞，必須加以考量及補強。

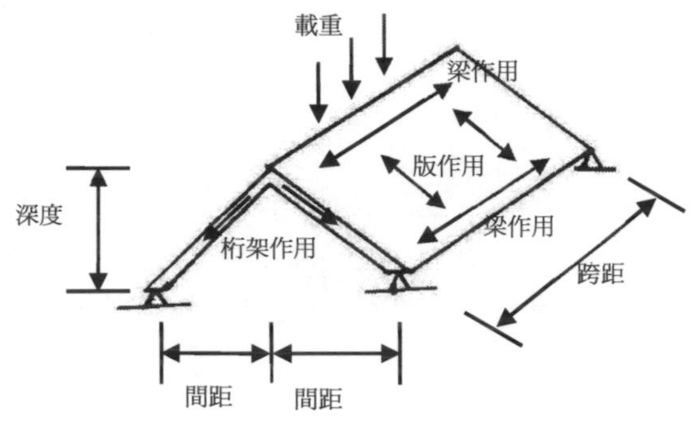

長摺版配置及力學傳遞作用示意圖

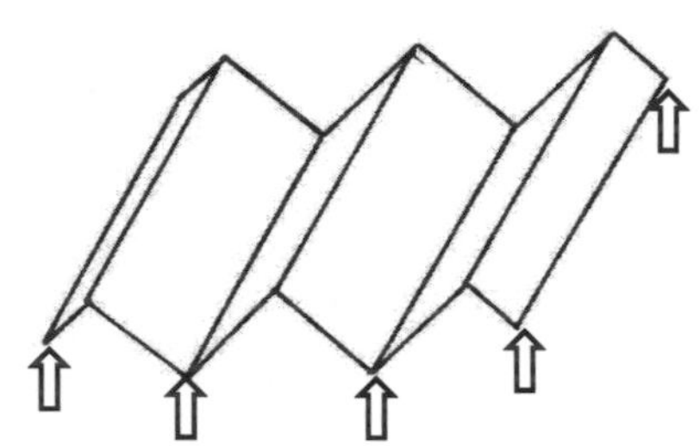

波形摺版配置示意

2. 長圓筒殼結構系統

把摺版的摺疊數增多，如下圖左，摺版所受的應力也會跟著減小，當摺疊數夠多，應力變小版厚可以降低，形成薄殼（shell）結構系統，可配置如下圖右之長圓筒殼（shell）結構系統，為另一種可運用於建築空間之形抗結構形式。

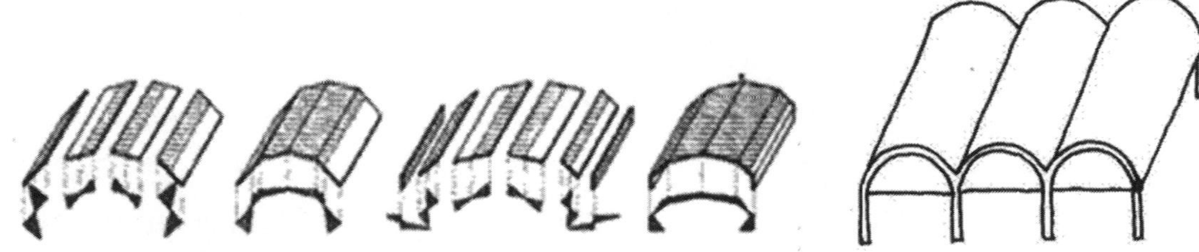

摺版之摺疊數及應力分布示意圖　　長圓筒殼配置示意圖

圖片來源：鄭茂川，建築結構系統，2006

二、下圖梁受部分均布載重，試繪其剪力圖及彎矩圖。（20 分）

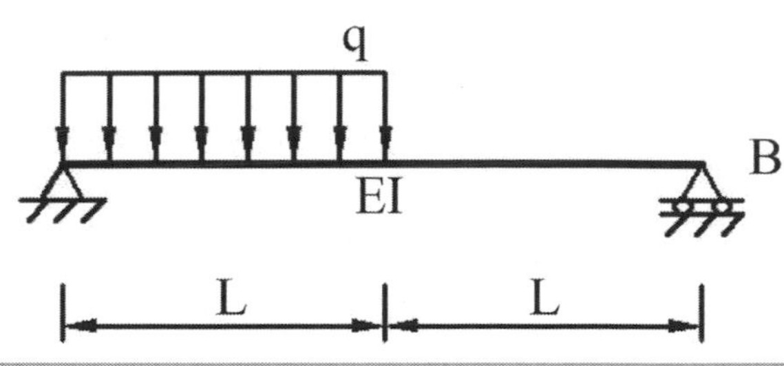

參考題解

（一）計算支承反力

1. $\Sigma M_A = 0$，$R_B \times 2L = qL \times \frac{L}{2}$　$\therefore R_B = \frac{1}{4}qL$

2. $\Sigma F_y = 0$，　$R_A + R_B\left(\frac{1}{4}qL\right) = qL$　$\therefore R_A = \frac{3}{4}qL$

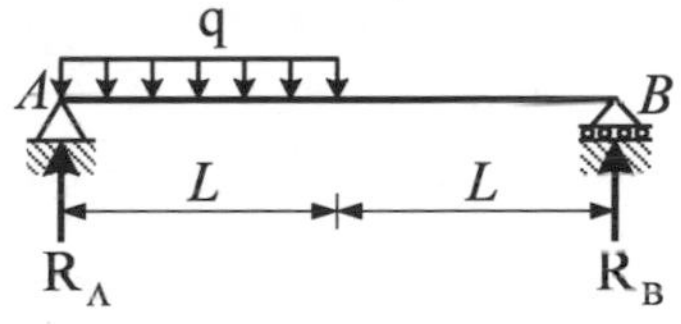

（二）繪製剪力彎矩圖

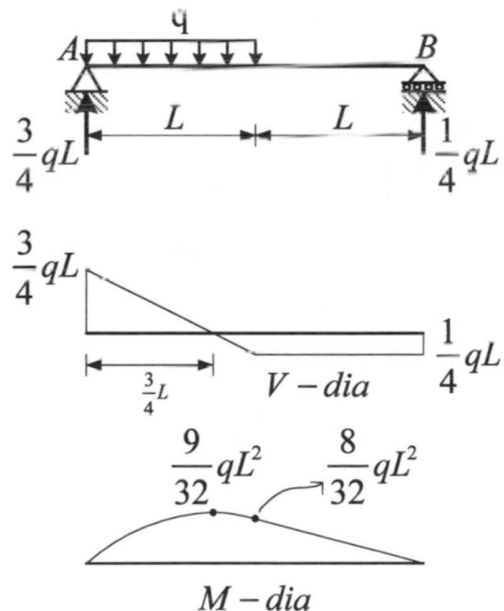

乙、測驗題部分：(60 分)

（D）1. 如圖所示之固定拱、二鉸拱及三鉸拱，下列敘述何者錯誤？

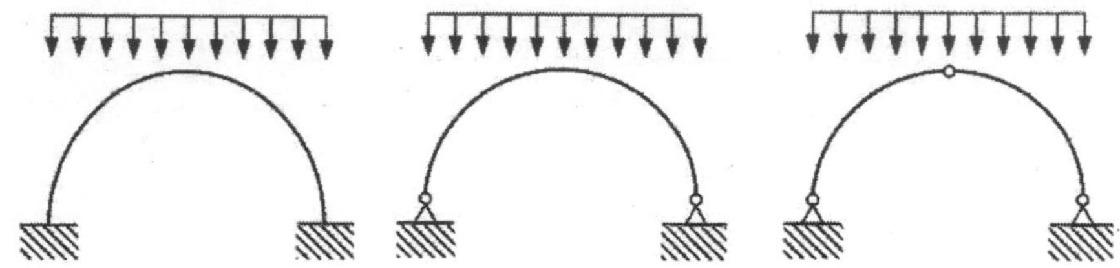

(A)固定拱為靜不定結構，三鉸拱則為靜定結構

(B)固定拱較三鉸拱容易因溫度變化之影響而產生應力

(C)二鉸拱支承處之斷面可較跨度中央處之斷面小

(D)若拱的跨度不變，則拱的高度愈高，支承處之外推力將愈大

【解析】以三種拱的結構行為特性，選項(D)明顯為錯誤，跨度不變下，拱高愈高，支承處之水平外推力應愈小。

（B）2. 在結構系統中配置剪力牆作為耐震元件時，下列敘述何者正確？

(A)立面上應儘量錯層配置，以避免應力集中

(B)只要能使樓層剛心與質心接近，平面上配置不用完全對稱

(C)不管樓層數多少，立面上都應垂直連通到最頂層，以減少高層部側向變形

(D)為提高平面抗扭性，應令各方向剪力牆延長線在平面上通過同一點

【解析】剪力牆立面通常要連續配置以利力量直接順利傳遞，選項(A)錯誤。剪力牆側移勁度大，類似懸臂梁，主要產生彎曲變形，於自由端產生最大位移，且高度越高變形量越大，與剛構架主要以水平剪力變形（層間變位）行為不同，故高樓層處不施作剪力牆，反而可減少高層側向變形，選項(C)有誤。選項(D)敘述之狀況會降低平面抗扭性，有誤。剛心跟質心不一致時地震力造成建築物額外扭力，而剪力牆勁度高對於剛心位置有較大影響，平面對稱概念為基於讓剛心與質心不致偏差太多的考量，若剪力牆不完全對稱配置可確保剛心與質心接近，仍可接受，故選項(B)正確。

（A）3. 高樓結構常以帶狀桁架（belt truss）配置在具有結構核之系統，其目的為何？

(A)增加側向抵抗力　(B)為造型變化而設置

(C)增加受側向力作用時所產生的變形　(D)減少高樓整體抗傾倒能力

【解析】設置帶狀桁架將結構核與外柱（或外核）連接，可讓外柱分擔內核心的應力，故選(A)。

（C）4. 建築物設計風力之計算與所在地點之基本設計風速有關，依地況分成：

地況 A：大城市市中心區，至少有 50%之建築物高度大於 20 公尺者。

地況 B：大城市市郊、小市鎮或有許多像民舍高度（10～20 公尺），或較民舍為高之障礙物分布其間之地區者。

地況 C：平坦開闊之地面或草原或海岸或湖岸地區，其零星座落之障礙物高度小於 10 公尺者。則下列有關基本設計風速之敘述，何者錯誤？

(A)基本設計風速係假設該地點為地況 C

(B)基本設計風速之決定在離地面 10 公尺高處

(C)基本設計風速係相對於 475 年回歸期

(D)基本設計風速之 10 分鐘平均風速，其單位為 m/s

【解析】基本設計風速$V_{10}(C)$，地況 C，離地面 10 公尺高，相對於 50 年回歸期之 10 分鐘平均風速，選項(C)有誤。

（B）5. 關於隔震結構及制振結構之敘述，下列何者錯誤？

(A)隔震器使用於建築耐震補強，可使建築物之基本週期拉長，降低作用於建築物之地震力

(B)隔震結構用之積層橡膠隔震器，將構成積層橡膠之各層橡膠增厚，一般而言可提升垂直支承力

(C)制振結構使用阻尼器可吸收地震之能量，因此可降低建築物之變形

(D)隔震建築於設計隔震層時，也要考慮風力的影響

【解析】積層橡膠隔震器之橡膠較厚受垂直載重時會產生較大的橫向變形，降低垂直支承力，故於橡膠間加入薄鋼板以約束其橫向變形，增加其豎向勁度，且不影響保有較小水平勁度之隔震概念，故選項(B)有誤。

（B）6. 一般在具剪力牆與特殊抗彎矩構架的鋼筋混凝土二元系統中，剪力牆與特殊抗彎矩構架兩者，通常以何系統之鋼筋會先行降伏？此外，何系統應特別處理韌性設計細節？

(A)剪力牆先行降伏，僅特殊抗彎矩構架須處理韌性設計細節

(B)剪力牆先行降伏，剪力牆與特殊抗彎矩構架兩者均須處理韌性設計細節

(C)特殊抗彎矩構架先行降伏，僅特殊抗彎矩構架須處理韌性設計細節

(D)特殊抗彎矩構架先行降伏，剪力牆與特殊抗彎矩構架兩者均須處理韌性設計細節

【解析】二元系統具完整立體構架以受垂直載重，並由剪力牆及韌性抗彎矩構架抵禦地震力，而一般 RC 剪力牆面內勁度大，強度高，通常作為主要承受水平力元件，而其延性較差，故由剪力牆之鋼筋會先行降伏，另依耐震規範，

具特殊抗彎矩構架之二元系統可採用較大的韌性容量 R，故剪力牆與特殊抗彎矩構架兩者均須處理韌性設計細節，以確保可達韌性要求，故選(B)。

（C）7. 關於「非結構牆」之敘述，下列何者錯誤？

(A)非結構牆不需協助主結構構架分擔水平載重

(B)非結構牆之剛度可能影響主結構構件之行為，例如窗台短柱效應

(C)於既有結構中打除或新增任何構造形式之非結構牆，皆不影響其耐震能力

(D)具有一定剛度之非結構牆於樓層間不連續配置時，可能造成軟層

【解析】非結構牆於結構設計時通常多未將其納入考量，惟非結構牆仍可能對實際結構行為造成影響，如選項(B)的短柱效應，另耐震規範中對於抗彎矩構架中填有未隔開非結構牆時，R 值可取 4.0，且需進行兩階段分析與設計，或者具非結構牆的二元系統，韌性容量值為不具結構牆的二元系統的 5/6 倍，所以選項(C)敘述有誤。

（A）8. 下列何者與土壤液化潛能之判定並無直接關係？

(A)建築物地上樓層高低　　(B)地震強度大小

(C)地下水位高低　　(D)有無疏鬆的細砂層

【解析】土壤液化主要發生於高地下水位之疏鬆砂性土壤區域，影響土壤液化的主要因素為土壤種類及級配特性、砂土相對密度、排水狀況、有效覆土壓、震動強度與時間等，故選(A)。

（A）9. 下圖結構的穩定與可定性質為何？

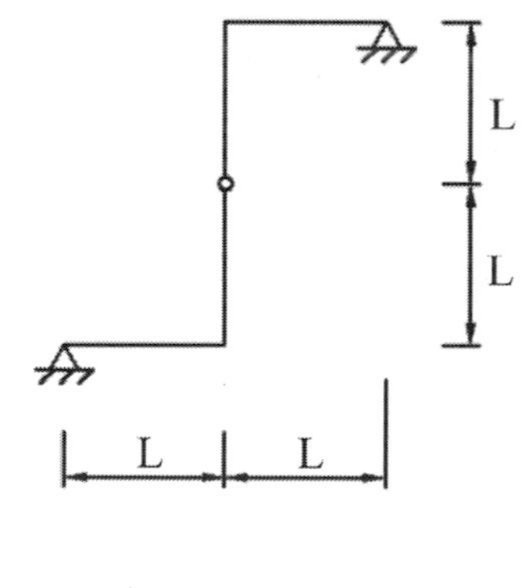

(A)不穩定　　(B)靜定

(C) 1 次靜不定　　(D) 2 次靜不定

【解析】三鉸共線，為不穩定結構

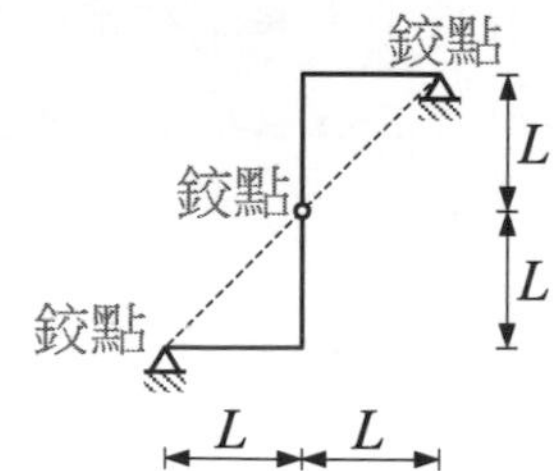

（B）10. 下列有關桁架之敘述，何者錯誤？

(A)簡單桁架為三角形的基本組成形態，每增加一個節點，即增加兩根桿件

(B)靜定桁架與靜不定桁架的桿件內力皆不受溫度改變之影響

(C)合成桁架由兩個或兩個以上之簡單桁架，以一個鉸及一根桿件組成

(D)簡單桁架的桿件內力可採用節點法或截面法求之

【解析】靜不定桁架的桿件內力，會受到溫差、尺寸誤差、支承沉陷等廣義外力的作用影響。

（D）11. 圖中桁架結構，零桿（zero-force member）之數量為何？

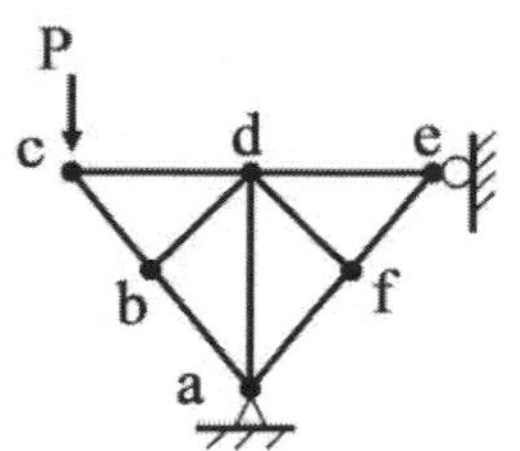

(A) 2　　(B) 3

(C) 4　　(D) 5

【解析】如圖所示，共有 5 根零桿

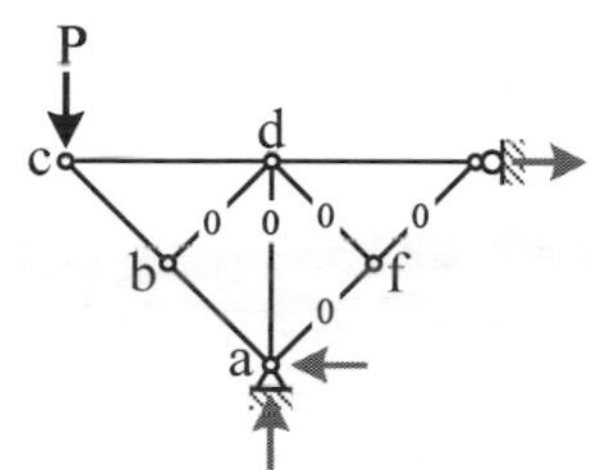

（B）12. 圖示之鋼筋混凝土韌性構架，有關主筋搭接之敘述，下列何者正確？

(A)主筋可在 A 區搭接　　(B)主筋可在 B 區搭接

(C)主筋可在 C 區搭接　　(D)主筋可在 D 區搭接

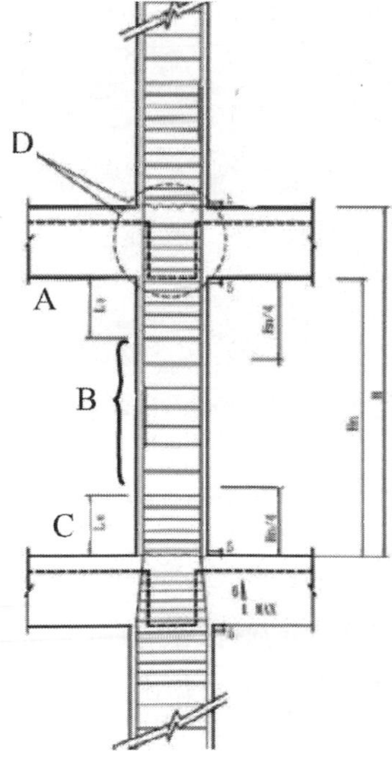

【解析】依混凝土結構設計規範第 15 章耐震特別規定，構架內承受撓曲及軸向載重之構材（柱）之鋼筋搭接僅容許於構材淨長之中央 1/2 內，並應考慮為拉力搭接【15.5.3.2】，故選項(B)為正確。

（A）13. 鋼筋混凝土結構在耐震設計時，係依據鋼筋應力為 1.25f_y 所求得之彎矩強度以計算構材之設計剪力，此係數 1.25 所代表的意義為何？

(A)考慮鋼筋應變硬化之可能強度　(B)設計載重因數

(C)強度折減因數　(D)地震力放大倍數

【解析】耐震設計之設計剪力應採用塑鉸產生後引致之剪力，該剪力為最大者，可保證塑鉸產生時不致先產生脆性剪力破壞，而且塑鉸一旦產生，塑性轉角頗大，鋼筋可能進入應變硬化階段，因此計算彎矩強度時，鋼筋應力至少得用1.25f_y，故選(A)。

（D）14. 下列有關鋼柱挫屈強度 P_{cr} 之敘述，何者錯誤？

(A)長細比(L/r)越大，挫屈強度 P_{cr} 越小

(B)迴轉半徑(r)越小，挫屈強度 P_{cr} 越小

(C)迴轉半徑(r)只與桿件斷面幾何條件相關

(D)長細比(L/r)大於臨界長細比$(L/r)_c$者，柱之挫屈為非彈性挫屈

【解析】當長細比L/r大於臨界長細比$\left(L/r\right)_c$時，柱之挫曲為**彈性挫曲**

（C）15. 關於鋼骨鋼筋混凝土（SRC）之敘述，下列何者最不適當？

(A)SRC 中鋼筋混凝土結構弱點的剪力破壞以鋼骨來補強，而鋼骨結構弱點的挫屈則以鋼筋混凝土來補強

(B)柱梁接合部之箍筋，通常以貫穿鋼骨梁腹板而配筋

(C)鋼骨內部填充混凝土之圓形鋼管混凝土柱的設計，一般不考慮鋼管之圍束（confinement）效果

(D)鋼骨鋼筋混凝土結構，包括有鋼骨工程及鋼筋混凝土工程，通常施工期間較長

【解析】經過適當設計的 SRC 構造，可有效發揮鋼骨與 RC 的優點，並能互相彌補缺點，選項(A)敘述合理。選項(B)敘述尚符 SRC 規定。SRC 施工複雜度高，相比鋼骨或 RC 結構在規模差異不大之一般情況下通常工期較長，選項(D)敘述尚為合宜。以 SRC 設計規範 9.3.2 規定來看，填充型鋼管混凝土柱較包覆型 SRC 柱有較高的韌性容量，可見有考量到填充混凝土受鋼骨之圍束效果，選項(C)為較不適當的敘述。

（C）16. 建築物耐震設計規範的鋼骨造結構系統中，常採用偏心斜撐結構系統。此系統的主要消能機制一般會發生在下列圖示的那一構件？

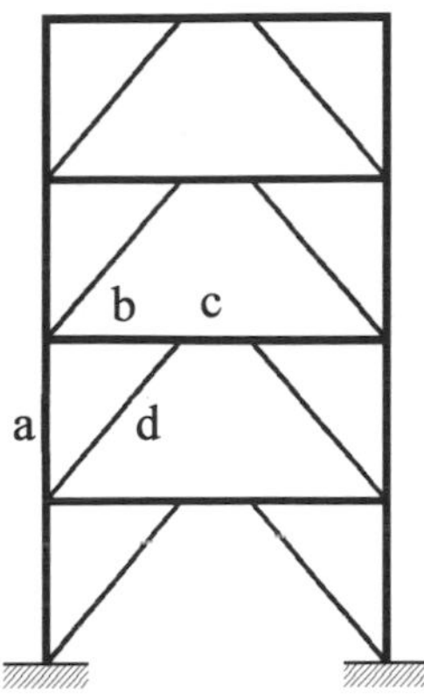

(A) a 構件　　(B) b 構件
(C) c 構件　　(D) d 構件

【解析】偏心斜撐構架（EBF）為鋼造構架中斜撐不對準梁柱接頭之配置，使構架在地震力作用之下，降伏主要發生在連桿梁上，利用連桿梁的大量塑性變形來消耗能量，圖上 c 構件為連桿梁，故選(C)。

（C）17. 下列那棟建築物，較合乎永續性綠結構概念？

(A)法國廊香教堂　(B)美國落水山莊　(C)東京鐵塔　(D)巴塞隆納聖家堂

【解析】以綠建築九大評估指標之廢棄物減量及二氧化碳減量項目來看，採用輕量之鋼骨結構為綠建築評估範疇之一，選(C)，若單由各選項來比較，以鋼材料可回收再利用性高之特性選(C)。

（D）18. 中高樓層建築物採用鋼骨（SS）構造及鋼筋混凝土（RC）構造的效益評估上，下列何者錯誤？

(A) SS 造之結構體自重通常小於 RC 造
(B) SS 造之結構體造價通常高於 RC 造
(C)同樣採用特殊抗彎矩構架設計，SS 造之振動週期通常高於 RC 造
(D)同樣採用特殊抗彎矩構架設計，依耐震設計規範，SS 造之結構系統韌性容量高於 RC 造

【解析】依耐震規範，採用特殊抗彎矩構架設計之鋼造與鋼筋混凝土造之韌性容量皆為 4.8，選項(D)錯誤。

（D）19. 從永續性綠建築結構的角度，下列敘述何者錯誤？

(A)採用鋼構造建築可達到二氧化碳減量的目的
(B)再生性建材為綠建材的型式之一
(C)使用輕量隔間為達到綠建築構造的方式之一
(D)高性能混凝土的使用不屬於永續性綠建築的評估範疇

【解析】以綠建築九大評估指標之廢棄物減量及二氧化碳減量項目來看，採用高性能混凝土設計以減少水泥及混凝土使用量為綠建築評估範疇之一，選項(D)為錯誤。

（B）20. 若降伏比定義為材料之降伏強度與抗拉強度之比值，其對於鋼結構耐震之影響，下列敘述何者正確？

(A)高降伏比可使結構發揮較高強度，增進韌性及耐震能力

(B)低降伏比可使鋼材有較佳的應力重分配能力，形成較大的塑性區域，耗能及耐震性能較佳

(C)高降伏比可得到高韌性，較大的塑性變形能力

(D)低降伏比可能導致應力集中導致塑性區域窄短，導致局部應力過高而可能發生斷裂

【解析】降伏比(Yield Ratio, YR)指材料降伏強度與抗拉強度之比值($\mathrm{YR}=F_y/F_u$)，其大小可反應材料產生塑性變形時不致發生應變集中的能力。YR 越小則塑性區面積越大，塑性範圍越大，故選項(B)為正確。

（C）21. 一受均布載重的簡支矩形梁，若承載能力由梁斷面的開裂應力所控制，當梁寬不變而梁深加

倍，且不計梁自重時，則梁深增加後均布載重的承載能力為原梁的幾倍？

(A) 1 倍　(B) 2 倍　(C) 4 倍　(D) 8 倍

【解析】$M_a=\sigma_a\cdot S=\sigma_a\cdot\dfrac{1}{6}bh^2$，當梁深 h 增加一倍為 2h 時，斷面模數 S 會增大 4 倍，故承載能力為原梁的 4 倍。

（C）22. 以下關於材料力學中常用物理量之單位，何者錯誤？

(A)彈性模數：MPa　(B)應力：MPa　(C)應變：cm　(D)波松比：無因次量

【解析】正應變ε為長度變化百分比，為無因次項。

剪應變γ為角度變化量，單位為徑度 rad，亦為無因次項。

故應變為無因次項，(C)答案錯誤。

（A）23. 一纜索受到以下的均匀分布載重作用下，若不考慮纜索自重，其弧線會呈現何種線型？

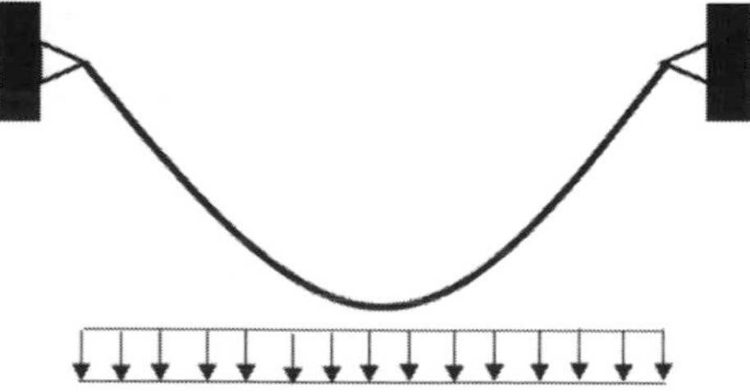

(A)拋物線型

(B)多段直線線型

(C)懸垂線型

(D)圓弧線型

【解析】纜索承受
- 自重⇒懸鏈線
- 均佈載重⇒拋物線
- 集中重⇒折線(多段直線)

（C）24.建築結構之樓地版設計活載重，依據規範下列何種用途類別的單位面積活載重最高？

(A)辦公室　(B)博物館　(C)百貨商場　(D)教室

【解析】依規範之最低活載重規定（單位kg/m^2），辦公室 300，博物館 400，百貨商場 500，教室 250，(C)為最高。

（B）25. 建築物在抵抗側向地震力作用時，容許結構桿件產生破壞以損耗地震能量。依目前耐震設計原則，最應避免下列何種破壞情形的發生？

(A)隔間磚牆斜向剪力破壞　(B)鋼筋混凝土柱斜向剪力破壞

(C)梁端點產生塑性鉸　(D)框架內斜撐拉力降伏

【解析】依耐震規範，耐震之基本原則在設計地震時容許產生塑性變形，考慮建築物的韌性容量而將地震力折減，因此建築物應依韌性設計要求設計之，使其能達到預期之韌性容量。而確保結構物能夠發揮良好韌性，就要讓桿件之塑鉸能順利產生，且位置要產生在梁上，因為柱破壞可能讓整棟建築物傾倒，造成人員傷亡，危險性高，而梁破壞僅單層結構出問題，是強柱弱梁的設計觀念，而選項(B)之柱斜向剪力破壞為脆性破壞，不符合韌性設計的原則，應為避免。

（A）26. 一簡支梁跨距為 5 m，分別受到以下兩種載重形式：(A)跨距中央受到集中載重 10 kN (B)全梁受到均布載重 2 kN/m。試問 A 載重形式下所產生的最大變形為 B 所產生的最大變形的幾倍？

(A) 8/5 倍　(B) 4/3 倍　(C) 1.5 倍　(D) 3/4 倍

【解析】(1) A 受力形式：$\Delta_A=\frac{1}{48}\frac{PL^3}{EI}=\frac{1}{48}\frac{10\times5^3}{EI}=\frac{1}{48}\frac{1250}{EI}$

B 受力形式：$\Delta_B=\frac{5}{384}\frac{wL^4}{EI}=\frac{5}{384}\frac{2\times5^4}{EI}=\frac{1}{384}\frac{6250}{EI}$

$$\frac{\Delta_A}{\Delta_B}=\frac{\frac{1}{48}\frac{1250}{EI}}{\frac{1}{384}\frac{6250}{EI}}=\frac{8}{5}$$

(2) $M_a=\sigma_a\cdot S$

$$\Rightarrow M_y=\sigma_y\cdot S=50\cdot\frac{1}{6}(60)(120)^2=7200000N-mm=7.2\ kN-m$$

① A 受力形式的最大彎矩：

$$(M_A)_{\max}=\frac{1}{4}PL=\frac{1}{4}(10\times5)=12.5\ kN-m>M_y$$

∴A受力形式會導致彎矩降伏

② B 受力形式的最大彎矩：

$$(M_B)_{\max} = \frac{1}{8}wL^2 = \frac{1}{8}(2\times5^2) = 6.25\ kN-m < M_y$$

∴B受力形式不會導致彎矩降伏

（A）27. 承上題，若材料的降伏強度為 50 MPa，梁斷面寬度與深度分別為 6 cm 及 12 cm，則上述兩種載重造成下列何種結果？

(A)僅 A 載重造成彎矩降伏　(B)僅 B 載重造成彎矩降伏

(C)兩種載重都造成梁彎矩降伏　(D)兩種載重下梁都維持彈性

（D）28. 下列圖示的梁柱構架系統，在地震橫力作用下，地面層何處梁段較容易因地震而造成剪力破壞？

(A) A 梁　(B) B 梁　(C) C 梁　(D) D 梁

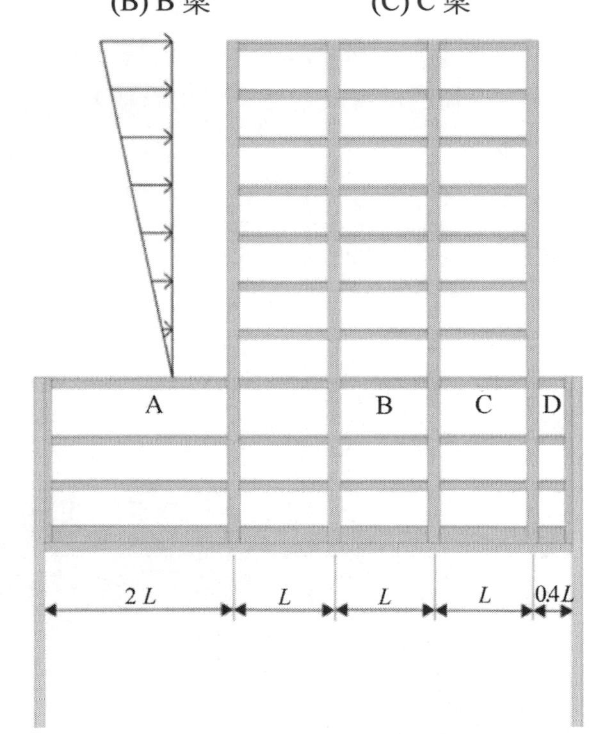

【解析】以梁跨距的概念來進行簡易判斷，在地震橫力作用下，各梁之兩端彎矩方向相同(都為順向或逆向)，若各梁兩端彎矩相同或差異不大下，跨距短者，剪力較大，故選(D)。

（C）29. 我國交通部中央氣象局於 109 年施行新的地震震度分級制度，讓地震震度分布與災害位置的關聯性更為提升，下列何者為新震度分級的認定依據？

(A)僅以地動加速度作為分級認定依據

(B)僅以地動速度作為分級認定依據

(C)中震以下以加速度作為分級依據；強震以上以速度作為分級認定依據

(D)中震以下以速度作為分級依據；強震以上以加速度作為分級認定依據

【解析】109 年 1 月 1 日起震度 5 細分成 5 強、5 弱，震度 6 細分成 6 強、6 弱。震度震度 4 級（含）以下依 PGA 決定，震度 5 級（含）以上依 PGV 決定，選項(C)為正確。

（D）30. 無梁版系統在我國較少應用於上部結構，大多僅應用在地下室結構，下列敘述何者錯誤？

(A)無梁版系統的抗側力勁度較低

(B)無梁版系統若產生雙向作用剪力（穿孔剪力）破壞時，其行為屬脆性破壞

(C)無梁版的版柱系統並不適宜作為強震區的側力抵抗系統

(D)無梁版系統在樓版可能穿孔破壞面上無法藉由配置剪力鋼筋來增加剪力強度

【解析】無梁版在柱頭處產生較大剪力，容易產生穿孔剪力破壞，需加以剪力補強，如加柱頭版、柱帽、箍筋或剪力接頭等，而柱頭不平衡彎矩則需加配撓曲鋼筋抵抗，選項(D)為錯誤。

（B）31. 原有一剛構架進行耐震補強，在兩側增設圖示之桿件，其中 A、D 為固端，B、C 為鉸接。請問原本之構架在補強後，靜不定度增加了多少？

(A) 2　　(B) 4　　(C) 6　　(D) 8

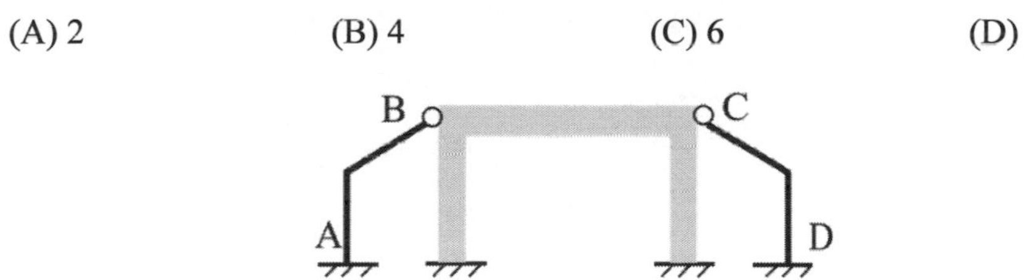

【解析】

補強前 $\left.\begin{array}{l} b=3 \\ r=6 \\ s=2 \\ j=4 \end{array}\right\} \Rightarrow R=b+r+s-2j=3$

補強後 $\left.\begin{array}{l} b=7 \\ r=12 \\ s=4 \\ j=8 \end{array}\right\} \Rightarrow R=b+r+s-2j=7$

靜不定度增加了 4 度

（D）32. 圖示桁架結構在 F、E 點受力分別為 $P_1 = 10$ kN 及 $P_2 = 15$ kN，下列關於桿件受力大小的敘述何者錯誤？

(A) $F_{BC} = 15$ kN

(B) $F_{CD} = 0$ kN

(C) $F_{EC} = 15$ kN

(D) $F_{BF} = 20$ kN

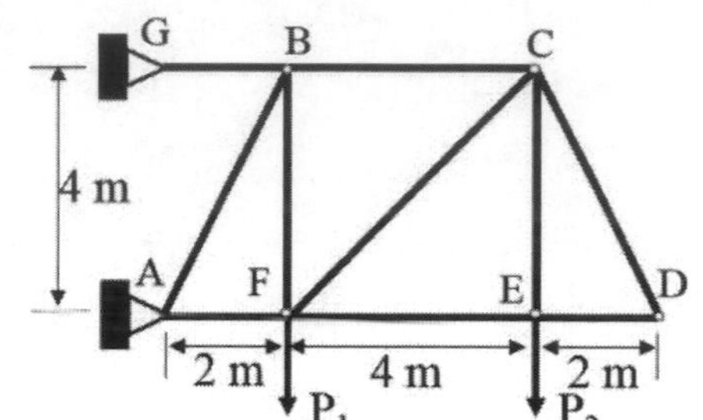

【解析】

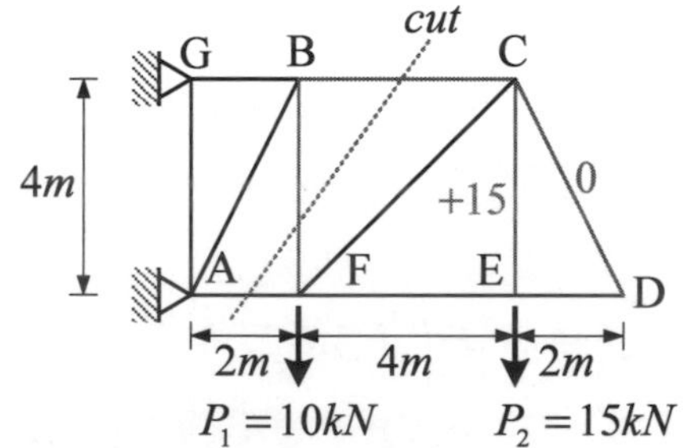

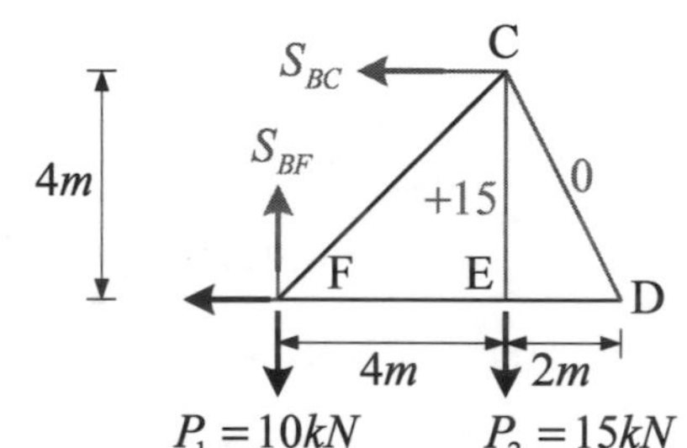

切開圖示虛線，取出右半部自由體圖平衡

$\sum F_y = 0$, $S_{BF} = 10 + 15 = 25kN$

$\sum M_F = 0$, $S_{BC} \times 4 = 15 \times 4$ $\therefore S_{BC} = 15kN$

（B）33. 有一簡支梁承受均布載重如圖所示，若梁自重不計，下列何者所得之最大正彎矩值與此梁相同？

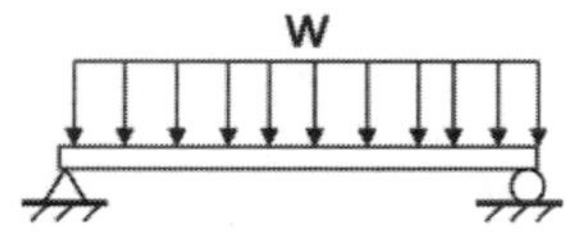

(A)

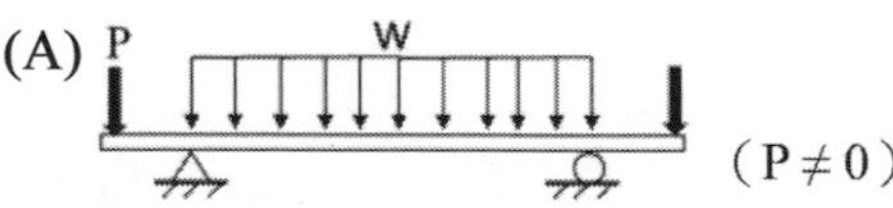

（P ≠ 0）

(B)

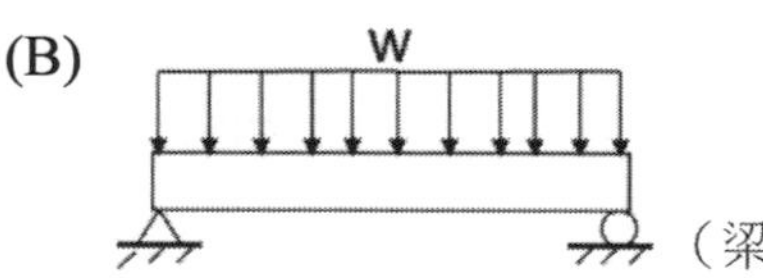

（梁加深）

(C)

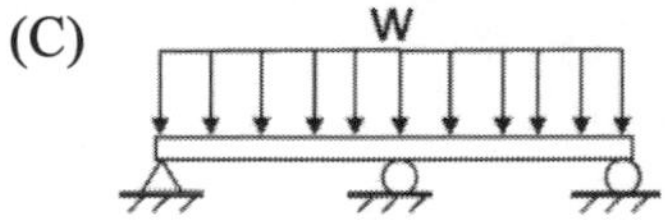

(D)

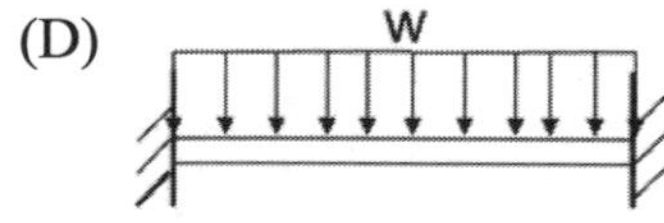

【解析】題目與圖(B)的簡支梁跨度相同，最大彎矩皆為 $M_{max} = \frac{1}{8}wL^2$

增加梁深並不影響其最大彎矩的大小

（D）34. 圖中構架 ABCD 之 A 點固端彎矩為何？

(A) 2 kN-m

(B) 4 kN-m

(C) 6 kN-m

(D) 8 kN-m

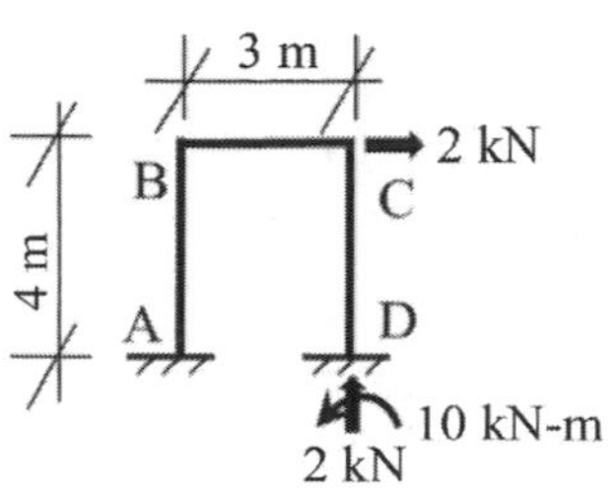

【解析】

$\sum M_A = 0$，$2\times4 + M_A = 2\times3 + 10$

$\therefore M_A = 8kN - m$

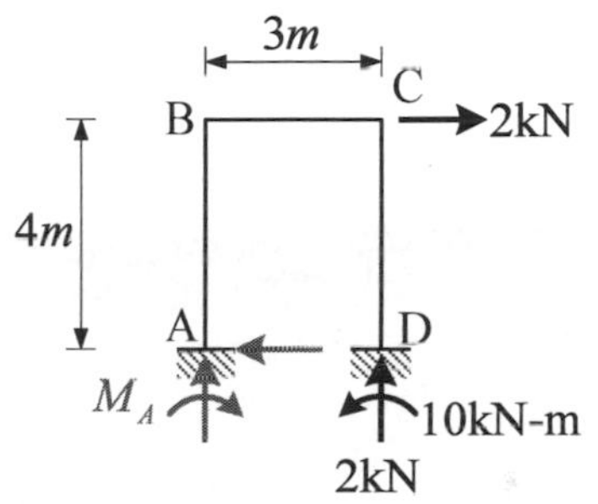

（B）35. 下圖的結構中，關於支承 A、B 點之反力的敘述何者錯誤？

(A) $A_x = 300$ N　(B) $A_y = 100$ N　(C) $B_x = 220$ N　(D) $B_y = 220$ N

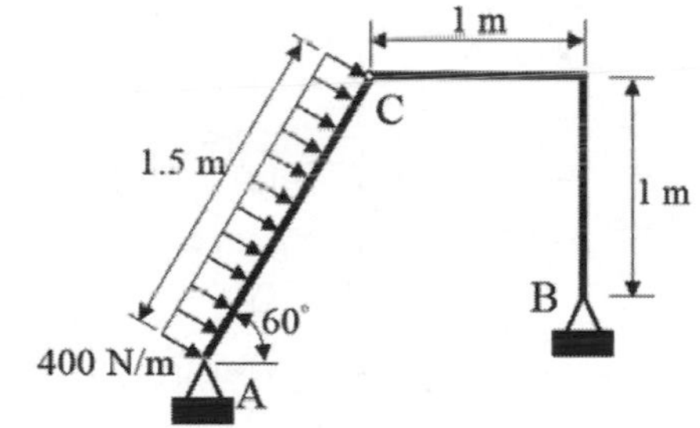

【解析】

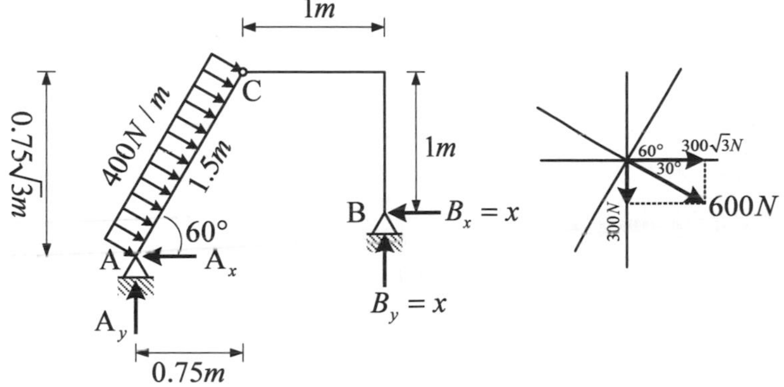

（1）$\sum M_A = 0$，$x\cdot1.75 + x\cdot\left(0.75\sqrt{3}-1\right) = 400\times1.5\times0.75$

$\therefore x = 219.6N \approx 220$N

$\therefore B_x = B_y \approx 220N$

（2）$\sum F_x = 0$，$A_x + \cancel{B_x}^{220} = 300\sqrt{3}$ $\therefore A_x = 299.6N \approx 300N$

（3）$\sum F_y = 0$，$A_y + \cancel{B_y}^{220} = 300$ $\therefore A_y = 80N$

（A）36. 圖示結構 A、C 為鉸端，B 為鉸接，則 A 點處水平反力為何？

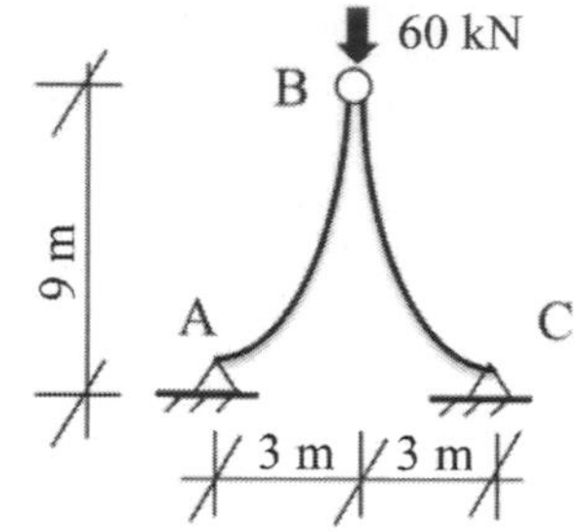

(A) 10 kN　(B) 20 kN
(C) 30 kN　(D) 40 kN

【解析】$\sum F_y = 0$，$A_y + C_y = 60$

$\Rightarrow 6x = 60 \therefore x = 10\ kN$

$\therefore A_x = 10\ kN$

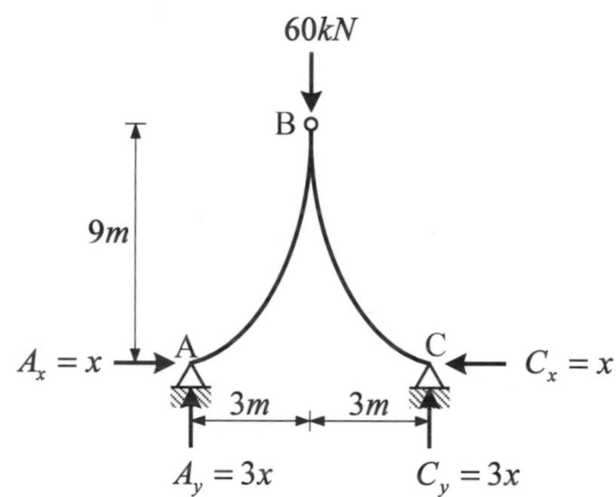

（A）37. 根據鋼筋混凝土「單筋矩形梁」之斷面極限彎矩強度分析，若鋼筋混凝土梁斷面在「平衡應變狀態」之鋼筋量 $A_{sb} = 20.28\ cm^2$ 時，則當拉力鋼筋量 As 為下列何者時，在極限狀態下拉力鋼筋已降伏？

(A) 4 根 D22 鋼筋　(B) 4 根 D29 鋼筋
(C) 5 根 D25 鋼筋　(D) 8 根 D19 鋼筋

【解析】拉力鋼筋量小於A_{sb}時為拉力破壞模式，於極限狀態下拉力鋼筋已降伏，1 支 D22 標稱面積$A_s = 3.871cm^2$、D29$A_s = 6.469cm^2$、D25$A_s = 5.067cm^2$、D19$A_s = 2.865cm^2$，選項(A)之$A_s = 15.484cm^2$，B 之$A_s = 25.876cm^2$，C 之$A_s = 25.335cm^2$，D 之$A_s = 22.92cm^2$，故答案為選項(A)。本題可用刪去法及簡易判斷，鋼筋 D 後面的數字越大之A_s越大，故可刪去選項(B)、(C)，另該數字大略為標稱直徑，如 D22 之直徑約為22mm（2.2cm），可概算得$A_s = 3.801cm^2$，D19 之直徑約為19mm，可估$A_s = 2.835cm^2$，與實際A_s差異不大，亦可判斷出答案為選項(A)。

（C）38. 混凝土構架的耐震撓曲構材縱向鋼筋在梁柱交接面（梁端）及其他可能產生塑鉸位置，其壓力鋼筋量不得小於拉力鋼筋量的多少比例？

(A) 25%　　(B) 33%　　(C) 50%　　(D) 100%

【解析】依混凝土結構設計規範 15.4.4.2，撓曲構材在梁柱交接面及其它可能產生塑鉸位置，其壓力鋼筋量不得小於拉力鋼筋量之半，故答案為(C)。

（C）39. 鋼結構梁柱接頭中強度減弱型接頭（如下圖 A 之圓弧切削式接頭）以及強度增強型接頭（如下圖 B 梁翼內側板補強式接頭）之共同設計目標為何？

(A)為了減少材料損耗或減少現場施工量以降低成本

(B)增加梁柱接頭的強度

(C)確保梁柱接頭有足夠韌性

(D)改善現場的施工性

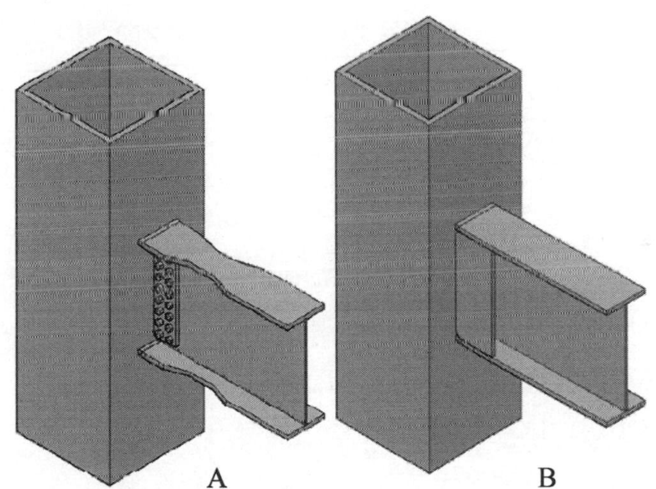

【解析】梁柱交界面處是銲道及螺拴接合等幾何變形最大處，而塑鉸產生處會造成極大的變形量，梁柱交界面恐無法因應極大的應變能力需求，可能導致脆性斷裂，故接合設計利用減弱（如圖 A）或補強（如圖 B）的方式將梁柱接頭之塑性鉸移離柱面，以確保梁柱接頭有足夠韌性，故選(C)。

（C）40. 對於特殊抗彎矩構架系統建築物採用鋼筋混凝土構造或鋼構造，在一般情況下，下列何者在兩種不同構造時具有相同的值？

(A)主體構造工期　　(B)主體構造單位面積造價成本

(C)結構系統韌性容量　　(D)基本振動週期

【解析】依耐震規範，採用特殊抗彎矩構架設計之鋼造與鋼筋混凝土造之韌性容量皆為 4.8，故選(C)。

110年 專門職業及技術人員高等考試試題／建築構造與施工

（C）1. 木材在纖維飽和點以下時，有關其各方向之膨脹率，下列排序何者正確？

(A)纖維方向＞徑向＞弦向　(B)徑向＞纖維方向＞弦向

(C)弦向＞徑向＞纖維方向　(D)徑向＞弦向＞纖維方向

參考講義：構造與施工 ch16 木構造

（B）2. 有關 Low-E 玻璃，下列敘述何者錯誤？

(A) Low-E 是指低輻射（Low Emissivity）的意思，Emissivity 是指物體吸收了熱量之後再將能量輻射出去的能力

(B) 遮蔽係數愈低，代表玻璃建材阻擋外界太陽熱能進入建築物之輻射能量越高

(C) Low-E 複層玻璃是以真空濺射方式將玻璃表面濺鍍多層不同材質的鍍膜

(D) Low-E 複層玻璃鍍膜，其中鍍銀層對紅外線光具有高反射功能，及具有高熱阻隔的功能

【解析】遮蔽係數愈低，代表玻璃建材阻擋外界太陽熱能進入建築物之輻射能量越低。

（A）3. 在臺灣的建築物外牆設計上，下列何者方式可最有效提高隔熱性能？

(A)於外牆增設遮陽板，減少直接日射

(B)於外牆內側增設隔熱材，提高牆體隔熱性能

(C)增設雙層玻璃帷幕牆，降低輻射熱進入

(D)在外牆面增設明度低之表面材，以降低反射率

【解析】於室外側阻斷光線（日照）最佳。

（C）4. 下列何項不是新建建築物在選擇「屋頂防水」的材料及工法的主要考量因素？

(A)有多少人會在屋頂行走　(B)施工時的天氣及素地面的濕度條件

(C)水壓側或背水壓側　(D)屋頂構造種類及素地面的材料

【解析】水壓側或背水壓側，屬「地下防水」。

（C）5. 某建築師欲以六種吸水率不同的陶瓷面磚，選用於某河濱公園設計案的戶外地坪。若以 CNS 9737「陶瓷面磚」對於吸水率的區分規定，下列組合中何者全部屬於 II 類？

①吸水率 14%　②吸水率 5%　③吸水率 18%

④吸水率 12%　⑤吸水率 2%　⑥吸水率 7%

(A)④⑥　(B)①③　(C)②⑥　(D)②⑤

【解析】II 類 10%以下。3%以下屬 1 類，僅 5%、7%屬 2 類。

參考講義：構造與施工 ch26 牆面裝修工程

（B）6. 針對路易士康（Louis Kahn）在印度管理大學的磚拱細部設計（如圖所示）。下列敘述何者最不適當？

(A)磚是形成拱圈的良好材料

(B)既有磚拱，何須 RC 過梁

(C)RC 過梁的加入，免除了磚拱原本需要的加厚牆體

(D)RC 過梁既有承受磚拱外推力的作用，同時成為立面的元素之一

【解析】平拱、弧拱≦開口 1M＜RC 過樑

（D）7. 下列何者不是木構造防火設計？

(A)木構造梁柱構架構材之最小斷面應依防火時效設計，於時效內燃燒之殘餘斷面須符合結構設計承載能力所需之最小斷面尺寸規定

(B)木構材接合部位以金屬扣件接合時，應使用適當之防火被覆材或將金屬扣件設置於規定防火時效之安全斷面內，以確保接合部之強度

(C)以框組壁式組合之木構造，在牆壁、天花板、樓板及屋頂內中空部位等相互交接處，應設置阻擋延燒構造，避免火燄之竄燒蔓延

(D)經由表面碳化處理過之原木構架，因已具有不易燃燒的殘餘斷面，故符合木構造防火性能設計

【解析】需計算碳化率。

（B）8. 關於鋼材的性質敘述，下列何者正確？

(A)鋼材適合作為單獨承受壓力的構材

(B)應用於 SRC 構造的鋼骨柱因為以後會灌在混凝土裡，所以就算柱表面有些輕微生鏽也沒關係

(C)水淬鋼筋是一種高拉力鋼筋，通常應用於使用鋼筋續接器的情況

(D)一般常用的「C 型鋼」是以俗稱為不鏽鋼的熱浸鍍鋅鋼捲片以冷軋方式成型，所以本身具有良好的防鏽能力

（D）9. 目前塗料在建築及室內使用日漸廣泛，關於塗料敘述下列何者錯誤？

(A)依使用機能不同，塗料可分為耐候、耐火、光學、防銹、防霉等種類

(B)塗料的耐候性優劣，主要來自原料中之樹酯種類成分不同而有所差異

(C)溶劑型塗料中易含有揮發性有機物（VOC），使用上有影響健康之疑慮

(D)塗料為液態狀材料，應直接施作於不平整面可增加附著度及耐久性

【解析】依各塗料施工說明、規範等施作。

（A）10. 某鋁窗依據 CNS3092「鋁合金製窗」規定進行如下圖之試驗規劃，試問該鋁窗所進行的試驗為何者？

(A)開啟力試驗　(B)邊料強度試驗　(C)抗風壓性試驗　(D)氣密性試驗

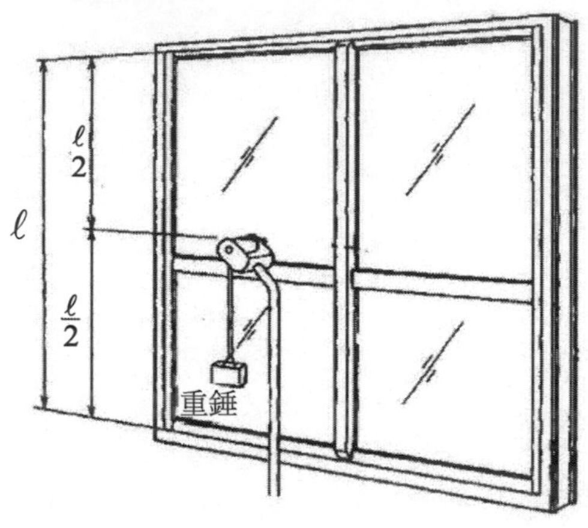

【解析】5 kg 重錘窗扇開動應圓滑。

（C）11. 木材在進行含水率測試時，常用絕乾法進行。絕乾法為將試片置於烘箱中乾燥至恆量之過程。若有一試片乾燥前質量（m1）為 500 g，乾燥後之質量（m0）為 450 g，試問本結構用木材之含水率為何？

(A)9%　(B)10%　(C)11%　(D)12%

【解析】(500 − 450) / 450 = 11%

（A）12. 低輻射鍍膜玻璃或稱 Low-E 玻璃，其放射率（輻射率）ε 值須達到 CNS15833 規定為何？

(A)小於 0.2　(B)小於 0.3　(C)大於 0.2　(D)大於 0.3

（D）13. 關於外牆磁磚的敘述，下列何者正確？

(A)現行 CNS 將磁磚分為 Ia、Ib、II、III 四大類，其分類是根據磁磚原料的成分

(B)低吸水率的外牆磁磚在鋪貼完成後很容易清潔，所以適合採用「抹縫」作為填縫的工法

(C)馬賽克磁磚因為沒有「背溝」，無法改善黏著性不佳的問題，所以非常不適合使用於外牆

(D)俗稱的「二丁掛磁磚」指的是一種特定尺寸的磁磚

（D）14. 下列何者不是混凝土表面（不與模板接觸面）在完成澆置及修飾後可選用之養護方法？

(A)持續灑水、噴霧或滯水

(B)覆以保濕性媒介材料，如吸水性織物或細砂等以保持潮濕

(C)施以不超過 65°C低壓蒸汽

(D)使用透水覆蓋材料

參考講義：構造與施工 ch10 鋼筋混凝土施工-養護工作

（D）15. 依據建築技術規則，建築物應使用綠建材，建築物室內裝修材料、樓地板面材料及窗，其綠建材使用率應達總面積百分之多少以上，但窗未使用綠建材者，得不計入總面積檢討？

(A)30%　(B)45%　(C)50%　(D)60%

（C）16. 關於國內再生綠建材敘述，下列何者正確？

(A)利用回收材料，經再製過程生產符合經濟效益之建材

(B)目前分類為金屬、石質及混合材質之再生建材

(C)可對應綠建築評估中二氧化碳減量及廢棄物減量之要求

(D)可廣泛大量回收材料製成，以達再利用之目的

【解析】(A)廢棄物減量、再利用、再循環

(B)目前分類為木質、石質及混合材質之再生建材

（D）17. MHL 工法的地下連續壁其施工順序為何？

①澆置混凝土　②以挖掘斗挖掘壁溝　③設置導牆與導溝　④吊放鋼筋籠

(A)③②①④　(B)②④③①　(C)②③①④　(D)③②④①

參考講義：構造與施工 ch6 地下連續壁

（A）18. 一棟有地下室並採用直接基礎的建築物，下列何者對於防止土壤液化問題較無助益？

(A)採用筏式基礎　(B)採用連續壁工法

(C)地盤改良　(D)增加基礎深度至非液化層

參考講義：構造與施工 ch3 基礎概論、地質調查及改良、ch5 基礎工程

（C）19. 有關鋼構造的各種柱斷面形狀與構造特性關係之敘述，下列何者錯誤？

(A)當柱斷面為 H 或 I 型鋼，斷面性能受到方向的控制

(B)當柱子採用圓鋼管時，柱與梁的接合須採用全銲接施工

(C)箱型（口字型）柱斷面若以鋼板組成，銲接長度較短，較具經濟性

(D)十字型的柱斷面接合部的施工容易，但斷面加工較複雜

參考講義：構造與施工 ch13 鋼構造

（C）20. 下列關於鋼骨鋼筋混凝土（SRC）構造的敘述，何者錯誤？

(A)矩形斷面之 SRC 構材至少應於斷面四個角落各配置一根主筋

(B)SRC 梁之主筋不得配置於鋼梁翼板之上下方

(C)主筋與鋼骨鋼板面平行時，其淨間距應保持 15mm 以上

(D)如需在鋼梁腹板上開設鋼筋貫穿孔，除應避開銲道之外，應距銲道邊 15mm 以上

【解析】(C)主筋與鋼骨鋼板面平行時，其淨間距應保持 25 mm 以上

參考講義：構造與施工 ch14 SRC 構造

（A）21. 依建築技術規則建築構造編，壁式預鑄鋼筋混凝土造之建築物，其簷高最高不得超過多少公尺？

(A)15 (B)16 (C)18 (D)20

【解析】構造篇第 475-1 條

壁式預鑄鋼筋混凝土造之建築物，其建築高度，不得超過五層樓，簷高不得超過十五公尺。

（C）22. 使用結構用木材來進行木造建築施工時，在木材之選擇上，下列何者錯誤？

(A)結構用木材應採用乾燥木材，其平均含水率在 19%（含）以下

(B)受彎構材中央附近應避免選用有缺點之木材

(C)應盡量使用未成熟比例較高之木材

(D)使用鐵件接合之部位，應避免選用角隅缺損之木料

參考講義：構造與施工 ch16 木構造

（B）23. 下列何者不是中空樓板優點？

(A)增強樓板剛性 (B)降低樓板厚度

(C)降低樓層間噪音傳導 (D)可加大樓板跨度

參考講義：構造與施工 ch10 鋼筋混凝土施工

（B）24. 混凝土裂縫原因甚多，從設計、材料及施工面上，關於裂縫之防範對策何者正確？

(A)增加水泥量補強 (B)考量配置溫度鋼筋補強

(C)混凝土不可使用摻合劑 (D)凝結初期不應澆水影響強度

參考講義：構造與施工 ch10 鋼筋混凝土施工

（B）25.「混凝土鋼承板樓板」是鋼構造常用的組合樓板構造，下列敘述何者錯誤？

(A)若鋼承板只充作混凝土的底模之用，不計入樓板的結構強度，則鋼承板可以不必施加防火被覆

(B)鋼承板樓板灌漿時不必施加樓板下支撐，並且具有大跨距的特性，一般而言可以減少樓板小梁的數量

(C)鋼承板可以用點焊、剪力釘植焊以及火藥擊釘等方式固定在鋼梁上

(D)鋼承板樓板在結構設計上常為單向板，底層鋼筋可以只配單向鋼筋

參考講義：構造與施工 ch13 鋼構造

（#）26. 關於木質構造的特性，下列何者錯誤？**【答 A 或 C 或 AC 者均給分】**

(A)木材無明顯之降伏點，伸縮量亦小，意謂較易發生脆性破壞

(B)構件接合部除利用膠合者外，以其他接合扣件接合者，或多或少均會變形

(C)構件接合部若能採用初期剛性低的作法，可提高木質構造的韌性

(D)具有扣件接合部的木質構造體，其變形量包含木材之變形與接合部之變形

參考講義：構造與施工 ch16 木構造

（D）27. 帷幕牆依使用之主要材料分類，下列何者錯誤？

(A)金屬帷幕牆　　(B)預鑄混凝土帷幕牆

(C)玻璃帷幕牆　　(D)純石材帷幕牆

參考講義：構造與施工 ch20 帷幕牆工程

（C）28. 下列四種運動場地標準作法的大樣圖，何者錯誤？

(A)
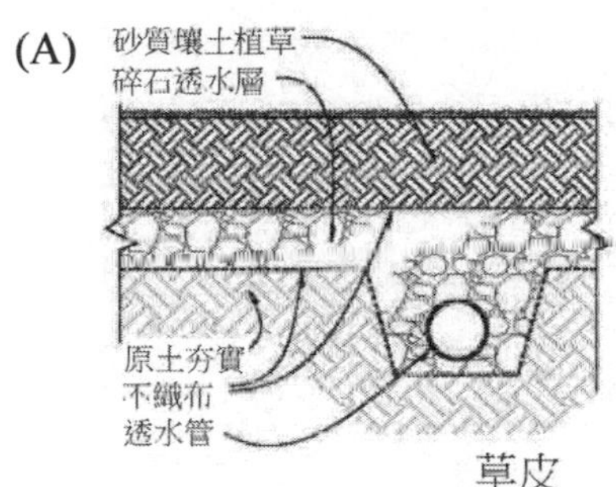

(B)
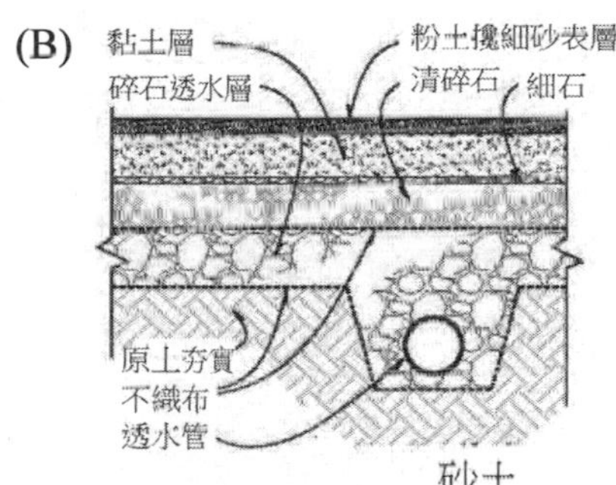

(C)
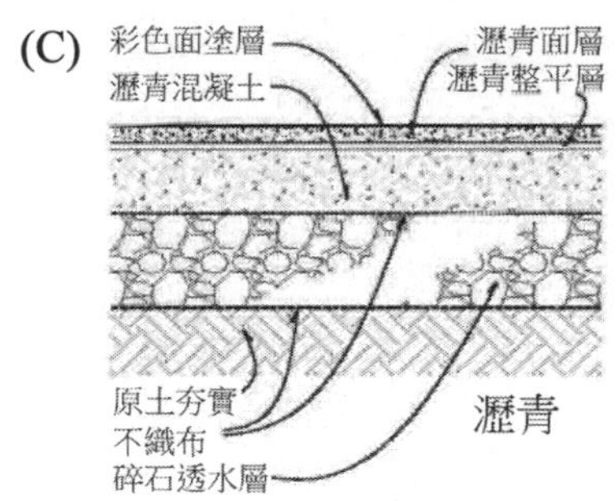

(D)
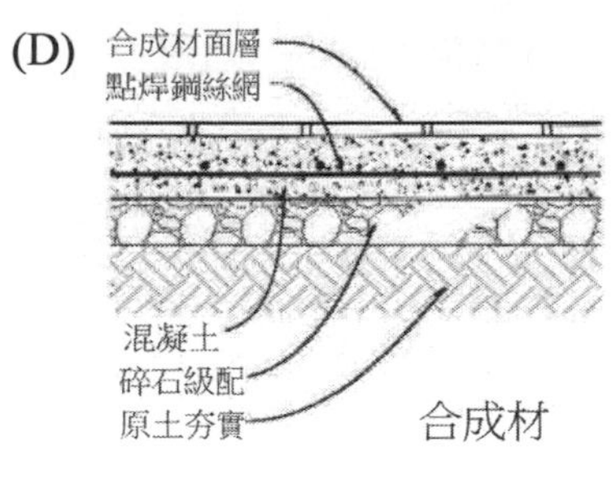

(A)圖 A：草皮　　(B)圖 B：砂土　　(C)圖 C：瀝青　　(D)圖 D：合成材

【解析】

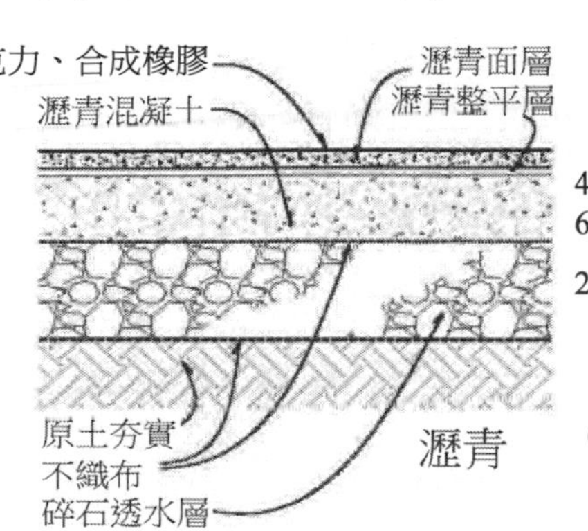

◎面層越薄，基底需越穩固（一定厚度）

（A）29. 下列關於屋頂防水工程的敘述，何者錯誤？

(A)進行瀝青油毛氈防水工程時，為使油毛氈與屋頂面妥善黏著，宜先使屋頂混凝土面保持濕潤

(B)屋頂防水層施作完成後，必須做淹水試驗，確認無滲漏水之虞後，才施作隔熱層

(C)女兒牆底部與屋頂面之轉角處，宜以圓角或三角處理

(D)採用塗膜防水工法時，如採用張貼式補強材料，其疊接長度約保持 5 公分即可

參考講義：構造與施工 ch22 防水工程

（C）30. 下列有關外牆貼面磚鋪貼施工，何者錯誤？

(A)打底之水泥砂漿粉刷前，應先將牆面妥善處理，再將施工面掃淨，充分保持濕潤或塗布吸水調整材

(B)打底之水泥砂漿粉刷前，若混凝土結構體上，已有預留龜裂誘發縫或伸縮縫時，水泥砂漿粉刷層亦應於其相對位置上預留伸縮縫，該伸縮縫應以彈性密封材料填充

(C)於面磚鋪貼二天後，應進行檢查，如有鼓起或鬆脫現象，工程司應即要求拆除重做

(D)經現場拉拔接著強度試驗不合格，工程司應即要求拆除重做

【解析】(C)於面磚鋪貼二週後，應進行檢查，如有鼓起或鬆脫現象，工程司應即要求拆除重做

（A）31. 下列何者不是水電、消防材料之檢測方法？

(A)估驗計價　(B)性能測試　(C)竣工檢驗　(D)廠測

（D）32. 某建築師接受業主委託，執行企業總部大樓地上第十八層的招待所之室內設計，而所選用的各種室內材料如①～⑦所示，

①設置於舞台，提供簡報或發表用之投影布幕

②鋪設於出入口，面積 1.5 平方公尺的門墊地毯

③垂掛於室內，展示企業形象的廣告合板

④放置於展示區的絨布製企業吉祥物，高 1.1 公尺

⑤安裝於窗邊的布製橫葉式百葉窗簾

⑥供來賓使用之真皮沙發與吧台區的布製椅墊高腳椅

⑦鋪設於室內造景區之人工草皮，面積 8 平方公尺

若依據消防法施行細則所訂定之「防焰性能認證實施要點」，下列何者組合均不屬於被規範的室內防焰物品？

(A)①②③　(B)④⑤⑦　(C)①③⑥　(D)②④⑥

【解析】②鋪設於出入口，面積 2 平方公尺以上的門墊地毯

（D）33. 下列何種銲道非破壞性檢測，檢測時間過長時對人體較有危害？

(A)目視　(B)染色探傷檢驗　(C)磁粉探傷檢驗　(D)放射線檢驗

參考講義：構造與施工 ch6 地下連續壁

（B）34. 俗稱「Masago」的油壓長壁挖掘機，是國內開挖連續壁最普遍應用的機具之一。下列敘述何者錯誤？

(A)挖掘機的垂直度是依靠 1.8～2.5 m 深的導溝牆來約束，所以連續壁體通常必須離地界或鄰房 25～30 cm 以上

(B)如果挖掘的垂直度偏差超過規範值，於開挖後打除凸出的壁體即可

(C)大粒徑的卵礫石或安山岩塊可能造成挖掘機抓斗過度損耗，難以挖掘

(D)如果挖掘時發生坍孔，應回填碎石級配再重新開挖

【解析】(B)如果挖掘的垂直度偏差超過規範值，於開挖後打除凸出的壁體即可，置入粘土，使用抓斗擠壓。

參考講義：構造與施工 ch16 木構造

（A）35. 依建築技術規則建築構造編，有關架空吊車所受橫力，下列敘述何者錯誤？

(A)架空吊車行駛方向之剎車力，為剎止各車輪載重百分之十，作用於軌道頂

(B)架空吊車行駛時，每側車道樑承受架空吊車擺動之側力，為吊車車輪重百分之十，作用於車道樑之軌頂

(C)架空吊車斜向牽引工作時，構材受力部分之應予核計

(D)地震力依吊車重量核計，作用於軌頂，不必計吊載重量

（D）36. 有關各種地盤改良工法之敘述，下列何者正確？

(A)砂墊法係將基地內上層較軟弱的土層全部挖除，再填上緊密的砂土層並將其壓實，其適用於砂質地盤且施作深度可超過 20 公尺

(B)生石灰樁工法主要利用生石灰的吸水、蒸發乾燥、膨脹及吸著等反應達成排水效果，適用於砂質地盤但施工深度在 10 公尺以內

(C)紙帶排水工法乃是利用透水性良好的紙帶，利用專用紙滲機（CardBoardMachine）埋入土壤中排水的工法，適用於砂質地盤及有裂縫的岩盤

(D)灌注法係利用各種凝結材料（如水泥、白皂土、瀝青、水玻璃及藥液等）灌入地盤內，使土粒增加強度固結或達成防止漏水的工法

參考講義：構造與施工 ch3 地質調查及改良

（B）37. 下列何種地質狀況於地震時最可能發生液化之現象？

(A)砂性地層地下水位低　(B)砂性地層地下水位高

(C)粘性地層地下水位低　(D)粘性地層地下水位高

參考講義：構造與施工 ch3 地質調查及改良

（A）38. 下列何者為地下室開挖擋土牆設施一般常用最經濟方式？

(A)鋼板樁　(B)靜壓鋼板樁　(C)預壘樁　(D)連續壁

參考講義：構造與施工 ch4 土方工程

（A）39. 以鋼構造柱梁系統為例，何者不是增加水平勁度（抗風或抗震）的有效方式？

(A)增加梁的深度或於梁的中間段銲加勁板

(B)增加柱梁接點的剛度

(C)配置對角斜撐

(D)配置抗風柱

【解析】(A)增加梁的深度或於梁的中間段銲加勁板（挫屈）

（D）40. 一般集合住宅採用預鑄混凝土工法時，其施工順序何者較為合理？（以其中一層標準層的作法為例）

①梁柱接頭封模　②梁與版構件吊裝　③柱接頭無收縮水泥灌注

④澆置混凝土　⑤柱構件吊裝

(A)⑤②①④③　(B)⑤①②④③　(C)⑤①②③④　(D)⑤③②①④

參考講義：構造與施工 ch18 預力與預鑄

（D）41. 下列何者不是 CNS3299-12「陶瓷面磚試驗法-第 12 部：防滑性試驗法」進行各種面磚樣品的防滑性能測試規定？

(A) 試驗及測試原理係為測定滑片在面磚表面上，滑動時之防滑係數，以評定面磚的防滑性能

(B) 可同時模擬步行者穿鞋與赤腳時的面磚防滑係數

(C) 屬於在試驗室進行的測試，其室溫條件設定在 23±5℃

(D) 係利用 BPN 擺錘式防滑試驗機以進行測試，面磚試體的尺寸不受限制

【解析】接觸路徑

	路徑長(mm)
平坦表面	125 ±1.6
拋光	76~78

（#）42. 建築物施工場所除利用電梯孔、管道間清運垃圾外，應設置夾板或金屬板之垃圾清除滑落孔道，並應防止垃圾自上落下時四處飛散。滑落孔道至少為：**【一律給分】**

(A)50 公分見方以上　(B)60 公分見方以上

(C)70 公分見方以上　(D)80 公分見方以上

【解析】依各縣市標準

（C）43. 關於地基調查的相關內容，下列何者錯誤？

(A)就工作需要而言，如以探查承載層或岩盤深度為目的之調查，可採用衝鑽法，以節省工期及經費

(B)就地盤條件而言，對臺灣山區之軟岩及硬岩，可選擇岩石鑽心取樣方法來進行調查

(C)淺基礎基腳之調查深度應達基腳底面以下至少二倍基腳寬度之深度，或達可確認之承載層深度

(D)關於地基調查密度，原則上，基地面積每 600 平方公尺或建築物基礎所涵蓋面積每 300 平方公尺者，應設一處調查點，且每一基地至少二處

【解析】(C) 淺基礎基腳之調查深度應達基腳底面以下至少**四倍**基腳寬度之深度，或達可確認之承載層深度

參考講義：構造與施工 ch3 基礎概論、地質調查及改良

（D）44. 鋁門窗的性能，以 CNS 11526 門窗抗風壓性試驗法進行試驗。其抗風壓性能，允許門窗變形範圍內所能承受的荷載能力，分為五個等級。下列何者不是等級範圍？

(A)240 kgf/m^2　(B)280 kgf/m^2　(C)360 kgf/m^2　(D)480 kgf/m^2

【解析】160、200、240、280、360 kgf/m^2

（B）45. 木構造之防火設計原則，下列敘述何者最不適當？

(A)構材之防火設計應依防火時效設計，時效內之殘餘斷面須符合結構設計承載能力所需之最小斷面需求

(B)在壁體及樓板兩側覆蓋 9 mm 之耐燃一級石膏板，與壁內填充厚度 50 mm 以上密度 30 kg/m^3 以上之岩棉所構成的壁體，防火時效認定為 1 小時

(C)防火被覆板材之接縫處理，應於規定防火時效內能維持板材間接縫密合狀態外，並於接縫內側須設置能阻擋延燒之材料

(D)牆壁、天花板、樓板及屋頂內中空部位等相互交接處，應設置阻擋延燒構造

【解析】除建築技術規則明定之構造形式具防火時效性能外，應取得「新材料、新技術及新工法驗證」之認可。

（#）46. 下列何者不是「高性能節能玻璃綠建材」規範範圍？**【答 B 或 C 或 BC 者均給分】**

(A)遮蔽係數 Sc 值≦0.35　(B)可見光反射率≦0.25

(C)熱傳導係數 U 值≦0.25　(D)可見光穿透率≧0.5

（D）47. 下列何者係屬於變質岩之天然裝修石材？

(A)花崗岩　(B)安山岩　(C)砂岩　(D)大理石

參考講義：構造與施工 ch17 圬工構造

（A）48. 營造工地偶遇拆除結構物遇到既有的油氣管，考量安全防護與災害擴大，其施工的順序以下列何者為優先作業？

(A)停止供氣與抽排氣體並封閉管線　(B)逕為拆解

(C)放火澈底燃燒之　(D)開放居民抽管來環保回收

（D）49. 下列鋼構造柱梁接合圖中，何者屬於剛接之接合方式？

(A)
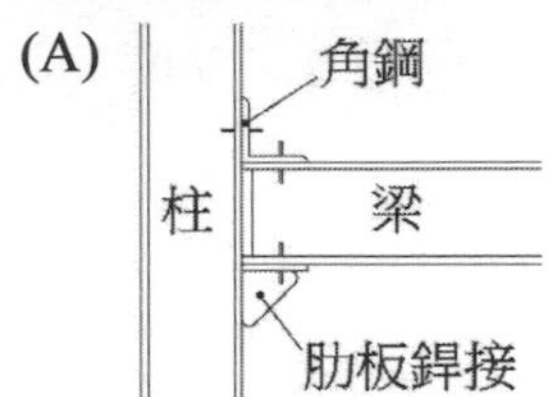

(B)
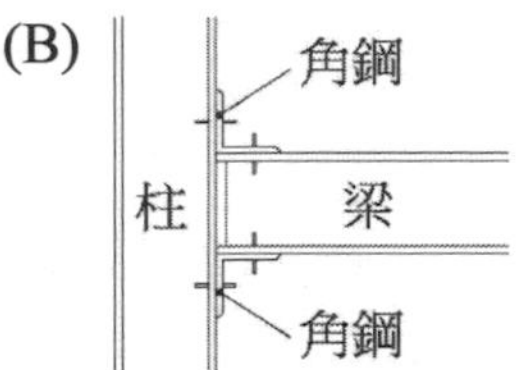

(C)
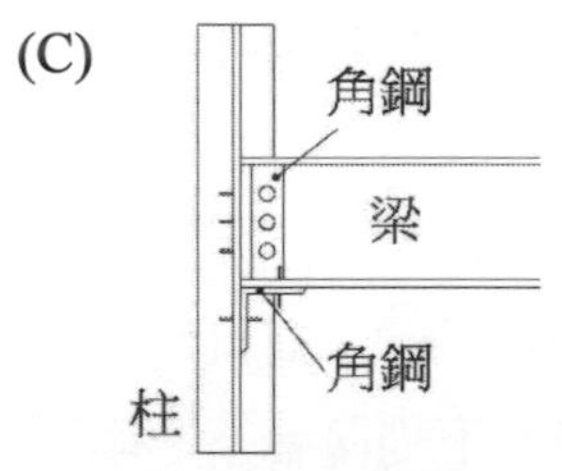

(D)
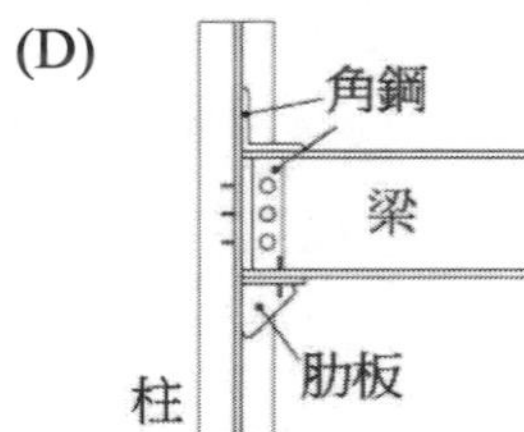

【解析】(A)(B)(C)屬半鋼接

(D)
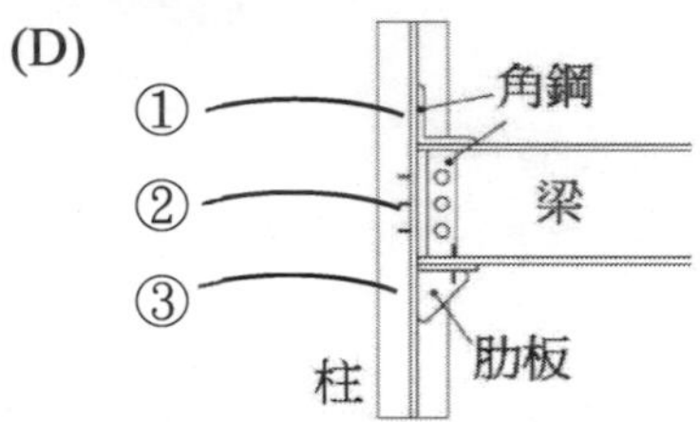

3點做接合

參考講義：構造與施工 ch13 鋼構造

（C）50. 鋼構件有防火需求時，常用的防火工法或材料不包含下列那種？

(A)外覆矽酸鈣板等包板　(B)含水泥的噴附式被覆

(C)包覆玻璃纖維並以樹脂黏著　(D)塗覆防火漆

參考講義：構造與施工 ch23 防火工程

（B）51. 關於金屬鋁包板及玻璃欄杆施作順序，下列何者正確？

(A)⑤→④→③→②→①　(B)②→①→⑤→④→③

(C)⑤→④→②→①→③　(D)②→①→③→⑤→④

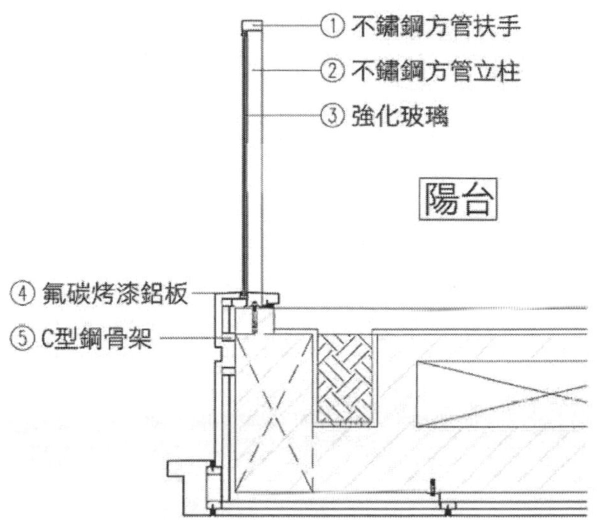

（C）52. 下圖為某國小校園之透水鋪面詳圖，地坪材料為連鎖磚，其透水性能主要由磚與磚的乾砌間隙達成，而下方的基層則由透水性良好的砂石級配構成。若依據綠建築評估手冊（2019 年版）規定，該鋪面要達到「基地保水」指標，其基層本身可依孔隙率 0.05 與體積計算其保水量，但基層厚度以多少公分為上限？

(A)15 公分　(B)20 公分　(C)25 公分　(D)30 公分

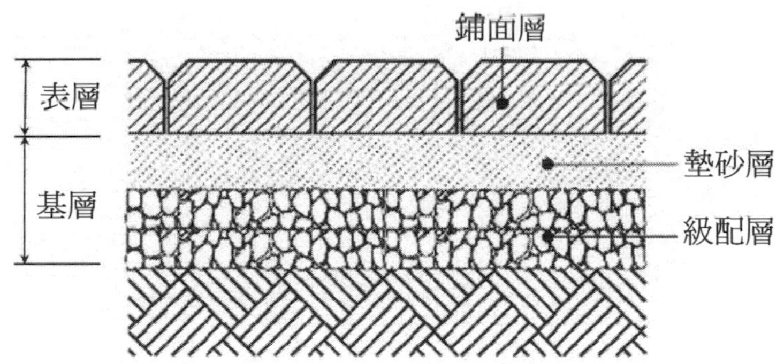

（B）53. 框組壁式工法（亦稱為 2 × 4 工法）為常見於北美的一種木構造工法，其特徵為各木構件均以規格化之斷面尺寸進行施工及設計，試問臺灣此工法常見之構件尺寸為何？

(A)5 cm × 10 cm　(B)3.8 cm × 8.9 cm

(C)10.5 cm × 10.5 cm　(D)12 cm × 12 cm

【解析】2 × 4 工法構件尺寸約 4 × 9cm

參考講義：構造與施工 ch16 木構造

（C）54. 下列何者屬於典型的框組壁式工法？

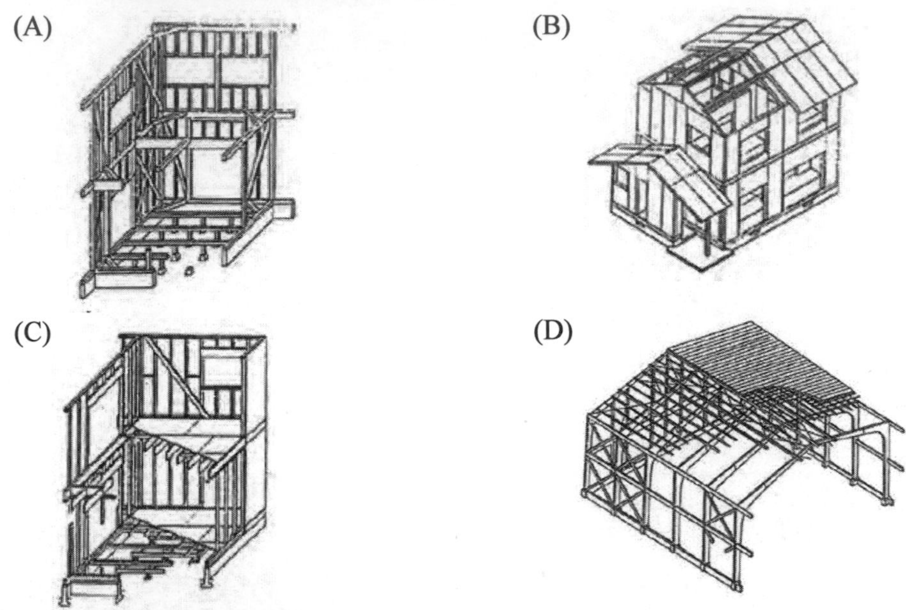

【解析】依木構造建築物設計及施工技術規範圖例

參考講義：構造與施工 ch16 木構造

（B）55. 關於無障礙昇降機入口處引導標誌相關尺寸（公分）規定，何者正確？

(A)A：180～190　　(B)B：135　　(C)C：75～85　　(D)D：50

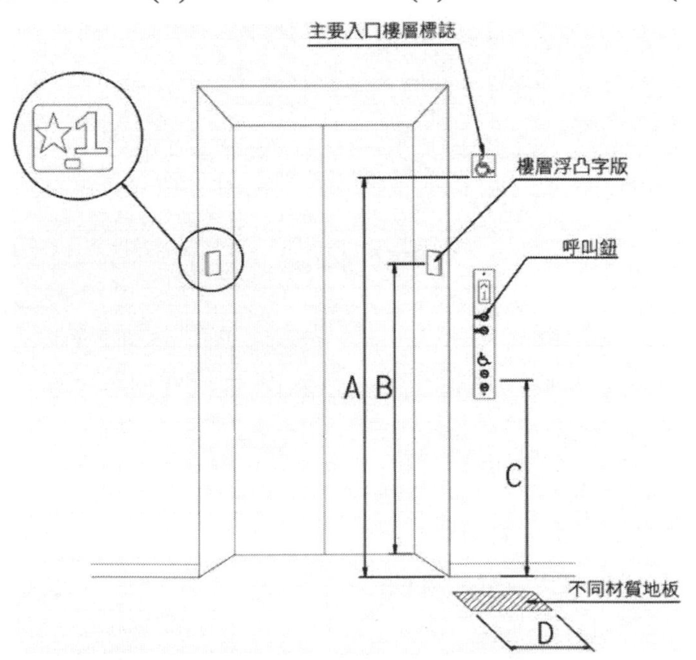

【解析】依無障礙設施設計規範（109 年修訂勘誤版）。

(A)A：190～220、(C)C：85～90、(D)D：60

（B）56. 除獨棟或連棟建築物另有規定外，依據建築物無障礙設施設計規範，下列有關室外通路之規定何者錯誤？

(A)地面坡度不得大於 1/15

(B)通路淨寬不得小於 120 公分

(C)若有突出物時，應維持 200 公分之淨高

(D)如需設置水溝格柵時，其格柵之開口不得大於 1.3 公分

【解析】203.2.3 淨寬：通路淨寬不得小於 130 公分；但 202.4 獨棟或連棟之建築物其通路淨寬不得小於 90 公分。

（B）57. 有關木製材料之敘述，下列何者正確？

(A)合板是以偶數層之薄木板黏著加壓製成

(B)合板因木材紋理交錯，故可做任何方向的裁切

(C)塑合板因由木屑熱壓而成，故吸水率比一般木製合板高

(D)木材常用壓接及指接方式接合

【解析】(A)合板是以 **3 層以上**之薄木板黏著加壓製成（夾板、單板層積材）。

(C)含水後易變形膨脹、非指吸水率。

(D)木材常用**樹脂膠合**方式接合。

（A）58. 有關 SRC 施工之敘述，下列何者正確？

(A)矩形斷面之 SRC 構材至少應於斷面四個角落各配置一根主筋

(B)頂層柱之柱主筋頂端僅可以標準彎鉤錨定之

(C)SRC 柱中之主筋間距不得大於 300 mm，若主筋間距大於 300 mm 時，則須加配 D10 以上之軸向補助筋，且補助筋亦須錨定

(D)主筋與鋼骨鋼板面平行時，須考量混凝土之填充性與鋼筋之握裹性等，其淨間距應保持 30mm 以上，且不得小於粗骨材最大粒徑之 1.30 倍，若間距太小則無法發揮鋼筋之握裹力

【解析】(B)頂層柱之柱主筋頂端僅可以**非機械式**或**機械式錨頭（T 頭）**定之。

(C)**不一定須**錨定。

(D)主筋與鋼骨鋼板面平行時，須考量混凝土之填充性與鋼筋之握裹性等，其淨間距應保持 **25 mm** 以上，且不得小於粗骨材最大粒徑之 1.30 倍，若間距太小則無法發揮鋼筋之握裹力

（D）59. 下列針對鋼結構「全滲透開槽銲」與「填角銲」之比較，何者錯誤？

(A)全滲透開槽銲成本較高　(B)全滲透開槽銲技藝等級較高

(C)填角銲焊材用量較多　(D)填角銲安全性較高

【解析】(D)應力集中、疲勞裂縫，填角或部份開槽一樣

參考講義：構造與施工 ch5 基礎工程

（A）60. 依建築技術規則建築構造編，基樁以整支應用為原則，樁必須接合施工時，其接頭應不得在基礎版面下多少公尺以內，樁接頭不得發生脫節或彎曲之現象？

(A)3　(B)4　(C)5　(D)6

參考講義：構造與施工 ch12 鋼構造概論

（A）61. 依「結構混凝土施工規範」，下列對於鋼筋的敘述何者正確？

(A)大於 D36 之鋼筋，除另按混凝土結構設計規範規定者外，不得搭接

(B)鋼筋彎曲的最小內（直）徑須為 5 倍的鋼筋直徑

(C)高溫可能影響鋼筋材質，因此彎曲和鋼筋裁切均須在常溫下進行

(D)鋼筋排置的許可差，依規範全部可以在一定的正負值內

【解析】(B) 鋼筋彎曲的最小內（直）徑須為 **$4d_b$** 的鋼筋直徑

(C) 高溫可能影響鋼筋材質，因此彎曲和鋼筋裁切，**經工程司許可，加熱彎曲 D28 以上預熱。**

(D) 應交錯

（C）62. 依「結構混凝土施工規範」，下列關於混凝土品質管制的敘述，何者正確？

(A)混凝土產製單位必須提供 30 組以上的試體送測強度並求取標準差 s

(B)為確保結構安全，混凝土的配比目標強度（f'cr）須不小於規定的抗壓強度（f'c）加 1 個標準差 s

(C)粗粒料的標稱最大粒徑受模板間的寬度、混凝土版厚度及鋼筋間距等因素控制

(D)為了確保強度、體積穩定及耐久性，在適合的施工條件下拌和水應越多越好

參考講義：構造與施工 ch8 鋼筋

（C）63. 關於冷軋型鋼構造的敘述，下列何者錯誤？

(A)冷軋型鋼結構上的螺栓接合，除可採用普通螺栓外也可以使用高強度鋼螺栓

(B) 修補元件與構材之連接物至少為＃8 以上（含）之螺絲，其螺絲間距不得超過 30 mm

(C) 框組架與屋架應平放堆置，以避免發生扭曲與彎曲之損害

(D)斷面肢材間轉角處之內彎半徑須大於板厚，一般取鋼材厚度的 2～2.5 倍

【解析】(C) 框組架與屋架應平放堆置，枕木墊高、注意平衡、高度。（冷軋型鋼構造建築物結構設計規範）

參考講義：構造與施工 ch15 冷軋型鋼

（B）64. 依據公共工程施工綱要規範第 9310 章「鋪貼壁磚」之規定，下列敘述何者正確？

(A)無論用何種接著劑作為面磚貼著之材料，業主可要求面磚貼著後隔日進行取樣以實施拉拔試驗

(B)於施作水泥砂漿打底層或塗布水泥基材面磚接著劑前，為避免水分急遽被施工面過度吸取，造成水化作用不完全接著力不足現象，可考慮事先塗布吸水調整材

(C)打底之水泥砂漿粉刷前，若混凝土結構體上，已有預留龜裂誘發縫或伸縮縫時，水泥砂漿粉刷層亦應於其相對位置上預留伸縮縫，該伸縮縫應以空縫方式處理，不得用彈性密封材料填充

(D)施工於外牆打底之水泥砂漿，抹、勾縫材料等若不使用防水劑時，可採用 1：3 防水砂漿打底來代替

參考講義：構造與施工 ch26 牆面裝修工程

（D）65. 依據建築物基礎構造設計規範，基地開挖若採用邊坡式開挖，其基地狀況通常必須具有之各項條件，下列何者最不適宜？

(A)基地為一般平地地形　　(B)基地周圍地質狀況不具有地質弱帶

(C)基地地質不屬於疏鬆或軟弱地層　　(D)高地下水位且透水性良好之砂質地層

【解析】(D) 易造成邊坡洗掘破壞。

參考講義：構造與施工 ch4 土方工程

（B）66. 依建築技術規則建築構造編，辦公室或類似應用之建築物，如採用活動隔牆，應按每平方公尺多少公斤均佈活載重設計之？

(A)50　(B)100　(C)150　(D)200

參考講義：構造與施工 ch21 屋頂工程

（A）67. 以 16 層樓以上的集合住宅為例，完工後始進行室內裝修時，下列敘述何者正確？

(A)消防管線如噴水口與感應器等應拉至新作的天花板以下

(B)廚房的門可依室內設計的需求置換材質

(C)所有建材皆需符合逸散率和防火時效的要求

(D)所有木質板材皆需經防腐處理

【解析】16 樓以上為高層建築，依技規專章檢討。

(B)應具防火時效 1hr。

（#）68. 有關環氧樹脂砂漿地坪 Expoxy 之施工方式，下列何者錯誤？【答 B 或 D 或 BD 者均給分】

(A)施工前應檢查施工面至可施工狀況後，如表面仍有碎塊、油漬、瀝青、膠類等物質，必須使用電動磨石機及輪機磨除突出處及水泥鏝刀接痕，並使太過光滑細緻之區域打磨成粗糙表面

(B) 地坪混凝土面若有小裂縫及凹洞部分須用水泥補平，並經研磨平整方可施作環氧樹脂砂漿

(C) 環氧樹脂砂漿一般型（流展砂漿型）共分為底圖層、砂漿層及面塗層三層，其中砂漿層至少須為 2 mm 以上，三層完成後之總厚度至少須為 3 mm 以上

(D)環氧樹脂砂漿厚塗型（乾式砂漿型）共分為底圖層、接著層、砂漿層、密封層及面塗層五層，其中砂漿層至少須為 4 mm 以上，三層完成後之總厚度至少須為 5 mm 以上

（C）69. 一棟 7 樓 RC 公寓欲進行外柱鋼板補強，下列何種補強策略兼顧安全與經濟效益？

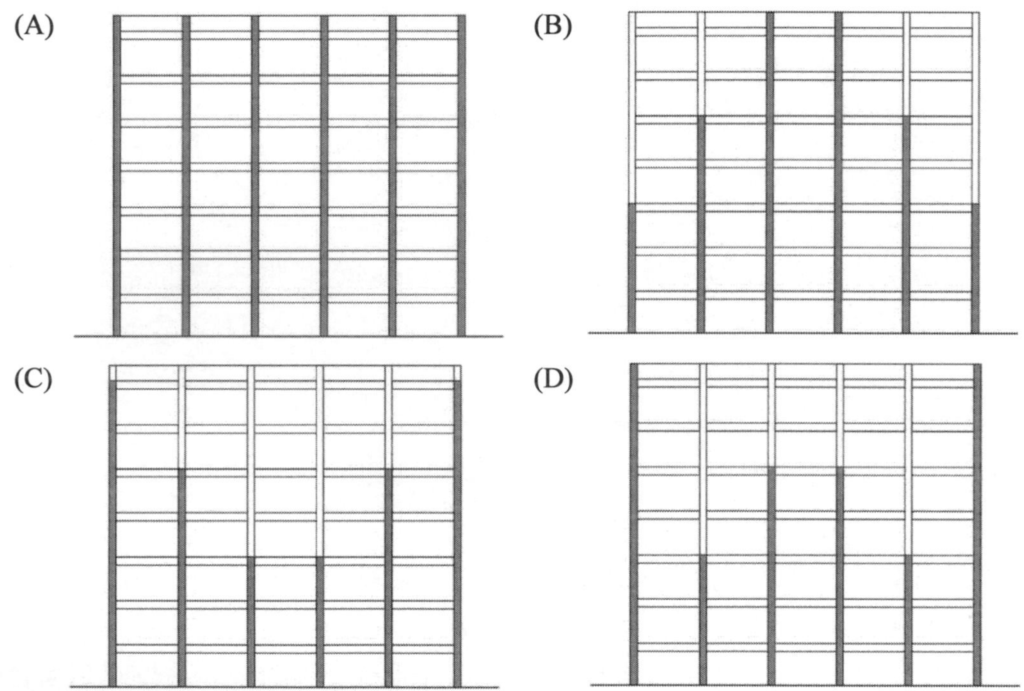

【解析】柱鋼板補強為增加韌性、減少建物外側變形量。

參考講義：構造與施工 ch11 鋼筋混凝土破壞

（C）70. 為降低交通道路建設時對自然環境及生物棲息地造成衝擊，採用下列四項規劃原則的優先順序應為何？

(A)迴避→最適化→最小化→補償　　(B)最小化→最適化→迴避→補償

(C)迴避→最小化→補償→最適化　　(D)最小化→補償→最適化→迴避

（B）71. 下列那項構造不符合建築技術規則中二小時以上之防火時效要求？

(A)厚度在 10 公分以上之鋼筋混凝土造牆壁

(B)厚度在 7 公分以上之鋼骨鋼筋混凝土造牆壁

(C)短邊寬度達 30 公分之鋼筋混凝土柱

(D)高溫高壓蒸氣保養製造，且厚度達 10 公分之輕質泡沫混凝土板

【解析】建築技術規則建築設計施工編 第 72 條

具有二小時以上防火時效之牆壁、樑、柱、樓地板，應依左列規定：

一、牆壁：

（一）鋼筋混凝土造或鋼骨鋼筋混凝土造厚度在十公分以上，且鋼骨混凝土造之混凝土保護層厚度在三公分以上者。

（二）鋼骨造而雙面覆以鐵絲網水泥粉刷，其單面厚度在四公分以上，或雙面覆以磚、石或空心磚，其單面厚度在五公分以上者。但用以保護鋼骨構造之鐵絲網水泥砂漿保護層應將非不燃材料部分之厚度扣除。

（三）木絲水泥板二面各粉以厚度一公分以上之水泥砂漿，板壁總厚度在八公分以上者。

（四）以高溫高壓蒸氣保養製造之輕質泡沫混凝土板，其厚度在七‧五公分以上者。

（五）中空鋼筋混凝土版，中間填以泡沫混凝土等其總厚度在十二公分以上，且單邊之版厚在五公分以上者。

（六）其他經中央主管建築機關認可具有同等以上之防火性能。

二、柱：短邊寬二十五公分以上，並符合左列規定者：

（一）鋼筋混凝土造鋼骨鋼筋混凝土造。

（二）鋼骨混凝土造之混凝土保護層厚度在五公分以上者。

（三）經中央主管建築機關認可具有同等以上之防火性能者。

三、樑：

（一）鋼筋混凝土造或鋼骨鋼筋混凝土造。

（二）鋼骨混凝土造之混凝土保護層厚度在五公分以上者。

（三）鋼骨造覆以鐵絲網水泥粉刷其厚度在六公分以上（使用輕骨材時為五公分）以上，或覆以磚、石或空心磚，其厚度在七公分以上者（水泥空心磚使用輕質骨材得時為六公分）。

（四）其他經中央主管建築機關認可具有同等以上之防火性能者。

四、樓地板：

（一）鋼筋混凝土造或鋼骨鋼筋混凝土造厚度在 | 公分以上者。

（二）鋼骨造而雙面覆以鐵絲網水泥粉刷或混凝土，其單面厚度在五公分以上者。但用以保護鋼鐵之鐵絲網水泥砂漿保護層應將非不燃材料部分扣除。

（三）其他經中央主管建築機關認可具有同等以上之防火性能者。

（B）72. 下列何者不是綠化屋頂之主要效益？

(A)隔熱節能　(B)減少屋頂違建

(C)增加休憩空間，創造屋頂農園　(D)降低都市熱島效應

參考講義：構造與施工 ch21 屋頂工程

（B）73. 依據我國「住宅性能評估制度」之規定，何者不屬於新建集合住宅「住宅維護性能」評估基準 A 級至 C 級的規定檢討項目？

(A)污水排水管的設置位置與管子是否埋設在結構體內

(B)管道間檢修口的門之材質

(C)水系統與電系統的管道間是否各自獨立

(D)電氣幹管在管道間內的排列方式與管道間的檢修口尺寸

（B）74. 根據懸吊式輕鋼架天花板耐震施工指南之燈具安裝，下列敘述何者錯誤？

(A)重量超過 25 公斤的燈具應以經核可的懸吊鉤具直接連接上方的結構體作支撐

(B)得以硬式電線管固定燈具

(C)自懸式燈具吊件應使用直徑 3.8 公釐（#9）的懸吊線直接固定至上方結構體作支撐

(D)使用重型懸吊式輕鋼架天花板等級系統，且為 120 公分以下模矩者，不須懸吊措施（燈具每個角落 75 公釐內加#12 懸吊線）

【解析】(B)不得用以固定燈具。

（C）75. 有關地基調查報告，採地下探勘方法，下列敘述何者錯誤？

(A) 五層以上建築物之地基調查，應進行地下探勘

(B) 供公眾使用建築物之地基調查，應進行地下探勘

(C) 四層以下非供公眾使用建築物之基地，且基礎開挖深度為 6 公尺以內者，得引用鄰地既有可靠之地下探勘資料設計基礎

(D) 建築面積 600 平方公尺以上者，應進行地下探勘

【解析】(C) 四層以下非供公眾使用建築物之基地，且基礎開挖深度為 5 公尺以內及無地質災害潛勢者。

（A）76. 下列何者為價值工程（VE）最佳使用效益？

(A)成本降低，品質提高　　(B)品質不變，成本降低

(C)成本不變，品質提高　　(D)品質提高，成本提高

參考講義：構造與施工 ch29 營建計劃管理

（B）77. 依我國現況，下列對於木質材料或構造的敘述，何者錯誤？

(A)有 FSC（Forest Stewardship Council）認證的結構材屬於環境友善的材料

(B)國產結構材的成本通常比進口結構材低

(C)國產結構材的應用有助於推動相關供應鏈

(D)部分建築類型可以不受木建築樓層高或簷高的限制

（C）78. 下列何者為計畫評核術（P.E.R.T.）與要徑分析（C.P.M.）之共同點？

①尋求要徑觀念　②尋求最佳工期　③合理資源分配

④顯示各作業相互關係　⑤調整成本費用

(A)①②④　(B)②④⑤　(C)①③④　(D)③④⑤

參考講義：構造與施工 ch29 營建計劃管理

（C）79. 配比設計時，決定最經濟用漿量的方法，通常為下列何者？

(A)經驗規則　(B)試誤法　(C)篩分析　(D)骨材比重試驗

【解析】保持混凝土品質、工作性、增加管材用量之分析

參考講義：構造與施工 ch7 鋼筋混凝土

（C）80. 預鑄工法相較於一般現場澆灌工法的最大優勢為何？

(A)製造與營建的成本較低，造成的環境污染也較低

(B)應用範圍更為廣泛

(C)預鑄構件本身的品質較為可靠

(D)對生產商而言進入門檻較低

【解析】(C)工廠生產，製程中管理良好者，構件品質穩定

參考講義：構造與施工 ch18 預力與預鑄

110年 專門職業及技術人員高等考試試題／建築環境控制

甲、申論題部分：(40 分)

一、某音樂廳的觀眾席空間尺寸為長 80 m，寬 50 m，高 9 m 的大空間，約可容納 1800 人。（20 分）

（一）提出一種空調出回風方式，可確保觀眾席區域之熱舒適，且符合節能之需求。

（二）說明該空調方式之注意事項為何？

參考題解

（一）音樂廳之空調經由空調機處理後由風管送風至觀眾席，可由觀眾席下方分區設置混合箱，再由座席下方緩速出風，利用熱空氣上浮原理，回到觀眾席上方回風。除使用節能主機設備等方式外，由於出風由座席下方送出，冷房區域較為接近人員實際所處位置，冷房效果相較於傳統由空間上方出風者為佳，上方出風需處理全空間熱焓，為達較低區域人員舒適度，因此較為耗能。

（二）應注意事項

1. 噪音：風管，混合箱等空調設備內外應包覆吸音材料，避免噪音由管線傳遞入音樂廳。
2. 風速：應適當控制出風之溫、濕度及風速，避免造成冷擊、死域及額外產生噪音問題。
3. 健康：音樂廳為大型密閉空間，空調出風之空氣品質應格外注意，可藉由空氣品質監控設備，配合新鮮外氣引進，改善空氣品質，並注意設備保養維護及清潔，避免呼吸道類型病毒原孳生。
4. 節能：應採用節能設備，並於上述「新鮮外氣引進」採用全熱交換器以預冷／熱外氣。另回風後之空調如不再循環，亦可考慮導入其他較為次要空間，如地下停車、儲藏空間等，以節約耗能、降低設備主機容量。

二、請回答以下關於住宅給水設備的問題：（20 分）

（一）水的密度是 1000 kg/m^3，請問若有 10 m 高的水柱，底端所受的壓力是多少 kg/cm^2？

（二）若有一採用重力給水之住宅，水塔設置於屋頂突出物上，水塔的水需供給住宅最上層樓的蓮蓬頭出水，而蓮蓬頭所需的最低水壓為 0.7 kg/cm^2。若不考慮管路磨擦壓力損失及安全係數，亦不採用加壓馬達，請問水塔出水處與該蓮蓬頭之間需要的高度至少為多少公尺？

（三）上述住宅為地上 20 層樓、地下 4 層樓，每層樓高均為 4 m，若採用中間水槽供水方式，且所有樓層均需要供水，給水之水壓上限為 3.5 kg/cm^2。請繪製簡易的給水系統圖，包含蓄水槽、揚水設備、高架水槽、中間水槽與給水區劃等。

參考題解

（一）水密度 1000kg/m^3 = 0.001kg/cm^3

0.001 kg/cm^3 × 高度 1000cm (10M) = 1 kg/cm^2

（二）由前項算式得知每 10 公尺水壓增加 1 kg/cm^2，

如需 0.7 kg/cm^2 之水壓，則水塔出水處應高於蓮蓬頭高度為 = [0.7 (kg/cm^2) / 1 (kg/cm^2)] × 10 M = 7M

（三）1. 令給水壓力 0.5~3.5 kg/cm^2，則出水端應高於設備出水口 5~35 M 間。

2. 地上 20F × 4M = 80 M、地下 4F × 4M = 16 M。總高度 96 M。

3. 給水區劃：35M 為一區劃，35 / 4 = 8.75，取 8 層為一區劃，24F / 8F = 3 個區劃，8 × 4M = 32 M < 35 M（OK）。

4. 中繼水箱給水應大於 0.5 kg/cm^2，樓高 4M，假設各層給水設備最高 1.5 M，故向下一個樓層後開始供水，留設高度為 4 M + (4 − 1.5) M = 6.5 M，給水壓力 0.65 kg/cm^2 > 0.5 kg/cm^2（OK）。

乙、測驗題部分：(60 分)

（D）1. 有關熱輻射理論中，輻射波入射於物體時，R＋A＋D＝1，下列何種狀況稱之為「完全黑體」？（R＝全反射率；A＝全吸收率；D＝全透射率）

(A) D＋A＝0.5、R＝0.5　　(B) R＋A＝0.5、D＝0.5

(C) D＝A＝0、R＝1　　(D) R＝D＝0、A＝1

【解析】

黑體為能夠將能夠吸收外來的電磁輻射，而且沒有任何反射與透射。故全吸收率 A=1，其反射與透射皆為 0，簡稱絕對黑體。

但黑體未必是黑色的，即使不反射任何的電磁波，它也可以放出電磁波，而這些電磁波的波長和能量則全取決於黑體的溫度，不因其他因素而改變。

（D）2. 關於 decipol 與 olf 的敘述，下列何者錯誤？

(A)decipol 是用於評估知覺空氣品質的指標

(B)1decipol 為室內有 1 標準成人且換氣量為 10L/s 時的污染濃度

(C)1olf 是一個標準成人在靜坐下，單位時間所產生污染物質的量

(D)人體產生的體臭不可用 olf 值表示

【解析】

Decipol 是一個測量空氣質量的單位，由丹麥教授 P. Ole Fanger 介紹。1 decipol 單位為人體在一個空間中所感知到 10 L/S 的通風速度，這是為了量化室內汙染物質如何影響人類的空氣質量。

olf 是用來衡量污染源強度的單位，亦由丹麥教授 P. Ole Fanger 介紹。1 olf 是標准人的感官污染強度，定義為在辦公室或類似的非工業工作場所工作、久坐並處於熱舒適狀態的普通成年人，其衛生標準相當於每天 0.7 次沐浴，其皮膚總面積 1.8 平方公尺。此單位被定義為量化人類可以感知的污染源的強度。感知的空氣質量以十分位數衡量。

資料來源：維基百科(Decipol)、(olf)

（#）3. 建築物有關濕度之敘述，下列何者錯誤？**【答 A 或 C 或 A C 者均給分】**

(A)材料受潮後，熱傳導將降低

(B)表面結露為高溫濕空氣遇到冷表面所致

(C)重量絕對濕度為乾燥空氣之重量對含有水分空氣重量之比

(D)容積絕對濕度為濕空氣之空氣單位體積中所含水蒸氣重量

【解析】

材料吸溼受潮後，導熱係數就會增大。水的導熱係數爲 0.5 W / (m · K)，比空氣的導熱係數 0.029 W / (m · K)大 20 倍。重量絕對濕度為濕空氣中包含的水蒸氣的重量與乾空氣的重量之比。

（D）4. 建築物外牆及窗戶減少室外熱傳到室內之方法中，下列何者錯誤？

(A)設計深遮陽，可減少直射熱

(B)窗戶使用低輻射玻璃可減少室外熱傳入室內

(C)外牆綠化美觀，可減少室外熱傳入室內

(D)減少外牆厚度，可減少熱傳入室內

【解析】

增大外牆厚度才能減少熱傳入室內。外牆厚度加大，降低熱的傳遞，其熱阻值也會加大。

（A）5. 下列空間或場所作業之照度需求，何者要求最高？

(A)製圖作業空間　(B)辦公空間之會議室

(C)學校室外之籃球場　(D)停車場之車道空間

【解析】

越需要精密操作之空間，其照度需求越高。

<table>
<tr><th>照度（Lux）</th><th colspan="3">場所</th><th>作業</th></tr>
<tr><td>2000~1500</td><td colspan="3"></td><td rowspan="2">設計、製圖、打字、計算、打卡</td></tr>
<tr><td>1500~750</td><td colspan="3">辦公室、營業所、設計室、製圖室、正門大廳（日間）</td></tr>
<tr><td>750~50</td><td>-</td><td colspan="2" rowspan="2">辦公室、主管室、會議室、印刷室、總機室、電子計算器室，控制室、診療室、服務台</td><td rowspan="7"></td></tr>
<tr><td>500~300</td><td rowspan="2">禮堂、會客室、大廳、餐廳、廚房、娛樂室、休息室、警衛室、電梯走廊</td></tr>
<tr><td>300~200</td><td rowspan="2">書庫、會客室、電器室、教室、機械室、電梯、雜物室</td><td>-</td></tr>
<tr><td>200~150</td><td>-</td><td rowspan="2">盥洗室、茶水間、浴室、走廊、樓梯、廁所</td></tr>
<tr><td>150~100</td><td colspan="2" rowspan="2">飲茶室、休息室、值夜班、更衣室、倉庫、入口（靠車處）</td></tr>
<tr><td>100~75</td><td>-</td></tr>
<tr><td>75~30</td><td colspan="3">安全梯</td></tr>
</table>

資料來源：CNS 照度標準（商業照明）：辦公室

（D）6. 某材料的入射音能為 Ii、反射音能為 Ir、吸收音能為 Ia、傳透音能為 It，有關該材料音響特性之敘述，下列何者錯誤？

(A)吸音係數為(It + Ia) / Ii

(B)傳透係數為 It / Ii

(C)反射係數為 Ir / Ii

(D)吸音係數大的材料也會是好的隔音材料

【解析】

吸音係數 α = It − Ir / Ir = Ia / It

It = 入射能量、Ir = 反射能量、Ia 吸收能量

吸音係數大的材料代表吸收入射聲能多，吸音材料所能反射的聲能小，所以聲音容易進入材料本身，這種材料通常多為多孔質、疏鬆質地的材料；而隔音材料能減弱透射的聲能，阻擋聲音，此類材料應為密實、兼顧、無孔隙的材料。故並不存在於吸音係數大就能為好的隔音材料，因為兩種材料在工程上依照使用目的的不同而採取。

（C）7. 採用沖孔板搭配後側空氣層，以赫姆霍茲（Helmholtz）共振原理作為吸音構造時，下列敘述何者錯誤？

(A)可藉由孔徑與開孔率的設計，用以吸收特定頻率的聲音

(B)相較於吸音棉等多孔材質，此吸音構造對低頻音的吸音效果較佳

(C)減少板後側空氣層的厚度可讓吸音性能的峰值往低頻移動

(D)沖孔板可選用鋼板、鋁板、膠合板或塑膠板等材料

【解析】

穿孔板的吸聲原理是材料內部有大量微小的連通的孔隙，聲波沿著這些孔隙可以深入材料內部，與材料發生摩擦作用將聲能轉化為熱能，如石膏板、硬質纖維板、膠合板鋼板、鋁板等。增加出沖孔板後側的空氣層的厚度可讓吸音性能的峰值往低頻移動。

而若穿孔板的穿孔率大於 20%，對吸音性能的影響不大，若穿孔板的穿孔率小於 20%，由於高頻音波的繞射作用較弱，因此高頻吸音效果會受到影響。

（A）8. 依建築物給水排水設備設計技術規範，某棟 12 層集合住宅，共有 64 戶，每戶假設以 5 人居住，每人每日用水量為 250 公升，設計受水槽之容量（m^3）最低不得小於多少？

(A)16　　(B)40　　(C)80　　(D)160

【解析】

建築物給水排水設備設計技術規範-第三章 給水及熱水設備-3.2 儲水設備

受水槽容量應為設計用水量 2/10 以上；其與屋頂水槽或水塔容量合計應為設計 用水量 4/10 以上至 2 日用水量以下。屋頂水槽（水塔）之設計容量應有設計每日 用水量 1/10 以上容量。

$250 \times 5 \times 64 = 80000$ 公升 $= 80\ m^3$

$80 \times 0.2 = 16\ m^3$

（C）9. 有關電梯交通量之評估計算，下列敘述何者錯誤？

(A)電梯之行走速度並非線性函數，通常以額定速度表示電梯速度

(B)將運轉一周時間除以電梯台數，可得出每台電梯出發之間隔時間

(C)電梯之交通量計算，通常以離峰時間 5 分鐘內能容納的人數為設計基準

(D)電梯之輸送能力與 RTT 成反比

【解析】

電梯輸送能力的計算是以建築物內人流高峰期的情況進行計算的。電梯的交通量以高峰時間的 5 分鐘能容內的人數計算，但針對不同性質的建築，亦有不同的高峰值與時間段，需依實際情況規劃設計。

（C）10. 依據建築技術規則中，有關避雷設備之導線與安裝規定，下列敘述何者錯誤？

(A)建築物高度在 36 公尺以上時，應用 100 平方公厘以上之銅導線

(B)避雷系統之總接地電阻應在 10 歐姆以下

(C)導線每隔 3 公尺須用適當之固定器固定於建築物上

(D)導線轉彎時其彎曲半徑應在 20 公分以上

【解析】

建築技術規則建築設備編-第一章 電氣設備-第五節 避雷設備

第 24 條

建築物高度在三十公尺以下時，應使用斷面積三十平方公釐以上之銅導線；建築物高度超過三十公尺，未達三十六公尺時，應用六十平方公釐以上之銅導線；**建築物高度在三十六公尺以上時，應用一百平方公釐以上之銅導線**。導線裝置之地點有被外物碰傷之虞時，應使用硬質塑膠管或非磁性金屬管保護之。

第 25 條

避雷設備之安裝應依下列規定：

一、避雷導線須與電力線、電話線、燃氣設備之供氣管路離開一公尺以上。但避雷導線與電力線、電話線、燃氣設備之供氣管路間有靜電隔離者，不在此限。

二、距離避雷導線在一公尺以內之金屬落水管、鐵樓梯、自來水管等應用十四平方

公釐以上之銅線予以接地。

三、避雷導線除煙囪、鐵塔等面積甚小得僅設置一條外，其餘均應至少設置二條以上，如建築物外周長超過一百公尺，每超過五十公尺應增裝一條，其超過部分不足五十公尺者得不計，並應使各接地導線相互間之距離儘量平均。

四、避雷系統之總接地電阻應在十歐姆以下。

五、接地電極須用厚度一點四公釐以上之銅板，其大小不得小於零點三五平方公尺，或使用二點四公尺長十九公釐直徑之鋼心包銅接地棒或可使總接地電阻在十歐姆以下之其他接地材料。接地電極之埋設深度，採用銅板者，其頂部應與地表面有一點五公尺以上之距離；採用接地棒者，應有一公尺以上之距離。

六、一個避雷導線引下至二個以上之接地電極以並聯方式連接時，其接地電極相互之間隔應為二公尺以上。

七、導線之連接：

（一）導線應儘量避免連接。

（二）導線之連接須以銅焊或銀焊為之，不得僅以螺絲連接。

八、導線轉彎時其彎曲半徑應在二十公分以上。

九、導線每隔二公尺須用適當之固定器固定於建築物上。

十、不適宜裝設受雷部針體之地點，得使用與避雷導線相同斷面之裸銅線架空以代替針體。其保護角應符合第二十一條之規定。

十一、鋼構造建築，其直立鋼骨之斷面積三百平方公釐以上，或鋼筋混凝土建築，其直立主鋼筋均用焊接連接其總斷面積三百平方公釐以上，且依第四款及第五款規定在底部用三十平方公釐以上接地線接地時，得以鋼骨或鋼筋代替避雷導線。

十二、平屋頂之鋼架或鋼筋混凝土建築物，裝設避雷設備符合本條第十款規定者，其保護角應遮蔽屋頂突出物全部與建築物屋角及邊緣。其平屋頂中間平坦部分之避雷設備，除危險物品倉庫外，得省略之。

（A）11.綠建築標章之二氧化碳減量指標中，下列何者為形狀係數F在平面形狀設計時所考量的因子？

(A)樓板挑空率　(B)層高均等性　(C)高寬比　(D)立面退縮

【解析】

為了達成CO2減量指標的基準要求，建築物的建材使用計畫應善加配合之規劃原則包括：

・形狀係數：

1. 建築平面規則、格局方正對稱。
2. 建築平面內部除了大廳挑高之外，盡量減少其他樓層挑高設計。
3. 建築立面均勻單純、沒有激烈退縮出挑變化。
4. 建築樓層高均勻，中間沒有不同高度變化之樓層。
5. 建築物底層不要大量挑高、大量挑空。
6. 建築物不要太扁長、不要太瘦高。

資料來源：綠建築九大評估指標：二氧化碳減量

（C）12. 依據建築技術規則建築設計施工編，有關建築物應使用綠建材，並符合建築物室內裝修材料、樓地板面材料及窗之綠建材使用率，應達總面積多少百分比（%）以上？

(A)30　(B)45　(C)60　(D)80

【解析】

建築技術規則建築設計施工編-第十七章 綠建築基準-第六節 綠建材

第 321 條

建築物應使用綠建材，並符合下列規定：

一、建築物室內裝修材料、樓地板面材料及窗，**其綠建材使用率應達總面積百分之六十以上**。但窗未使用綠建材者，得不計入總面積檢討。

二、建築物戶外地面扣除車道、汽車出入緩衝空間、消防車輛救災活動空間、依其他法令規定不得鋪設地面材料之範圍及地面結構上無須再鋪設地面材料之範圍，其餘地面部分之綠建材使用率應達百分之二十以上。

（D）13. 依據建築物節約能源設計技術規範，下列各種構造的中空層，何者的熱阻 Ra 最大？

(A)雙層玻璃之中空層（封膠密閉）　(B)雙層窗之中空層（半密閉）

(C)密閉式屋頂之中空層　(D)可通風雙層壁之中空層

【解析】

建築物節約能源設計技術規範-附錄一 建築外殼構造熱傳透能相關計算規定

表 1.1 中空層熱阻 ra 基準值

中空層之種類	熱阻 ra[m.K/W]
雙層玻璃之中空層（封膠密閉）	0.155
雙層窗之中空層（半密閉）	0.13（空氣層<10cm）
屋頂、壁體密閉中空層	0.086（空氣層<10cm）
屋頂、壁體密閉中空層（附鉛箔）	0.24（空氣層<10cm）

中空層之種類	熱阻 ra[m.K/W]
閣樓空間、雙層壁或雙層屋頂之中空層	0.28（無通風，空氣層≥210cm） 0.46（有通風，10cm<空氣層<50cm） 0.78（有通風，空氣層≥50cm）
閣樓空間、雙層壁或雙層屋頂之中空層（附鋁箔）	1.09（無通風，空氣層≥10cm） 1.36（有通風，10cm<空氣層<50cm） 1.86（有通風，空氣層≥50cm）

（C）14. 關於某空間中固定容積的空氣，下列敘述何者錯誤？

(A)加熱該空氣時，溫度與飽和水蒸氣壓上升

(B)該空氣的相對濕度為水蒸氣分壓除以飽和水蒸氣壓

(C)冷卻該空氣且未產生結露時，相對濕度不會改變

(D)該空氣經空調機冷卻除濕後，水蒸氣分壓會降低

【解析】

透過露點就可以知道出空氣中的水氣含量，露點是關於絕對濕度的指標。相對濕度越高，露點會越接近氣溫；當相對濕度達到 100%時，露點與氣溫相等。當露點不變時，相對濕度與氣溫成反比。

（D）15. 某鋼筋混凝土屋頂構造，計算屋頂平均熱傳透率 Uar 時，不包括下列那個項目？

(A)室內內氣膜熱傳遞率　(B)屋頂鋼筋混凝土厚度

(C)水泥砂漿熱傳導係數　(D)室外氣溫

【解析】

建築物節約能源設計技術規範-附錄一 建築外殼構造熱傳透能相關計算規定

1.1.1 玻璃、建築外牆或屋頂等部位構造之熱傳透率 Ui 值可依下式求得

$Ui = 1/R = 1/\ (1/ho + \Sigma(dx / kx) + \Sigma ra + 1/hi)$ ……(1-1)

其中

Ui：外殼 i 部位之熱傳透率(W / (m^2・K))。

ho：外表面熱傳遞率(W / (m^2・K))，本規範取 23.0。

hi：內表面熱傳遞率(W / (m^2・K))，本規範牆面取 9.0，屋頂取 7.0。

ra：中空層之熱阻(m^2・K/W)，查表 1.1，無中空層時，ra = 0。

kx：i 部位內第 x 層材料之熱傳導係數(W / (m・K))，查表 1.2，非表列材料之熱傳導係數應先取得實驗證明後採用之，或依表 1.2 較接近 k 值處理之。

dx：i 部位內第 x 層材料之厚度(m)。

R：外殼 i 部位之總熱阻(m.K/W)

（C）16. 下列那一材料表面較不易發生結露？

(A)產生熱橋現象之部位　(B)無保溫之冷暖氣配管

(C)具隔熱層的建築物角隅　(D)外牆窗戶的玻璃面

【解析】

熱橋現象：建築物由許多不同構造與材料所構成，其導熱係數不一致，所以導致傳熱不同。容易發生熱橋現象的部位有柱、梁、門窗、轉角處、無保溫措施的構造處，容易造成熱量流失。

空氣溫差過大容易造成結露，結露容易導致建築物構件與材料性能遭到破壞，在設計上應盡量避免結露現象。

（B）17. 依據我國室內空氣品質管理法，下列室內空氣品質指標及標準值何者錯誤？

(A)甲醛：0.08 ppm　(B)二氧化氮：0.25 ppm

(C)真菌：1000 CFU/m^3　(D)PM2.5：35 μg/m^3

【解析】

室內空氣品質標準

第 2 條

各項室內空氣污染物之室內空氣品質標準規定如下：

項目	標準值		單位
二氧化碳（CO2）	八小時值	一〇〇〇	ppm（體積濃度百萬分之一）
一氧化碳（CO）	八小時值	九	ppm（體積濃度百萬分之一）
甲醛（HCHO）	一小時值	〇・〇八	ppm（體積濃度百萬分之一）
總揮發性有機化合物（TVOC，包含：十二種揮發性有機物之總和）	一小時值	〇・五六	ppm（體積濃度百萬分之一）
細菌（Bacteria）	最高值	一五〇〇	CFU/m^3（菌落數／立方公尺）
真菌（Fungi）	最高值	一〇〇〇。但真菌濃度室內外比值小於等於一・三者，不在此限。	CFU/m^3（菌落數／立方公尺）

項目	標準值		單位
粒徑小於等於十微米（μm）之懸浮微粒（PM10）	二十四小時值	七五	$\mu g/m^3$（微克／立方公尺）
粒徑小於等於二・五微米（μm）之懸浮微粒（PM2.5）	二十四小時值	三五	$\mu g/m^3$（微克／立方公尺）
臭氧（O3）	八小時值	○・○六	ppm（體積濃度百萬分之一）

（B）18. 某室內空間在無風狀態下，若將高低兩扇窗中心點的距離拉大至原距離的 4 倍，則重力通風的換氣量會如何改變？

(A)1/2 倍　(B)2 倍　(C)4 倍　(D)16 倍

【解析】

重力通風的換氣量公式：$Q = \alpha A(\sqrt{2}/\rho \cdot \Delta p)\ (m^3/s)$，$\Delta p = \rho g \Delta H$。

其中 α 為窗孔的流量係數，A 為窗孔面積，單位為 m2，ρ 為空氣密度，單位為 kg/m^3，Δp 為窗孔兩側的壓力差，單位為 Pa。所以距離拉大 4 倍，換氣量增加 2 倍。

（B）19. 有關自然光及人工照明之光源敘述，下列何者錯誤？

(A)色溫度主要以絕對溫度來表示光源之顏色

(B)白熾燈泡之色溫度約在 7000 K

(C)水銀燈光譜中較缺乏紅光

(D)中午陽光之色溫度約在 5500 K

【解析】

色溫的定義：

以絕對溫度 K 來表示，即把標準黑體加熱，溫度升高到一定程度時該黑體顏色開始深紅-淺紅-橙黃-白-藍，逐漸改變，某光源與黑體的顏色相同時，我們把黑體當的絕對溫度稱為該光源的色溫。

螢光燈色溫約 3000~6500 K

白熾燈約 2800 K

鹵素燈約 2850 K

高壓鈉燈約 2000K 以上

環境色溫

晴朗藍天	10000~12000°K	早晨或下午陽光	4000~5000°K
多雲有雨	8000~10000°K	攝影棚燈光	3000~4000°K
薄雲	6500~8000°K	石英燈	3500°K
日光型螢光燈	6500°K	鎢絲燈泡	2700~3200°K
正午日光	5500°K	黎明、黃昏	2000~3000°K
電子閃光燈	5500°K	燭光	1800~2000°K

（C）20. 在開單面側窗且外部無障礙物的情形下，下列示意圖中何者較符合漫射日光在室內的照度分布狀況？

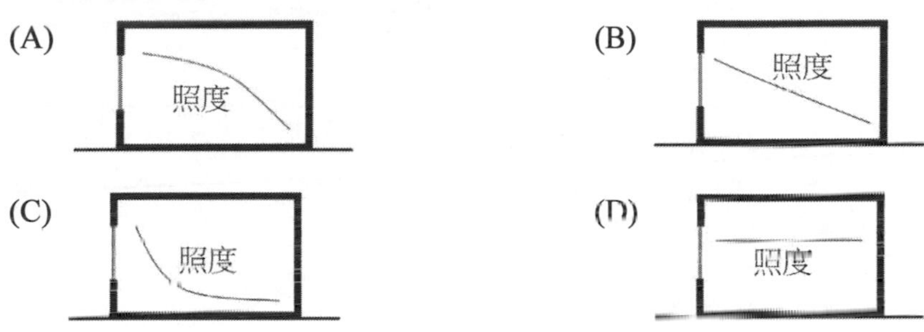

【解析】

日光隨室內深度越深，照射進面積也越小，到一定深度後，進光量也就急遽下降，故室內照度呈現非線性下降，而是以曲線下降。

（B）21. 關於室內光環境的品質，下列敘述何者錯誤？

(A)辦公建築中的水平面照度基準值，繪圖室＞會議室＞走廊

(B)為避免辦公場所中螢幕顯示器造成眩光，宜減少天花板燈具的遮光角

(C)不舒適眩光等級可採用 CIE 統一眩光值（UGR）表示

(D)辦公室照明燈具的演色性指標 Ra 至少應為 80

【解析】

遮光角是燈具的出光面沿口下沿與燈具內發光部分（光源或閃光部分）的連線和水準線形成的夾角，採用不透光材料遮擋射向人眼的光線，減少眩光的一種措施，角度越大，眩光越小。

<u>(A)選項解釋</u>

越需要精密操作的空間，所需要的照度值也越高。

<u>(C)選項解釋</u>

眩光指數（UGR）的範圍約在 10~30 之間，如 UGR＝28 為不可忍受值；UGR＝19

為界在舒適與不舒適之間的值；UGR＝10 為無眩光感值。數值越高有著令人越不舒適的炫光，以 UGR 低於為不會產生不舒適的數值。

(D)選項解釋

CIE（國際照明委員會）規定平均演色評價指數 Ra 值的燈的適用範圍。

評價指數	用途範圍
Ra＞90	顏色檢查、色彩校正、臨床檢查、畫廊、美術館
90＞Ra ≧80	印刷廠、紡織廠、飯店、商店、醫院、學校、精密加工、辦公大樓、住宅等
80＞Ra ≧60	一般作業場所
60＞Ra ≧40	粗加工工廠
40＞Ra ≧20	一般照明場所

（C）22. 下列何者不是決定一個室內空間餘響時間的主要因素？

(A)室容積　(B)室內吸音狀況　(C)長寬比例　(D)使用人數

【解析】

沙賓式的計算在大空間中也適用

室內餘響時間的沙賓公式（Sabineequation）

T60＝0.161 V/A

A＝αS＝ΣSiαi＋ΣAj

T60：餘響時間（單位：秒或 sec）

V：室容積（單位：立方公尺或 m^3）

S：室內全表面積（單位：平方公尺或 m^2）

α：平均吸音率（單位：無）

αiSi：各表面之吸音率與面積乘積（單位：平方公尺或 m^2）

Aj：人體及傢俱、座席的吸音力（單位：平方公尺或 m^2）

（B）23. 在一座室內為球面形體的小教堂，下列何種音響障礙（或音響障害）最可能出現？

(A)過度染色（或遮蔽效應）　(B)音焦點（或音回走）

(C)回音　(D)多重回音（或顫動回音）

【解析】

音焦點容易出現在建築形體為球形或弧型的設計中，聲音容易通過反射集中於某點。

（C）24. 關於建築物給水系統，下列敘述何者錯誤？

(A)一般水栓所需最低水壓為 0.3 kg/cm^2

(B)重力給水水槽，距離給水器具之高度，每增加一公尺，器具水壓力增加 0.1kg/cm^2

(C)給水器具適用水壓約在 6.0～7.0 kg/cm^2

(D)50 公尺高的辦公建築物，應設中間水槽或減壓閥

【解析】

一般給水器具水壓在 0.5~1.5 kg/cm^2 左右，如水龍頭、馬桶等

(A)選項解釋

3.4.4 **水栓及衛生設備供水水壓不得低於** 0.3 kg/cm^2；其因特殊裝置需要高壓或採用直接沖洗閥者，水壓不得低於 1.0 kg/cm^2。水壓未達前項規定者，應備自動控制之壓力水箱、蓄水池或加壓設施。

資料來源：建築物給水排水設備設計技術規範-第三章 給水及熱水設備

(D)選項解釋

重力給水系統：在最高位水栓以上位置設置屋頂水槽，借重力向下給水之方式，**高層建築物需另設中間水槽**，適用於一般建築物及較大規模之給水設備。建築物之最低使用壓力依屋頂水槽之高度決定，給水壓力比較安定，需要較大之水槽及運轉空間，定期之維護及管理檢查，運轉管理費用相對較低，屋頂水槽設置地點需要留意結構之補強及安全。

資料來源：建築物給水排水設備設計技術規範-第三章 給水及熱水設備-3.1 規劃及設計

（C）25. 關於大便器的敘述，下列何者錯誤？

(A)採用沖水閥式大便器時，可連續沖水且不占水箱空間

(B)採用沖水閥式大便器時需確保水壓力與管徑夠大，以避免污水逆流的現象

(C)虹吸式大便器比洗出式大便器所需的沖水量來得多

(D)兩段式省水大便器的大號至少需在 6 公升以下、小號需在 3 公升以下

【解析】

虹吸式大便器比洗出式大便器所需的沖水量來得少。

（B）26. 依據建築技術規則建築設備編，火警探測器之裝置位置，下列敘述何者錯誤？

(A)應裝置在天花板下方 30 公分範圍內

(B)設有排氣口時，應裝置於排氣口周圍 2 公尺範圍外

(C)天花板上設出風口時，應距離該出風口 1 公尺以上

(D)牆上設有出風口時，應距離該出風口 3 公尺以上

【解析】

建築技術規則建築設備編-第三章 消防設備-第三節 火警自動警報器設備

第 70 條

探測器裝置位置，應依左列規定：

一、應裝置在天花板下方三十公分範圍內。

二、設有排氣口時，應裝置於排氣口週圍一公尺範圍內。

三、天花板上設出風口時，應距離該出風口一公尺以上。

四、牆上設有出風口時，應距離該出風口三公尺以上。

五、高溫處所，應裝置耐高溫之特種探測器。

（C）27. 火災發生到進入最盛期時，消防設備中主要滅火設備不包括下列那項設備？

(A)消防車消防用水　(B)消防栓　(C)防火閘門　(D)送水口

【解析】

火災發生到進入最盛期時應採取主動式防護，如自動灑水、使用消防栓用水、主動排煙設備等，防火閘門屬於建築結構防火措施，屬於被動式防護。

（B）28.設有滅火器之樓層，自樓面居室任一點至滅火器之步行距離最多應在多少公尺以下？

(A)15　(B)20　(C)30　(D)50

【解析】

各類場所消防安全設備設置標準-第三編 消防安全設計-第一章 滅火設備-第一節 滅火器及室內消防栓設備

第 31 條

滅火器應依下列規定設置：

一、視各類場所潛在火災性質設置，並依下列規定核算其最低滅火效能值：

（一）供第十二條第一款及第五款使用之場所，各層樓地板面積每一百平方公尺（含未滿）有一滅火效能值。

（二）供第十二條第二款至第四款使用之場所，各層樓地板面積每二百平方公尺（含未滿）有一滅火效能值。

（三）鍋爐房、廚房等大量使用火源之處所，以樓地板面積每二十五平方公尺（含未滿）有一滅火效能值。

二、電影片映演場所放映室及電氣設備使用之處所，每一百平方公尺（含未滿）另設一滅火器。

三、設有滅火器之樓層，自樓面居室任一點至滅火器之步行距離在二十公尺以下。

四、固定放置於取用方便之明顯處所，並設有以紅底白字標明滅火器字樣之標識，其每字應在二十平方公分以上。但與室內消防栓箱等設備併設於箱體內並於箱面標明滅火器字樣者，其標識顏色不在此限。

五、懸掛於牆上或放置滅火器箱中之滅火器，其上端與樓地板面之距離，十八公斤以上者在一公尺以下，未滿十八公斤者在一點五公尺以下。

（D）29. 下列有關輻射冷暖房的說明何者錯誤？

(A)可利用冷熱水在配管內部循環，由配管表面的冷熱輻射來調節室溫

(B)可將設備整合在天花板、地板、牆面等位置

(C)室內不易產生溫度不均、冷熱差異的熱舒適問題

(D)設備造價較高，且室內易有機械式的送風聲

【解析】

輻射冷暖房間通過冷熱水配管系統在天花板、牆面內部等建築構件部位中控制管線輻射，使熱輻射傳導至室內，和傳統空調不同的是不產生空氣流動，舒適度高且熱輻射均勻散佈在室內。

輻射冷暖防系統以熱輻射為主，輔以新風系統等措施，優點是可解決傳統空調所產生對人體產生的噪音、乾燥、出風不均勻等問題，其室內熱輻射均勻且安靜，且可靈活建構在天花板、地面、牆面等。缺點則為安裝費用較高，且室內裝修時需特別注意相關的安裝適性。

（D）30. 壓縮式冷凍循環原理中，下列何者為空氣冷卻（相當於冷媒吸熱）的過程？

(A)壓縮　　(B)冷凝　　(C)膨脹　　(D)蒸發

【解析】

冷媒可以是氣體或是液體，其吸熱容易變成氣體；而放熱又容易變成一體。冷媒在介質在冷氣系統中，不斷的作重複吸熱放熱的循環。

冷凍循環，冷媒通過蒸發器吸熱蒸發後，再由壓縮機壓縮、凝結器凝縮、膨脹閥膨脹後返回原來狀態，而完成循環作業。

（D）31. 某鋼筋混凝土構造辦公室的建築外殼熱負荷，含實體部與開口部共 40 kW，外氣與間隙風之熱負荷為 30 kW、內部熱負荷為 30 kW，下列敘述何者錯誤？

(A)間隙風包含顯熱與潛熱負荷

(B)建築外殼實體部之熱負荷不包含潛熱負荷

(C)外部負荷共為 70 kW

(D)若 SHF = 0.7，則潛熱負荷為 70 kW

【解析】

物體在加熱或冷卻過程中，溫度升高或降低而不改變其原有相態所需吸收或放出的熱量，稱為顯熱。能使人們有明顯的冷熱變化感覺。潛熱與濕負荷的關係：要除去空氣中多餘的濕量，需要消耗能量，而消耗的這部分能量就是潛熱。簡單來說，顯熱是物體溫度變化需要的熱；潛熱則是物體狀態變化所需要的熱。

而全熱＝顯熱＋潛熱。SHF(Sensible Heat Factor)，這個數值定義則為表示顯熱負荷在全熱負荷（即顯熱負荷與潛熱負荷之和）中所占的比例。顯熱比為顯冷量在總製冷量中所佔的比例空氣的溫度及濕度變化時，針對全熱量（熱焓）變化的顯熱量比率，即：SHF = (Cp × ⊿t) / ⊿i，

此時 Cp：定壓比熱；⊿i：熱焓變化量；⊿t：溫度變化量。

故帶入公式：

外部負荷＝實體部與開口部 40 kW＋外氣與間隙風之熱負荷為 30 kW = 70 kW

建築外殼實體部之熱負荷包含潛熱負荷

（C）32. 下列有關輸送設備的敘述何者正確？

(A)電梯（昇降機）機道（昇降路）頂部應為一近似氣密的構造

(B)電扶梯（昇降階梯）的輸送能力普遍不及電梯

(C)電梯之車廂頂部安全距離應隨電梯速度之增高而加大

(D)電梯的速度最高約可達每分鐘 200 公尺

【解析】

建築技術規則建築設備編-第二節 昇降機

第 111 條

機廂頂部安全距離及機坑深度不得小於下表規定：

昇降機之設計速度（公尺／分鐘）	頂部安全距離（公尺）	機坑深度（公尺）
四十五以下	一點二	一點二
超過四十五至六十以下	一點四	一點五
超過六十至九十以下	一點六	一點八
超過九十至一百二十以下	一點八	二點一
超過一百二十至一百五十以下	二點零	二點四
超過一百五十至一百八十以下	二點三	二點七
超過一百八十至二百一十以下	二點七	三點二
超過二百一十至二百四十以下	三點三	三點八
超過二百四十	四點零	四點零

第 110 條

供昇降機廂上下運轉之昇降機道，應依下列規定：

一、昇降機道內除機廂及其附屬之器械裝置外，不得裝置或設置任何物件，並應留設適當空間，以保持機廂運轉之安全。

二、同一昇降機道內所裝機廂數，不得超過四部。

三、除出入門及通風孔外，昇降機道四周應為防火構造之密閉牆壁，且有足夠強度以支承機廂及平衡錘之導軌。

四、昇降機道內應有適當通風，且不得與昇降機無關之管道兼用。

五、昇降機出入口處之樓地板面，應與機廂地板面保持平整，其與機廂地板面邊緣之間隙，不得大於四公分。

六、昇降機應設有停電復歸就近樓層之裝置。

由上表可知速度越快的電梯，頂部安全距離需要約大的安全距離

(B)選項解釋

電動扶梯為連續運作的機械設備，因此總載客量較電梯多。適合短距離的垂直移動，若垂直移動距離較大，則適合使用電梯。以電動扶梯的移動速度由每分鐘 27 米至 55 米，一小時內可乘載人數約 5000~10000 人。

資料來源：維基百科：電梯（查閱自 2022.2.1）

(D)選項解釋

世界最快速的電梯

廣州周大福金融中心其中兩部電梯採用由日立製作所研發的「世界最高速」電梯，營運速度高達 20m/s，換算為每分鐘約為 1200 公尺

資料來源：維基百科：電梯（查閱自 2022.2.1）

（A）33. 依據建築技術規則建築設備編，下列關於昇降機房之規定何者錯誤？

(A)機房面積等於昇降機道水平面積

(B)機房內淨高度依昇降機設計速度越高，應增加淨高度，最小不得小於 2 公尺

(C)機房有設置樓梯之必要者，樓梯寬度不得小於 70 公分，與水平面之傾斜角度不得大於 60 度，並應設置扶手

(D)機房門不得小於 70 公分寬，180 公分高，並應為附鎖之鋼製門

【解析】

建築技術規則建築設備編-第六章 昇降設備-第二節 昇降機

第 115 條

昇降機房應依下列規定：

一、機房面積須大於昇降機道水平面積之二倍。但無礙機械配設及管理，並經主管建築機關核准者，不在此限。

二、機房內淨高度不得小於下表現定：

昇降機設計速度（公尺／分鐘）	機房內淨高度（公尺）
六十以下	二點零
超過六十至一百五十以下	二點二
超過一百五十至二百一十以下	二點五
超過二百一十	二點八

三、須有有效通風口或通風設備，其通風量應參照昇降機製造廠商所規定之需要。

四、其有設置樓梯之必要者，樓梯寬度不得小於七十公分，與水平面之傾斜角度不得大於六十度，並應設置扶手。

五、機房門不得小於七十公分寬，一百八十公分高，並應為附鎖之鋼製門。

（#）34. 辦公室的照明功率密度（LPDcj）設計基準以何者較為合理？**【答 A 或 B 或 AB 者均給分】**

(A)10 W/m^2　(B)15 W/m^2　(C)20 W/m^2　(D)25 W/m^2

【解析】

(C)選項解釋

將照明區域內之照明用電量除以照明區域面積，即得照明功率密度，簡稱 LPD，亦稱照明用電密度（unit power density），單位為 W/m^2。

綠建築標章照明功率密度基準

空間型態	照明功率密度基準(W/m^2)
辦公室	15
教室、視聽教室	15
會議室	10
飯店、餐廳之餐飲區及門廳	15
實驗室	15
閱覽室	15

（D）35. 有關住宅類建築物增設避雷設備，建築物高度及保護角度之規定，下列何者正確？

(A)高度 15m 以上、保護角 30°以內　(B)高度 15m 以上、保護角 60°以內

(C)高度 20m 以上、保護角 30°以內　(D)高度 20m 以上、保護角 60°以內

【解析】

建築技術規則建築設備編-第一章 電氣設備-第五節 避雷設備

第 20 條

下列建築物應有符合本節所規定之避雷設備：

一、建築物高度在二十公尺以上者。

二、建築物高度在三公尺以上並作危險物品倉庫使用者(火藥庫、可燃性液體倉庫、可燃性氣體倉庫等)。

第21條

避雷設備受雷部之保護角及保護範圍，應依下列規定：

一、受雷部採用富蘭克林避雷針者，其針體尖端與受保護地面周邊所形成之圓錐體即為避雷針之保護範圍，此圓錐體之頂角之一半即為保護角，除危險物品倉庫之保護角不得超過四十五度外，**其他建築物之保護角不得超過六十度。**

二、受雷部採用前款型式以外者，應依本規則總則編第四條規定，向中央主管建築機關申請認可後，始得運用於建築物。

(A) 36. 下列有關都市氣候的敘述何者正確？

(A)都市的不透水面會降低地面水分蒸發散熱的機會

(B)都市氣候的高溫化常伴隨著潮濕化

(C)都市熱島與空氣汙染無直接關聯性

(D)高樓的存在讓都市中心區域的平均風速增加

【解析】

由於城市氣溫比周邊地區來得高，並容易產生霧氣，形成熱島效應。造成熱島效應原因有柏油鋪面、樹木減少、空氣汙染、人工廢熱等。而熱島效應對都市的影響則是造成高溫、乾燥、日射量減少、空氣污染等、霧日增多等。

都市不透水面使水停滯在地面的時間加長，且不利於排水至都市的排水系統中，降低水分蒸發散熱的機會。

(C) 37. 建築生命週期各階段中，一般以那個階段的碳足跡比例最高，可做為減碳熱點？

(A)建材生產　(B)營建施工　(C)日常使用　(D)更新修繕

【解析】

建築生命週期依序分為建材生產運輸、營建施工、建築物日常使用、更新修繕、拆除清運等過程，以一般RC住宅為例，使用年限約為50-70年左右。在日常使用階段碳足跡比例最高。

（C）38. 關於綠建築之基地保水指標，下列敘述何者錯誤？

(A)當基地位於透水良好之粉土或砂質土層時，建築空地盡量保留綠地

(B)當基地位於透水不良之黏土層時，建築空地可以設計貯集滲透水池

(C)當基地位於透水良好之粉土或砂質土層時，排水路設計草溝幫助不大

(D)當基地位於透水不良之黏土層時，可以將操場下之黏土層更換為礫石層

【解析】

基地保水之規劃，必先瞭解當地土壤滲透情形，才能進行有效的保水設計。基本上作為「基地保水指標」規劃策略的第一步，乃是在確保容積率條件下，儘量降低建蔽率，並且不要全面開挖地下室，以爭取較大保水設計之空間。

當基地位於透水良好之粉土或砂質土層時，以下設計對策可提供參考：

1. **建築空地儘量保留綠地**
2. **排水路儘量維持草溝設計**
3. 將車道、步道、廣場全面透水化設計
4. 排水管溝透水化設計
5. 在空地設計貯集滲透廣場或空地

當基地位於透水不良之黏土層時，以下設計對策可提供參考：

1. 在屋頂或陽台大量設計良質壤土人工花圃
2. **在空地設計貯集滲透水池、地下礫石貯留來彌補透水不良**
3. **將操場、球場、遊戲空地下之黏土更換為礫石層，或埋入組合式蓄水框架，以便貯集**

資料來源：臺灣綠建築標章

（C）39. 下列何者不屬於綠建築基地保水設計之主要目的？

(A)改善土壤生態　(B)降低都市洪患　(C)節約生活用水　(D)減緩熱島效應

【解析】

何謂基地保水

基地的保水性能係指建築基地內自然土層及人工土層涵養水分及貯留雨水的能力。基地的保水性能愈佳，基地涵養雨水的能力愈好，有益於土壤內微生物的活動，進而改善土壤之有機品質並滋養植物，維護建築基地內之自然生態環境平衡。

基地保水之目的

以往建築基地環境開發常採用不透水鋪面設計，造成大地喪失良好的吸水、滲透、保水能力，減弱滋養植物及蒸發水分潛熱的能力，無法發揮大地自然調節氣候的功能，甚至引發居住環境日漸高溫化的「都市熱島效應」。綠建築之「基地保水指標」

即是藉由促進基地的透水設計並廣設貯留滲透水池的手法，以促進大地之水循環能力、改善生態環境、調節微氣候、緩和都市氣候高溫化現象。

資料來源：建築九大評估指標：基地保水

（B）40. 速食餐廳用餐空間之水平照度（勒克斯），下列何者較為適當？

(A)50　(B)250　(C)1000　(D)3000

【解析】

<table>
<tr><th>照度(Lux)</th><th colspan="3">場所</th><th>作業</th></tr>
<tr><td>2000~1500</td><td colspan="3"></td><td rowspan="2">設計、製圖、打字、計算、打卡</td></tr>
<tr><td>1500~750</td><td colspan="3">辦公室、營業所、設計室、製圖室、正門大廳（日間）</td></tr>
<tr><td>750~50</td><td>-</td><td colspan="2" rowspan="2">辦公室、主管室、會議室、印刷室、總機室、電子計算器室，控制室、診療室、服務台</td><td rowspan="8"></td></tr>
<tr><td>500~300</td><td rowspan="2">禮堂、會客室、大廳、餐廳、廚房、娛樂室、休息室、警衛室、電梯走廊</td></tr>
<tr><td>300~200</td><td rowspan="2">書庫、會客室、電器室、教室、機械室、電梯、雜物室</td><td>-</td></tr>
<tr><td>200~150</td><td>-</td><td rowspan="2">盥洗室、茶水間、浴室、走廊、樓梯、廁所</td></tr>
<tr><td>150~100</td><td colspan="2" rowspan="2">飲茶室、休息室、值夜班、更衣室、倉庫、入口（靠車處）</td></tr>
<tr><td>100~75</td><td>-</td></tr>
<tr><td>75~30</td><td colspan="3">安全梯</td></tr>
</table>

資料來源：CNS 照度標準（商業照明）

110年 專門職業及技術人員高等考試試題／敷地計畫與都市設計

一、申論題：（30 分）

不論在高密度居住的都市中，或者在遼闊的山野間，建築師都必須汲取環境所給予的條件，轉換成為建築物設計的養分。

所以，當建築師面對一塊陌生的基地時，如何理解基地的各種面向，以作為進入建築設計前的準備，是非常重要的程序。請列舉出敷地計畫程序中的分析作業項目，並以你的過去工作經驗，儘可能地描述各項作業的資料取得方式或來源。

除此之外，你可以用你曾經經手過的工作為例，使用各種圖文來說明，上述的分析項目，如何成功地引導出獨特且令人振奮的設計方向。

二、設計題：（70 分）

（一）題目：某地方區政中心

因應地方發展，新建此區政中心一處，本區政中心期待以開放透明之新思維，服務周邊 8 萬人口。除了民眾洽公之外，結合周邊綠地提供市民休憩空間，成為市民的都市大客廳。

（二）基地概況：

1. 基地位於住宅區之間。面前 20 公尺道路為沿街商業活動。
2. 土地使用分區為機關用地，建蔽率上限 50%，容積率上限 200%。
3. 基地為正南北向，東西向長 188 公尺（較短處為 177 公尺），南北向長 175 公尺。
4. 北側面前道路為 20 公尺，屬於聯外道路，設有 3 公尺寬人行道道路。道路服務水準為等級 B 級，尚稱順暢。西側為 15 公尺道路、南側為 15 公尺道路，都屬於社區巷道，無人行道設置。東側僅有 5 公尺之防汛道路，平時禁止汽機車進入，但開放供人行與自行車使用。
5. 面前道路有多線公車經過，未來將於本基地設置一個停靠站，位置由設計者決定。

6. 周圍多為老舊透天，3 至 5 層樓高，偶有 7 層之電梯公寓。北側為一大型公園，使用強度高，東側為小溪流兼作區域排水使用，小溪兩側各有 5 公尺寬防汛道路及 8 公尺寬綠帶，溝寬約 6 公尺，深度 3 公尺，且經整治後已無異味，環境良好。
7. 基地平緩無坡度，不會淹水。夏季平均氣溫 29 度吹西南季風，冬季平均氣溫 16 度。每年 11 月東北季風最強，平均每小時風速為 23.3 公里。

（三）規劃內容：

1. 行政中心：包含戶政事務所、國稅局稽徵所、地政便民工作站、健康服務中心、清潔隊與行政空間等，共約 9,000 平方公尺。
2. 體健中心：包含游泳池、籃球場、健身中心與韻律教室等，共約 4,000 平方公尺。
3. 圖書館與大會議室：共約 4,500 平方公尺。
4. 停車空間：地面層停放 120 部自行車，地下室停放 90 輛汽車與 50 輛機車。
5. 周邊綠化與生態水池等設施。

（四）圖說需求：

1. 規劃設計構想（以圖文說明包含基地綜合分析、建築與開放空間規劃的概念……等，須能充分解說設計之想法）。
2. 建築配置與地面層景觀設計（比例自訂，平面圖非必要，但要能充分表達設計內容為主）。
3. 剖立面圖（比例自訂，數量自訂，以充分表達設計內容為主）。
4. 全區或局部透視圖（數量自訂）。

（五）基地圖（見下頁附圖）

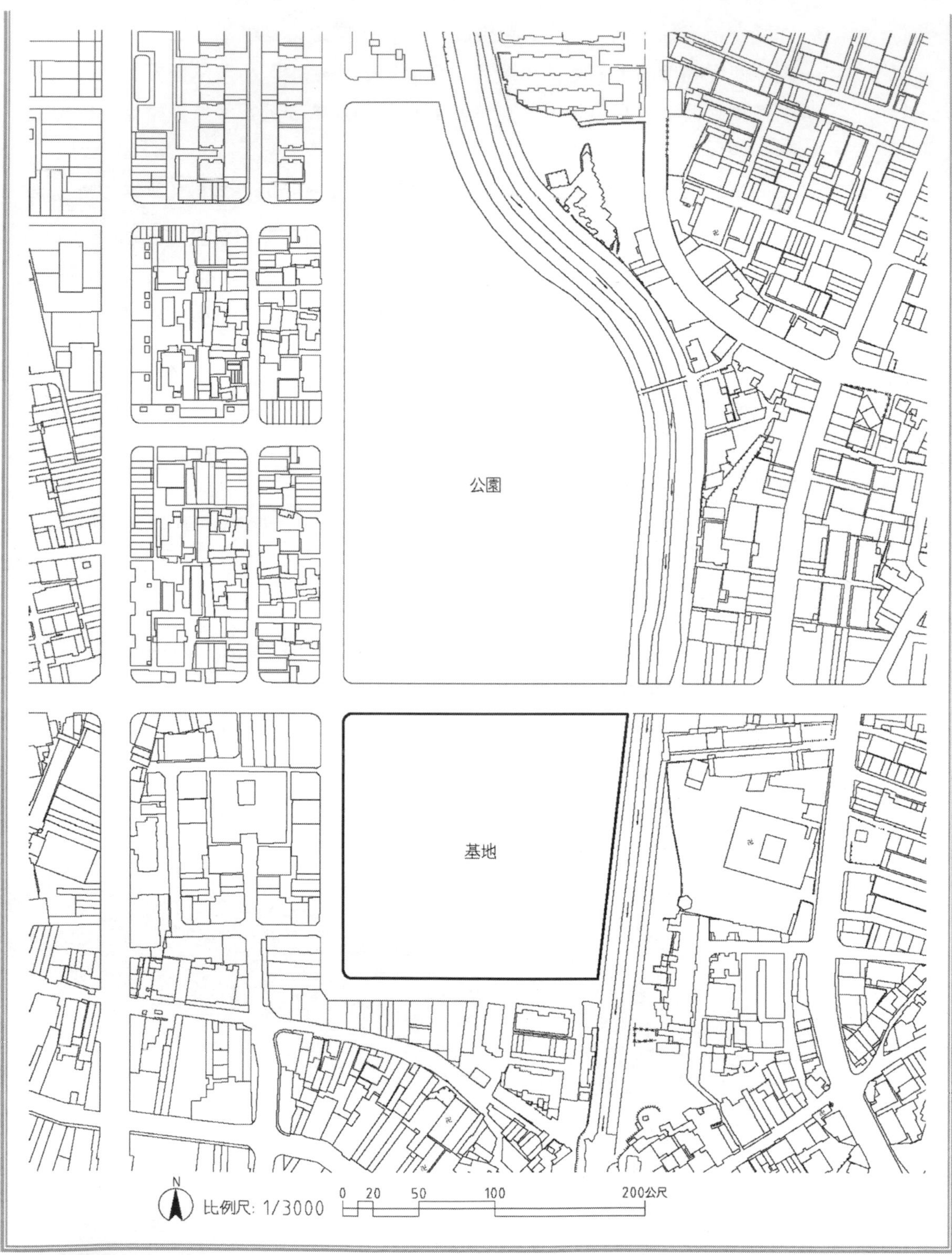

參考題解 請參見附件二 A、附件二 B、附件二 C。

110年 專門職業及技術人員高等考試試題／建築計畫與設計

一、題意：

臺灣城市中的建築基地都有既存的環境紋理以及生活的模式，在過去高密度和快速的發展過程中，公共空間往往較為欠缺。在這種狀況下建築師除了滿足基地內特定的使用需求之外，基本上應該維持和延續既有的空間和生活模式，更進一步的應有創意的強化公共空間和公共生活。

請分析基地和空間需求後，因應維持延續和強化公共空間／生活，以及滿足本身使用需求，提出主要設計策略（或可稱為構想、想法等），這些策略應可清楚的表達在量體、平面、剖面等圖面，請勿提出和圖無關的抽象策略。

各種圖面應可表達出合理且經過整合的空間、機能和結構系統。

二、基地：

基本資料：

1. 基地面積：1744 m^2。
2. 都市計畫：北側為商業區 1024 m^2、南側為住宅區 720 m^2，平均計算後基地之建蔽率 55%、容積率 275%。
3. 基地北側是商業區、臨 18 m 道路，沿路住商混合，建築量體自 6 層至 12 層不等，沿路有延續不斷的路樹、人行道、騎樓與沿街店面。本街道是該地區的主要零售街道，提供社區主要的生活機能。基地北側與東北側有人行穿越位置並設置紅綠燈。
4. 基地南側是住宅區、臨 10 m 道路，鄰屋多由道路退縮 3 m，沿路是 4 至 6 層住宅，一樓有少數店面。基地側設 1.5 m 人行道，基地東南設人行穿越道及紅綠燈，平時閃黃燈，上下學時由老師控制紅綠燈。南側道路對面是國中，學校側除 1.5 m 公有人行道之外，尚有校園退縮之 4 m 開放空間，有路樹。
5. 基地內有一顆受保護樹木（榕樹）樹冠直徑約 10 m，樹高 15 m。

三、建築計畫：（30 分）

（一）社區活動中心：

1. 社區客廳 480 m^2（可合併或分開配置）

   開放供社區自由使用，早上 10 點開放至晚上 9 點，流動量較大，設電視和報章雜誌，許多老人在此泡茶聊天。可分若干間，但形式上應具整體性。

2. 茶水間，配合客廳設置。
3. 廁所。
4. 接待櫃臺（1 人）。
5. 教室／會議室 680 m^2
   使用較特定，可出租供教學和開會使用。夜間及週末使用率較高，使用族群年齡跨世代。分大小若干間。
6. 里辦公室 200 m^2。
7. 儲藏室 200 m^2。

（二）公有出租單人套房單元：

1. 單元數盡可能多。
2. 每單元約 30 m^2（9 坪）。
3. 出租套房單元應考慮自然採光和私密性。
4. 單元設置簡易廚房，使用電爐，只適合料理輕食或加熱食品，無排油煙設備。
5. 衛浴設備無浴缸，以淋浴為主。
6. 應考慮陽台，可供曬衣使用。
7. 因該地極缺小坪數出租單元，請盡量多規劃出租單元，因此本案應設計至容積上限。請列算式計算：
   ⑴最大可建（容積）樓地板面積。
   ⑵最大可建建築面積。

（三）地下停車場：汽車 35 席，設置坡道。免設機車位。

（四）其他因基地條件和公共活動需要設立之空間。

四、圖面要求：（70 分）

（一）地面層平面圖 S：1/200，應清楚並正確標示柱中心線、柱距。

（二）各層平面圖 S：1/200，應清楚並正確標示柱中心線、柱距，平面相似的樓層無須重複繪製。

（三）兩向剖面圖 S：1/200，應清楚並正確標示柱中心線、柱距及樓高。

（四）外牆剖面圖 S：1/50，必須清楚標示樓層高度、梁深與室內淨高。

（五）量體簡圖，應標示面臨街道、樓層線和服務核位置。

（六）立面：請以簡圖說明立面設計策略即可。（比例自訂）

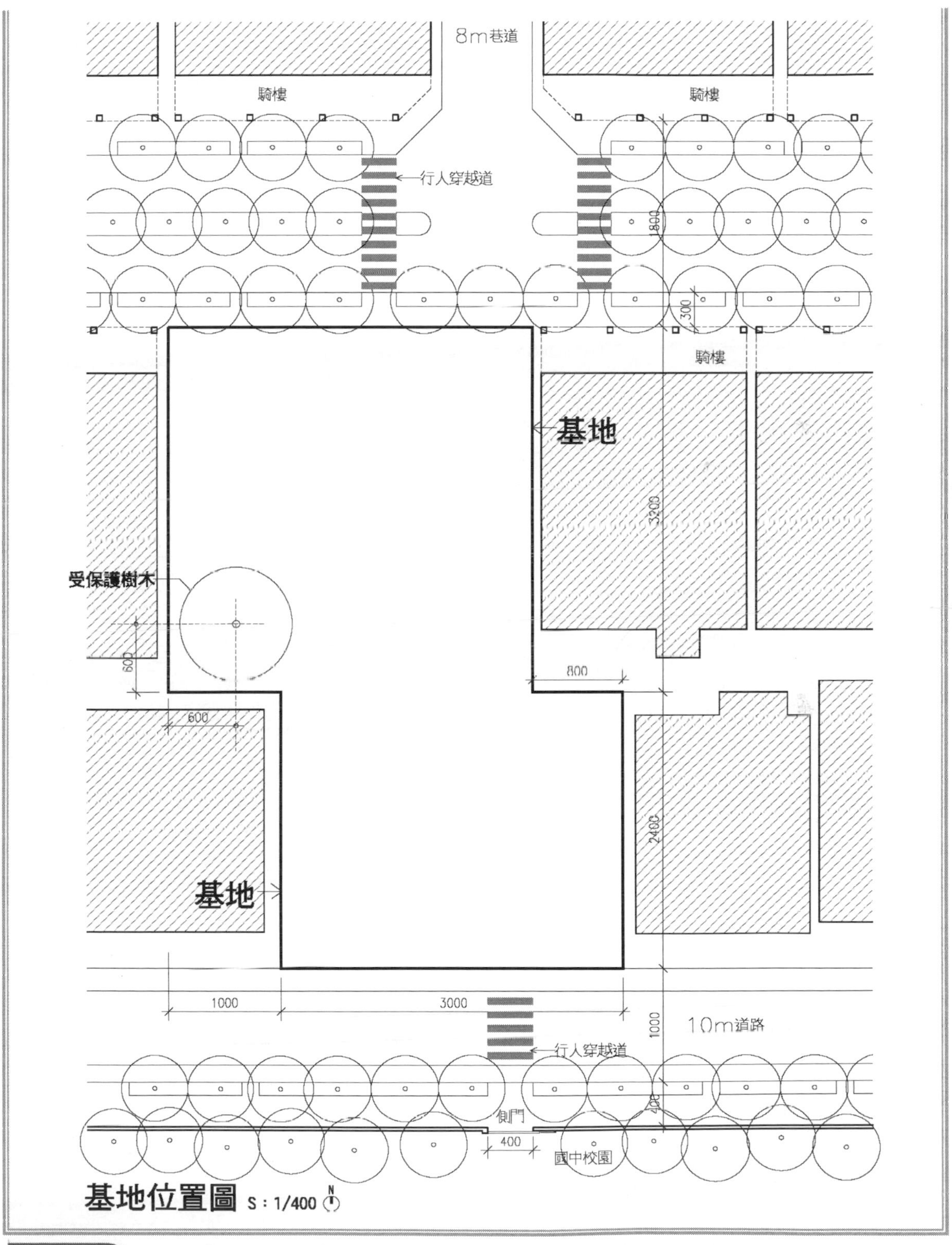

參考題解 請參見附件三 A 1/2、附件三 A 2/2、附件三 B、附件三 C。

單元 4 地方特考三等

110年 特種考試地方政府公務人員考試試題／營建法規

一、依建築法規定，非供公眾使用建築物變更為供公眾使用，或原供公眾使用建築物變更為他種公眾使用時，直轄市、縣（市）（局）主管建築機關應檢查其構造、設備及室內裝修。其有關消防安全設備部分應會同消防主管機關檢查。請說明何謂供公眾使用之建築物？並請說明建築物室內裝修應遵守那些規定？（25 分）

參考題解

（一）供公眾使用之建築物：（建築法-5）

為供公眾工作、營業、居住、遊覽、娛樂及其他供公眾使用之建築物。

※ 建築法第五條所稱供公眾使用之建築物，為供公眾工作、營業、居住、遊覽、娛樂、及其他供公眾使用之建築物，其範圍如下；同一建築物供二種以上不同之用途使用時，應依各該使用之樓地板面積按本範圍認定之。

（二）建築物室內裝修應遵守下列規定：（建築法-77-2）

1. 供公眾使用建築物之室內裝修應申請審查許可，非供公眾使用建築物，經內政部認有必要時，亦同。但中央主管機關得授權建築師公會或其他相關專業技術團體審查。
2. 裝修材料應合於建築技術規則之規定。
3. 不得妨害或破壞防火避難設施、消防設備、防火區劃及主要構造。
4. 不得妨害或破壞保護民眾隱私權設施。
5. 建築物室內裝修應由經內政部登記許可之室內裝修從業者辦理。

二、依都市危險及老舊建築物加速重建條例規定，其適用範圍包括屋齡三十年以上，經結構安全性能評估結果之建築物耐震能力未達一定標準，且改善不具效益或未設置昇降設備者。請依都市危險及老舊建築物加速重建條例施行細則規定，說明屋齡之認定方式為何？並請分別說明何謂改善不具效益及耐震能力未達一定標準？（25 分）

參考題解

（一）本條例第三條第一項第三款所定屋齡，其認定方式如下：（危老細則-2）

1. 領得使用執照者：自領得使用執照之日起算，至向直轄市、縣（市）主管機關申請重建之日止。

2. 直轄市、縣（市）主管機關依下列文件之一認定建築物興建完工之日起算，至申請重建之日止：

（1）建物所有權第一次登記謄本。

（2）合法建築物證明文件。

（3）房屋稅籍資料、門牌編釘證明、自來水費收據或電費收據。

（4）其他證明文件。

（二）改善不具效益：（危老細則-3）

指經本條例第三條第六項所定辦法進行評估結果為建議拆除重建，或補強且其所需經費超過建築物重建成本二分之一。

三、為因應氣候變遷，確保國土安全，保育自然環境與人文資產，促進資源與產業合理配置，強化國土整合管理機制，並復育環境敏感與國土破壞地區，追求國家永續發展，政府特別制定國土計畫法。依國土計畫法規定，中央主管機關應設置國土永續發展基金。請說明國土計畫法之主管機關為何？並請說明國土永續發展基金之來源有那些？（25分）

參考題解

（一）本法所稱主管機關：（國土-2）

在中央為內政部；在直轄市為直轄市政府；在縣（市）為縣（市）政府。

（二）國土永續發展基金之來源：（國土-44）

中央主管機關應設置國土永續發展基金；其基金來源如下：

1. 使用許可案件所收取之國土保育費。
2. 政府循預算程序之撥款。
3. 自來水事業機構附徵之一定比率費用。
4. 電力事業機構附徵之一定比率費用。
5. 違反本法罰鍰之一定比率提撥。
6. 民間捐贈。
7. 本基金孳息收入。
8. 其他收入。

前項第二款政府之撥款，自本法施行之日起，中央主管機關應視國土計畫檢討變更情形逐年編列預算移撥，於本法施行後十年，移撥總額不得低於新臺幣五百億元。第三款及第四款來源，自本法施行後第十一年起適用。

第一項第三款至第五款，其附徵項目、一定比率之計算方式、繳交時間、期限與程序及其他相關事項之辦法，由中央主管機關定之。

四、依建築技術規則規定，建築基地之綠化及保水設計檢討以一宗基地為原則，如單一宗基地內之局部新建執照者，得以整宗基地綜合檢討或依基地內合理分割範圍單獨檢討。建築基地綠化之總固碳當量及保水指標之計算，應依設計技術規範辦理。請依建築技術規則及建築法規定，分別說明下列事項：（每小題 5 分，共 25 分）

（一）何謂建築基地？

（二）何謂新建？

（三）何謂建築基地綠化及其適用範圍？

（四）何謂綠化總固碳當量？

（五）何謂基地保水指標？

參考題解

（一）建築基地：（建築法-11）

為供建築物本身所占之地面及其所應留設之法定空地。（※建築基地原為數宗者，於申請建築前應合併為一宗。）

（二）建造：（建築法-9）

新建：為新建造之建築物或將原建築物全部拆除而重行建築者。

（三）建築基地綠化：（技則-II-298）

指促進植栽綠化品質之設計，其適用範圍為新建建築物。但個別興建農舍及基地面積三百平方公尺以下者，不在此限。

（四）綠化總固碳當量：（技則-II-299）

指基地綠化栽植之各類植物固碳當量與其栽植面積乘積之總和。

（五）基地保水指標：（技則-II-299）

建築後之土地保水量與建築前自然土地之保水量之相對比值。

110年 特種考試地方政府公務人員考試試題／建築營造與估價

一、何謂建築工程費用中的間接工程成本？請說明其內容及編估的方式。（25 分）

參考題解

間接工程成本：

（一）工程（行政）管理費：係指中央政府各機關辦理工程所需之各項管理費用，依「中央政府各機關工程管理費支用要點」規定，以各該工程之結算總價為計算標準。

（二）環境監測費：施工期間須於工區設置數處環境監測設備，並定期監測、追蹤施工中之噪音、震動、空氣污染等，其費用含環境監測費用、定期環境影響調查報告書撰寫等。環境監測費在規劃階段可按直接工程成本百分比編列。

（三）空氣汙染防制費：空氣污染防制費應依「空氣污染防制法」訂定之「空氣污染防制費收費辦法」，由營建業主（工程主辦機關）依工程類別、面積、工期、經費或涉及空氣污染防制費計算之相關工程資料，參照行政院環境保護署公告之「營建工程空氣污染防制費收費費率表」，計算空氣污染防制費費額，予以編列。

（四）工程保險費：工程保險費用之編列方式可以直接工程成本乘以「規劃階段營造工程財物損失險各類工程建議參考費率」之概估算方式為之。

（五）階段性專案管理及顧問費：人提供專案管理技術服務；有關服務之內容及計費方式，應依「機關委託技術服務廠商評選及計費辦法」規定辦理。

（六）工程監造費：辦理工程監造業務所需之費用，旨在監督工程承攬單位之施工內容是否依據設計內容按圖施工符合契約規定；工程監造之服務內容及計費方式，應依「機關委託技術服務廠商評選及計費辦法」規定辦理。

二、試繪圖及說明鋼構材的接合有那些方法？（25 分）

參考題解

【參考九華講義-構造施工　第 12 章 鋼構造概論】

鋼材料接合

接合方式		說明
鉚釘		施工噪音與力學行為不穩定等因素，甚少使用。
螺栓		利用抗剪力能力接合鋼材。
高強度螺栓		一般採用扭力控制型高強度螺栓。螺栓群之鎖緊工作，應由中間向兩側，依上下，左右交叉之方式進行，以避免相對應之螺栓受影響而鬆動。
銲接		銲接分為壓桿法、熔銲法，建築工程中鋼構部分較常使用熔銲法之電弧銲為之。

三、試以建築結構體為例，說明以預鑄工法實現營建自動化的流程及內容。（25 分）

參考題解

預鑄工法營建自動化的流程及內容

樓層造型複雜較難以預鑄方式施作，故於標準層使以預鑄工法施築較為合理，並配合營建自動化方式簡化重複作業縮短施工期程。流程如下：

材料吊裝→吊裝預鑄梁（與前次吊裝預鑄柱接合）→接合灌漿->鋼構、樓板吊裝→前層柱底灌漿→樓板配筋、配管→吊裝上層預鑄柱→樓板澆置→自動化爬升鷹架→接續前述流程循環施作。

預鑄工法日新月異，目標在減少現場澆置、增加預鑄組裝量體、以增加營建速度及施工品質，為達到此目標，仍需配合增加預鑄構件及現場施工之精準度，標準化流程建置等作業。

資料來源：新式預鑄工法應用於高層隔震建築之規劃及施工成果-遠揚營造工程股份有限公司。

四、試繪圖及說明牆面貼掛石材乾式工法與濕式工法之施作方式並比較其特性。（25 分）

參考題解

【參考九華講義-構造施工　第 26 章 牆面裝修工程】

牆面貼掛石材

		乾式	濕式
圖例		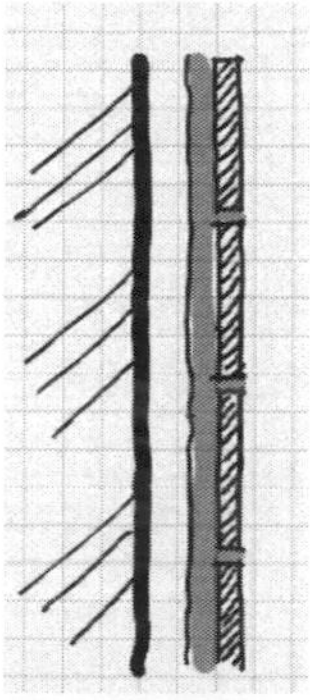	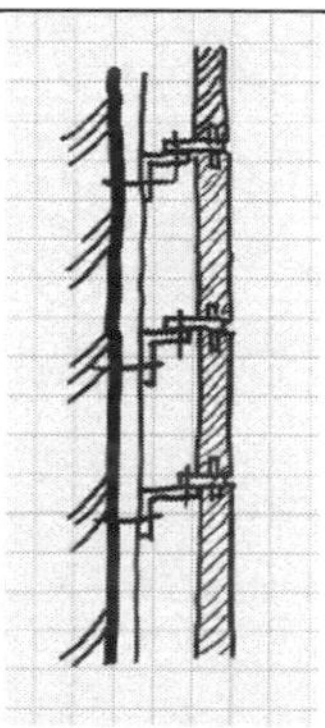
施工方式		1. 牆面整平清潔。 2. 放樣、定完成面位置、拉水準線。 3. 牆面固定鐵件安裝。 4. 安裝金屬釦件。 5. 石材安裝(預留孔填膠後與扣件接合)。 6. 填縫或留設開放接口。 7. 表面清潔。	1. 粉刷表面打毛處理， 2. 依鋪貼計畫及尺寸放樣、拉水準線。 3. 使用黏著劑張貼石材、調整位置並以膠槌輕敲。 4. 乾固後填縫。 5. 表面清潔。
特性比較	優點	1. 較濕式可使用厚度重量較大之石材。 2. 接著品質穩定，較受信賴、安全度較高。	1. 拼貼尺寸、形狀等方式較自由。 2. 施工技術門檻低。 3. 收邊轉折較易施工。
	缺點	1. 施工技術條件限制較高。 2. 收邊轉折須預先規劃。 3. 造型受限金屬接合件。	1. 張貼石材重量(厚度)限制較大。 2. 接著強度較不受信賴，避免施作於過高場合。 3. 施工環境條件限制較多。
	注意事項	1. 安裝鐵件應注意防鏽耐蝕性能。 2. 石材預鑽孔應避免龜裂等，影響石材接著強度。 3. 應注意防水問題。	1. 應注意施作時序，避免接著不良。 2. 張貼應敲實，使接著材與石材密合。

110年 特種考試地方政府公務人員考試試題／建築環境控制

一、請闡述氣候變遷與建築環境控制計畫之關聯，就國際永續環境發展趨勢說明其重要性，並從建築設備計畫說明節能減碳具體可行要項為何？（20 分）

參考題解

（一）聯合國永續發展目標（SDGs)-永續就是用後代可負擔的方式解決現代的問題，以建築環境控制計畫因應氣候變遷所產生的能源負擔、環境破壞與污染等問題。

（以下總共 17 項，參考粗體字就好）

1. 消除貧窮。
2. 消除飢餓。
3. 健康與福祉。
4. 教育品質。
5. 性別平等。
6. 淨水與衛生。
7. **可負擔能源。**
8. 就業與經濟成長。
9. 工業、創新基礎建設。
10. 減少不平等。
11. **永續城市。**
12. 責任消費與生產。
13. **氣候行動。**
14. **海洋生態。**
15. **陸地生態。**
16. 和平與正義制度。
17. 全球夥伴。

（二）建築設備節能減碳具體方式

1. 光-照明節能

（1）節能照明燈具

（2）採用高效率光源手法

①以日光燈替代白熾燈；

②以鈉氣燈替代水銀燈；

③以 40W 日光燈替代兩支 20W 燈管；

④定期更換老舊燈管；

⑤定期清洗；

⑥採用新型照明器具反射板；

⑦採用電子安定器。

（3）室內空間之照明方式調整

①全般照明；

②局部全般照明；

③作業面重點照明；

④局部照明。

（4）善用自然光

①利用天花板均佈晝光：A.天花板高度；B.反射板位置；C.天花板材料；D.天花板形狀。

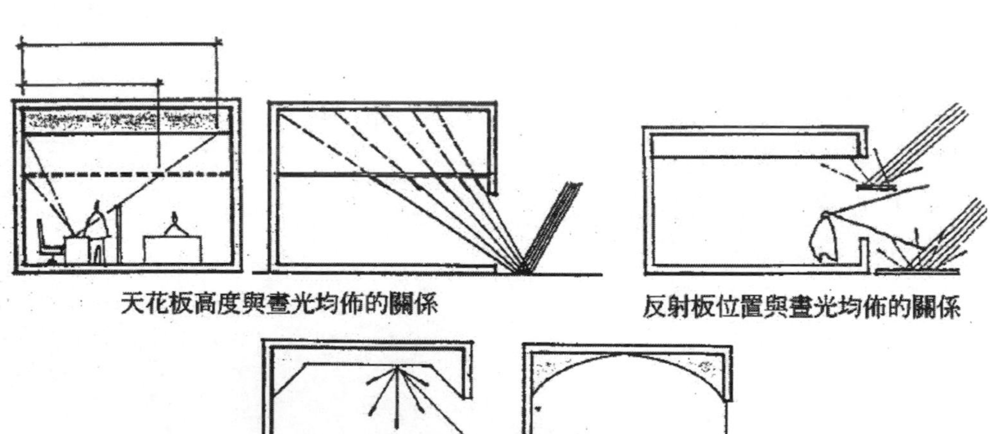

天花板高度與晝光均佈的關係

反射板位置與晝光均佈的關係

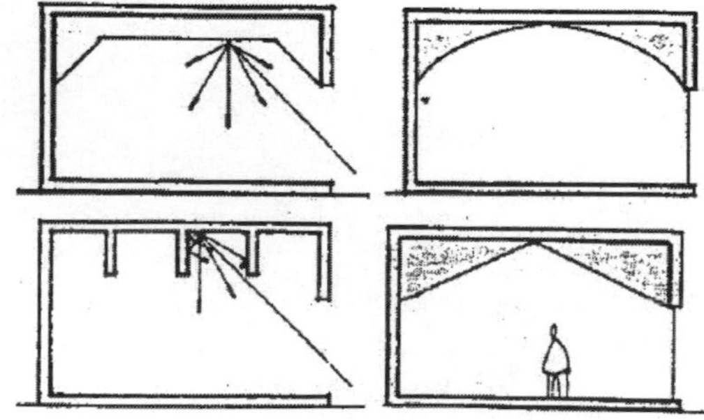

天花板形狀與晝光均佈的關係

②鄰棟間距退縮：A.鄰棟間距基本要求；B.建築物採光面與鄰棟間距愈大愈利於導光應用；C.室內反射率的應用；D.以晝光補助人工照明。

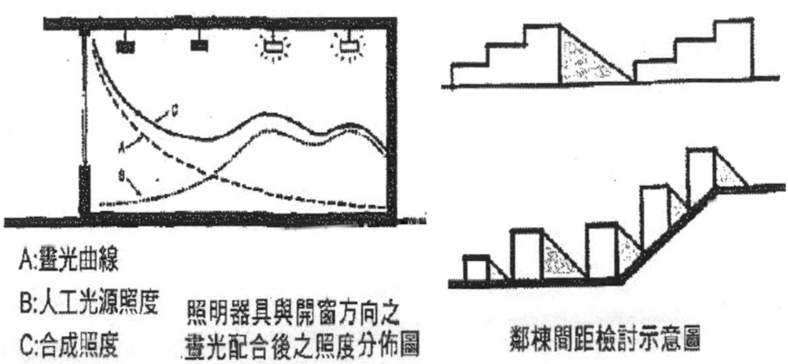

照明器具與開窗方向之晝光配合後之照度分佈圖

鄰棟間距檢討示意圖

（5）照明開關控制

①一獨立工作空間應有獨立的開關；

②大型辦公室空間，應分成若干區域，以利各區域單獨控制；

③學校教室除採線路分區外，其教室的燈具擺設應採用與黑板方向相互垂直，可有效減少眩光影響；

④大型空間之外周區與核心直應設置獨立開關控制迴路；

⑤作業標的之照明（task lighting），應單獨設置開關控制。

⑥晝光自動控制照明點滅裝置；

⑦晝光自動控制照明調光裝置；

⑧雲端能源管理系統。

2. 熱-外殼節能為例

（1）適中的開口

①滿足基本的採光、通風、眺望需求即可。

②外遮陽越深則可開更大的窗，因此只要做有相當深度的遮陽。

③LOW E 玻璃等節能綠建材。

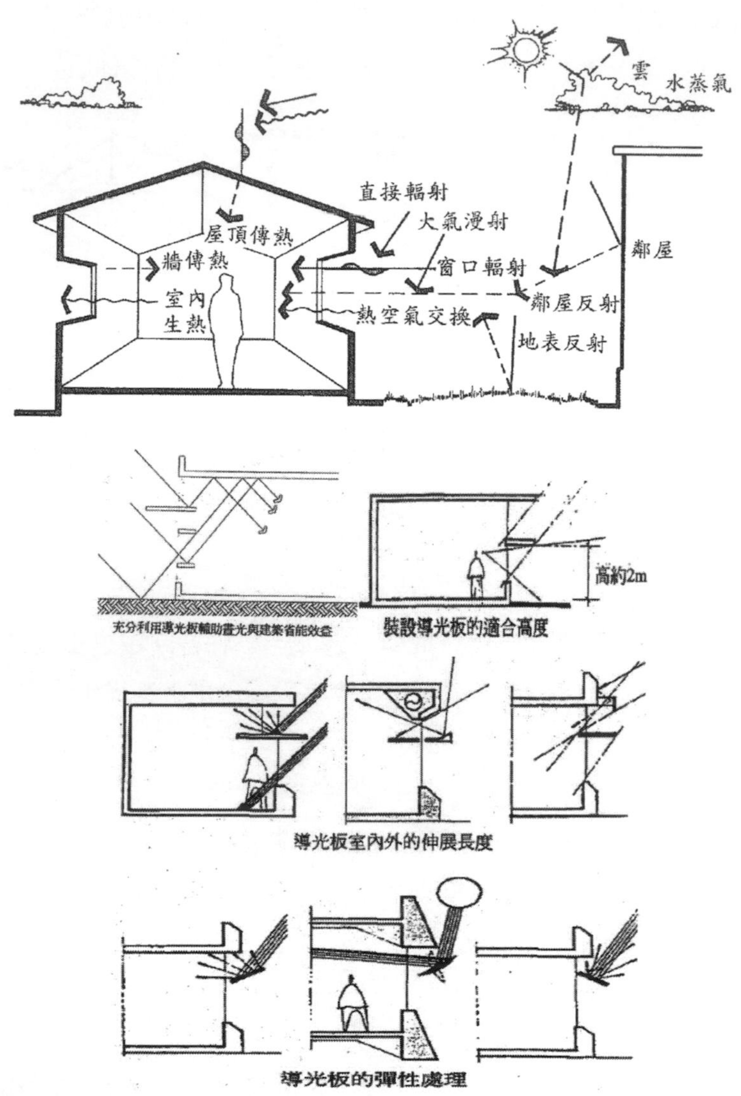

充分利用導光板輔助晝光與建築省能效益

裝設導光板的適合高度

導光板室內外的伸展長度

導光板的彈性處理

（2）豐富的陰影

①隔熱

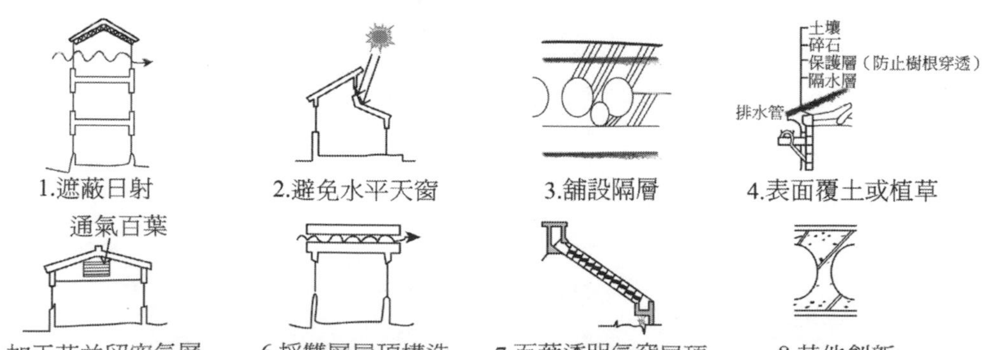

②遮陽

A.水平遮陽（南向立面）

B.垂直遮陽（東西向立面）

C.格子遮陽

D.導光與遮陽並用

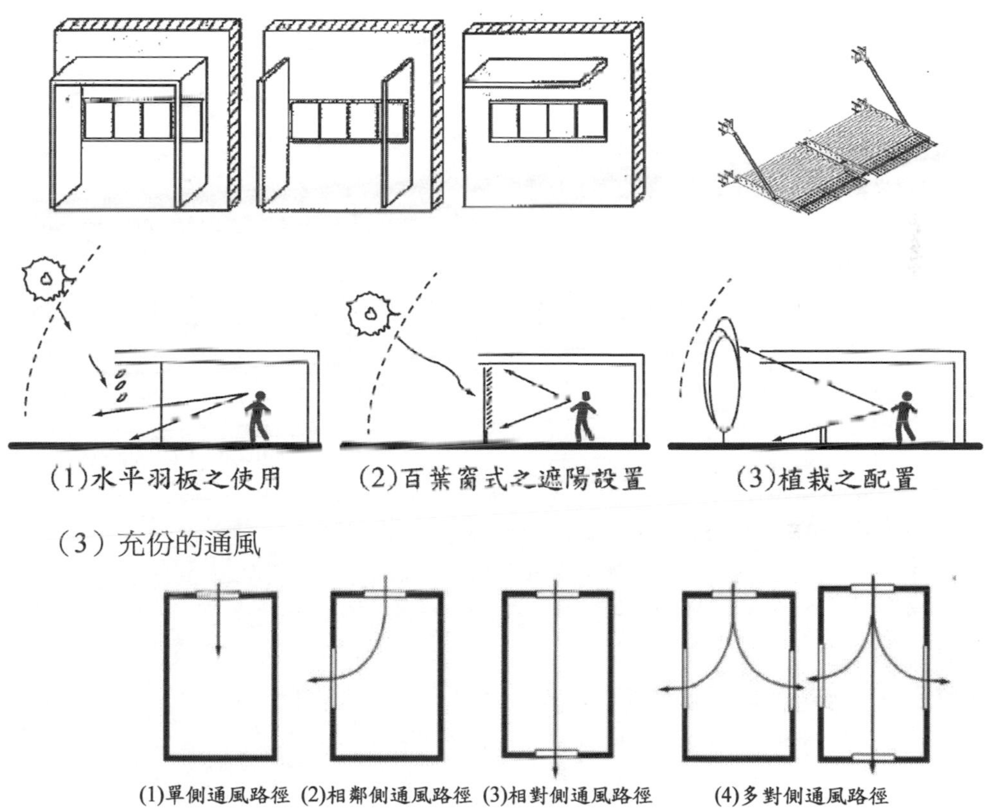

（3）充份的通風

EEWH 通風評估之通風路徑開窗示意圖

資料來源：綠建築自然通風潛力評估方法之研究，內政部建築研究所自行研究報告，2017/12。

（4）建築物配置

①有利的配置型態

②減少東西向開窗

③非空調空間置於日照強的東邊

④採中走廊以有效配置空調管道

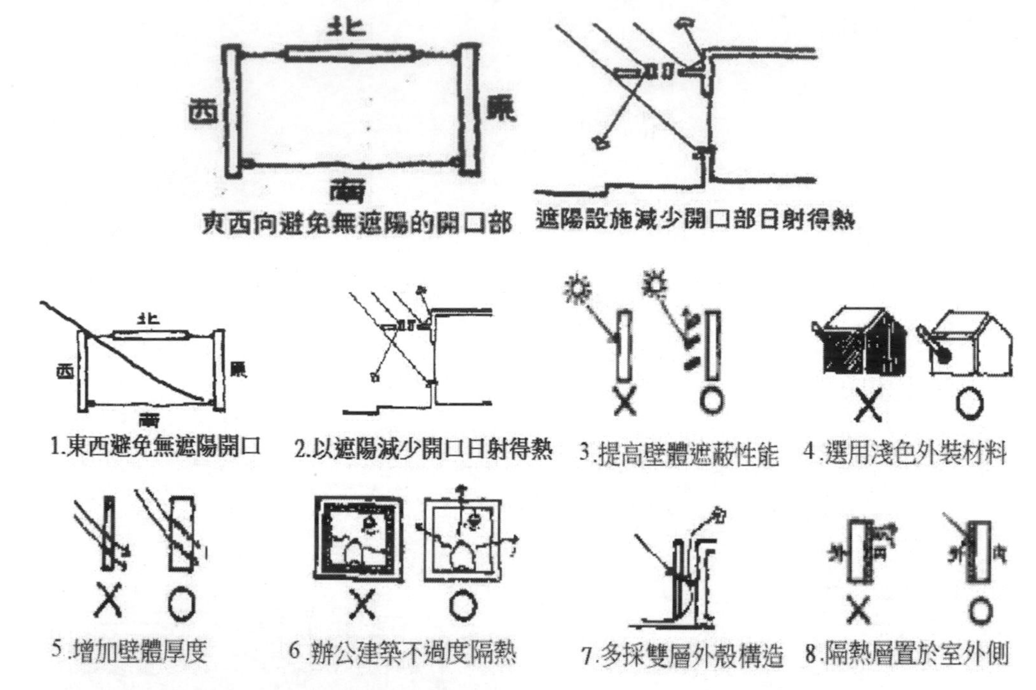

二、請問那些類型建築為可自然通風建築？又建築自然通風設計性能評估與計算，通風潛力與可通風範圍應考慮那些要項？（20 分）

參考題解

（一）能利用自然環境的氣流使建築物有健康的通風能力（排除汙染空氣，改善空氣品質，調整溫溼度，管控空氣流通對人體舒適度的影響），即可稱為自然通風建築。

自然通風計算公式:

VP = Σ（臨窗通風面積 VAi + 對流面積 CAi）/ Σ（居室面積 Ai）

其中應考慮的因素有：

VP：全自然通風潛力

VAi：i 層臨窗通風面積（m^2）

CAi：i 層對流通面積（m^2）

Ai：i 層梯廳走廊居室面積（m^2）

此 VP 值介於 01 之間，愈接近 1 則代表室內空的自然通風能力愈佳

（二）自然通風潛力評估之評估等級是以該棟建築物臨窗通風面積加上通風路徑面積，與居室面積的比例給予分數，愈接近 1 代表室內空间的自然通承能力愈佳，反之越低（如上式 VP）。

（三）可通風範圍係指

1. 臨窗通風面積 VAi：可通風開口的左右邊界 2.0 m 以內與進深 5.0 m 以內之居室面積為臨窗通風面積 VAi。

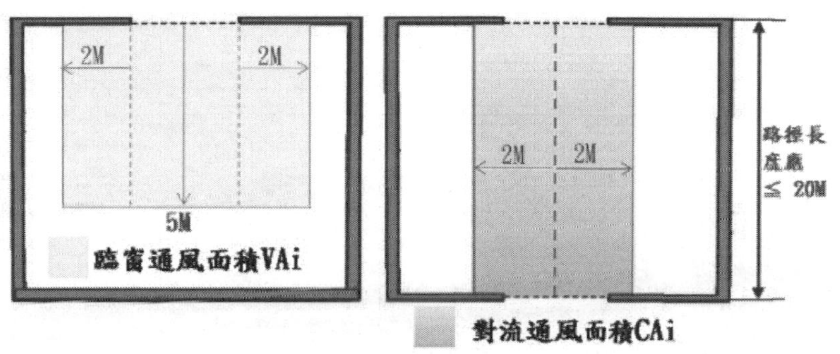

臨窗、對流通風面積示意

2. 對流通風面積（CA）：除了臨窗通風面積外，通風開口之間可連結形成通風路徑，也可以增加通風的居室面積，對流通風的形成是經由某可通風開口連結至另一可通風開口，其通面積之計算必先繪製通風路徑經過的範圍來決定，故必須先行計算臨窗通風面積後，再判斷通風開口之間是否可有效形成對流通風路徑。

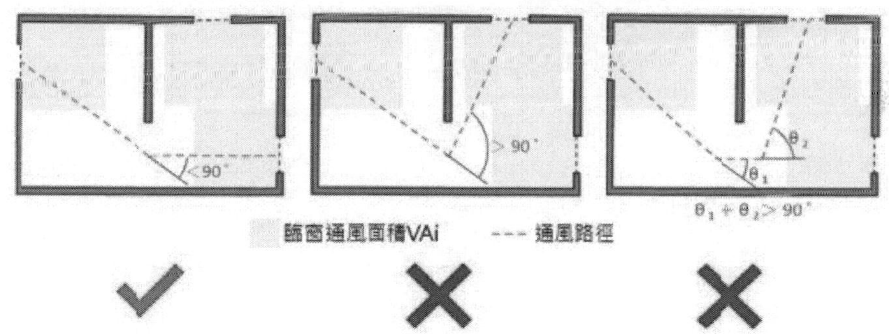

通風路徑轉角角度之和須小於 90°，對流通風面積不得與臨窗通風面積重複（不得重複計算）

資料來源：綠建築自然通風潛力評估方法之研究，內政部建築研究所自行研究報告，2017/12。

（以下參考自己答題時間寫或畫一些小圖）

（一）季風通風配置：配合長年風向建築物規劃配置，不但可充分利用自然通風節省建築耗能，更可藉由通風換氣以改善室內空氣品質。

（二）善用地形風：

1. 海陸風-濱水（海）地區建築物閉口部，應能迎納清涼的海風。
2. 善用地形風-山谷風

（1）山區風向常隨著晝夜變化而交互輪替，尤在夏季天氣晴朗日特別明顯。

（2）白天，日出後山頂受熱，風從山麓平野順著山勢往上吹，稱為谷風。

（3）黃昏，山上溫降速度比山麓快，風自山頂往山下吹，稱為山風。

（4）建物設計座山面谷以迎接清涼谷風，同時屋後常種植防風林以阻擋山上下來的寒風。

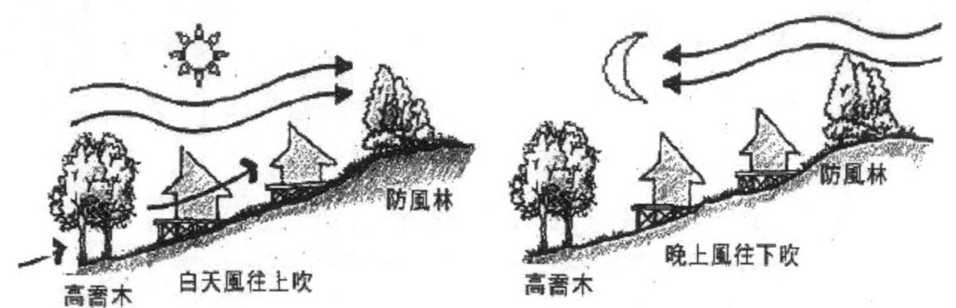

（三）區域通風計畫

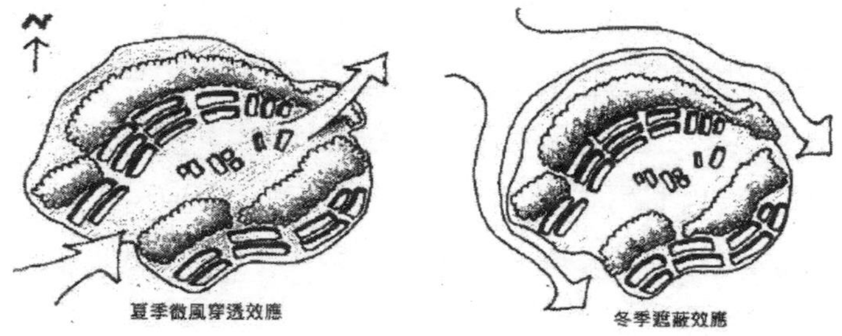

（四）風力通風

1. 又稱「穿越通風」（CrossVentilation），依風力（即風壓）之作用造成的通風。
2. 一般利用建築物迎風面與背風面兩者的壓力差促成的。
3. 建築物外部風壓可能為正壓（壓力）或負壓（吸力），其大小分布視外型而定。
4. 建築物室內、外之壓力變化除受外型影響外，另與開口的位置與數量有關。
5. 戶外風速超過 1.5 m/s 時，即可促成自然的通風，其通風量依室內空間的型態、佈局及閉口部之間設情形而有出入。

（五）浮力通風（熱空氣上升）

1. 係利用重疊之兩個不同溫度的氣溫層，使空氣產生自然的對流而達成通風的作用。
2. 使空氣產生流動利用熱空氣上升、冷空氣下降之熱浮力原理設計通風路徑。

3. 以煙函效應（Stack-Effect）達成通風，當風的流動能力（風速）不足以推動「風力通風」時，就得靠「浮力通風」來達成。
4. 利用垂直氣溫差的吸力來導引氣流，是較屬於較涼爽氣候的「封閉製通風文化」。
5. 「浮力通風」直接受制於太陽能之充分運用與否並與建築物得熱方式及得熱處理有關。
6. 浮力通風必須具備高度差方得以設計，在挑高中庭或大型空間內，最容易產生氣溫差而進行浮力通風。

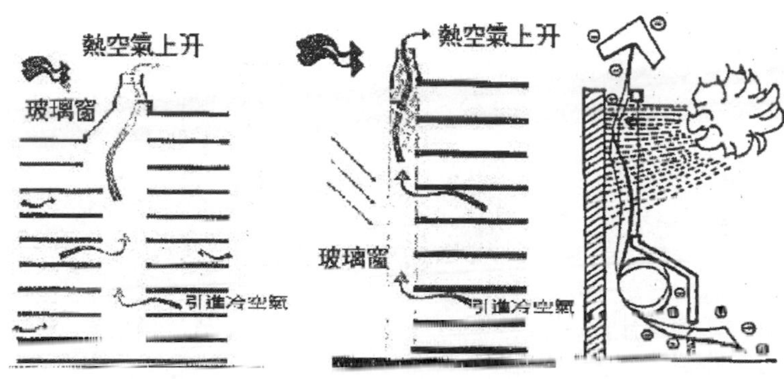

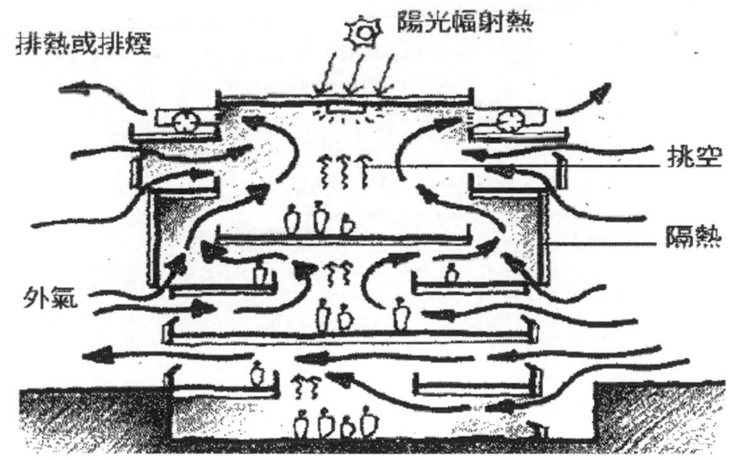

（六）通風塔的運用

利用氣體流速快壓力小，流速慢壓力大之原理將室內所產生之廢氣運用自然力的方式將其排出。當通風塔的自然遣風量無法將室內之廢氣完全稀釋時，則必須利用機械通風設備來輔助。（氣流強處產生負壓，需要利用機械將髒空氣抽出）

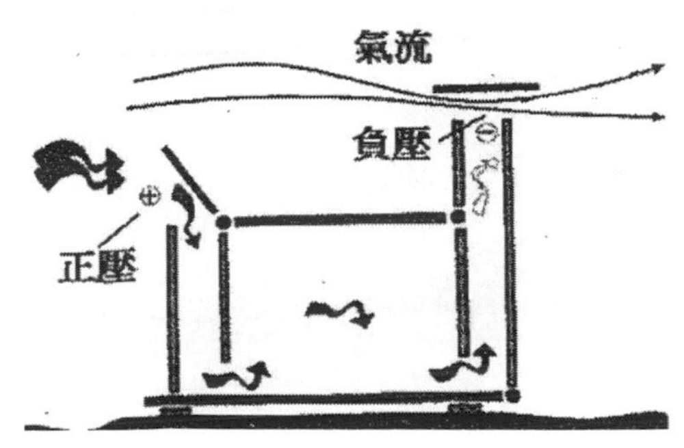

三、請說明建築空調設備的設置目的為何？並說明中央空調設備的主要設備內容與系統構成。（20 分）

參考題解

【參考九華講義-設備 第 2 章 照明設備】

（一）使室內空間在符合各別使用目的差異下，維持舒適、健康環境，提升工作效率。為達到空調目的，應達到之條件：

1. 合理適當之溫、溼度控制。
2. 穩定、寧靜的氣流量與速度。
3. 健康無毒的空氣品質。（適量換氣）
4. 節約能源手法。

（二）

系統構成	設備內容
熱源主機	可採用壓縮式、吸收式等熱源系統，或冰水主機等方式製冷。
冷凍機熱交遞	水冷、氣冷等方式，常見設備為風機、屋頂冷卻水塔等
空調機	空氣調節機（air handling unit, AHU） 空氣調節機具有多樣功能，包含引進外氣、調整溫度、濕度、過濾有害物質，使用送風機送達使用空間。
送風機	將調節完成之空氣送達各使用空間。使用設備包含風管、送風機。常見系統為可變風量、固定風量等。
外氣交換	為維護室內空氣品質，及避免各種因空調品質不良所導致之病症，於中央空調系統中做適當之換氣。使用自動偵測空氣品質感應器，配合風機及空調機將室內外氣體做適量交換，搭配全熱交換器交遞熱焓，節約能源。

四、請問建築照明設計應檢討那些條件與項目？又那些設計條件與節能指標相關，請條列說明之。（20 分）

參考題解

（一）建築照明設計條件

1. 基本光學

   光束／光通量 F

   光度／光強 I

照度 E

輝度／亮度 B

光束發散度／發光度 R

晝光率 D

天空率 U

2. 照明方式的調配-評估適當之照明方式，過與不及都會造成眼睛負擔。

	直接照明	半直接照明	全般擴散照明	半間接照明	間接照明
器具	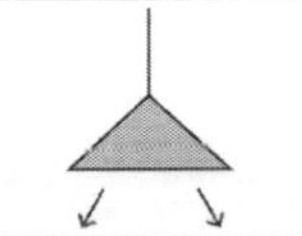	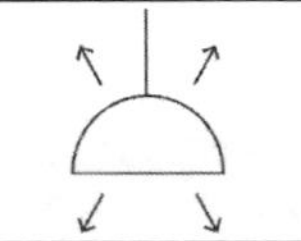	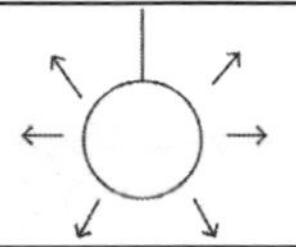	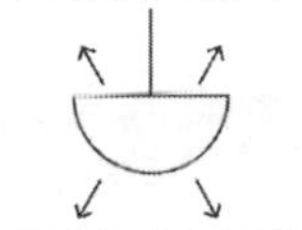	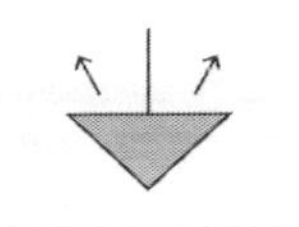
配光曲線	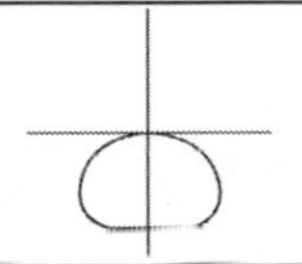	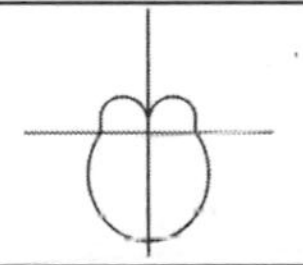	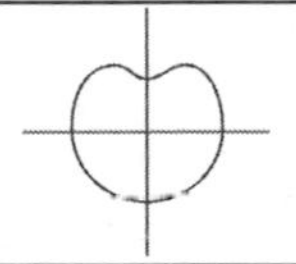	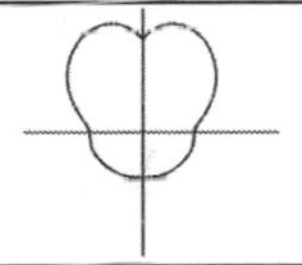	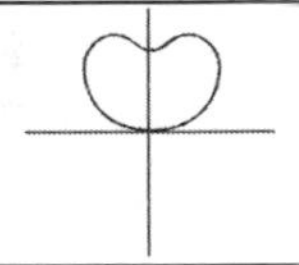

（二）照明節能手法

1. 節能照明燈具（適當的基本光學控制）：

（1）採用高效率光源手法：以日光燈替代白熾燈，以鈉氣燈替代水銀燈，以 40W 日光燈替代兩支 20W 燈管。

（2）定期更換老舊燈管。

（3）定期清洗。

（4）採用新型照明器具反射板。

（5）採電子安定器。

2. 照明方式：

（1）自然採光，晝光利用：保障居室空間之自然光線來源。（屋頂導光，戶外式簾幕）

①玻璃透光率（玻璃材質）

②空間自然採光比例：居室採光深度與自然採光開窗率（住宅居室空間採光的良莠，影響居家空間的光線品質，而採光的好壞，和開窗的高度「H」與空間的深度「D」有關。一般而言，D/H 之比值在 3 之內者，都算是良好的採光範圍。）

◎例如：**（有時間可以多寫多畫）**

①利用天花板均佈晝光：A.天花板高度、B.反射板位置、C.天花板材料、D.天花板形狀。

②鄰棟間距退縮：A.鄰棟間距基本要求、B.建築物採光面與鄰棟間距愈大愈利於導光應用、C.室內反射率的應用、D.以晝光補助人工照明。

（2）人工照明：

①防止燈具之眩光：

著重於照度品質及眩光因素，所有空間照明光源均有防眩光隔柵、燈罩或類似設施。（設置光源時，應避免玻璃或金屬等材質造成眩光，以免影響室內光環境品質）。

②照明開關管控：A.手動控制、B.教室自動控制裝置方式。

【參考繪圖】

■ 晝光利用-戶外式簾幕

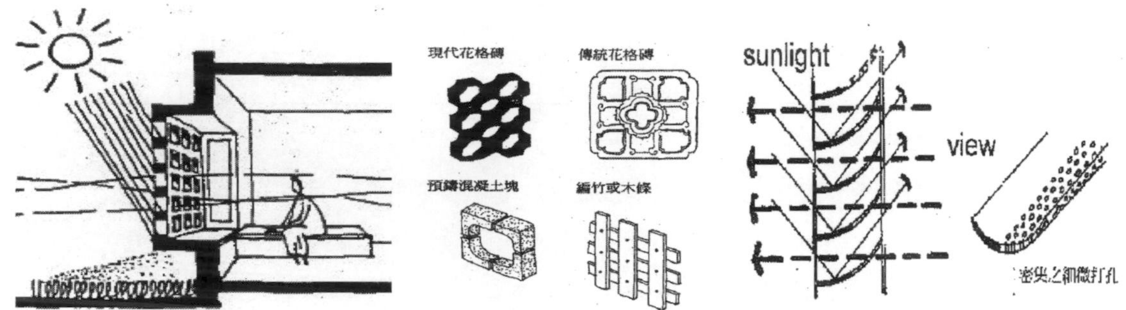

■ 利用間接的反射作用獲得無熱的晝光

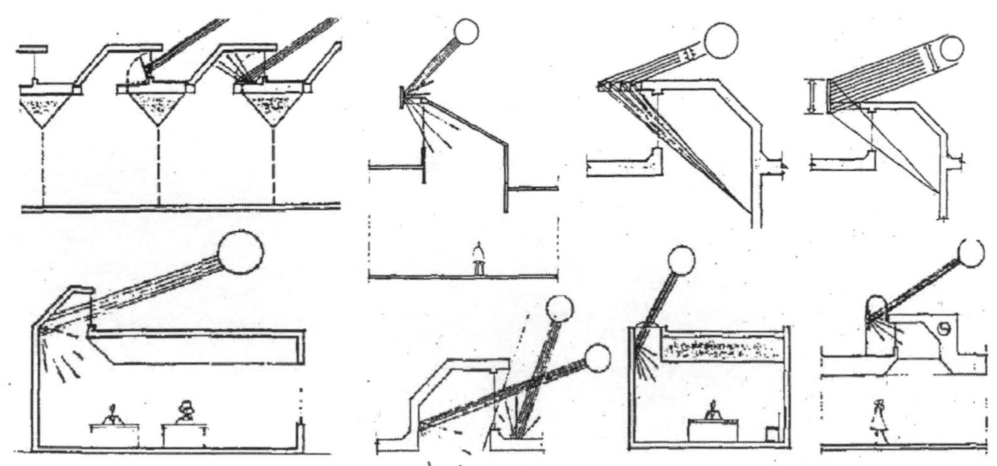

利用屋頂側向採央引入無熱晝光的方法

五、請說明建築排水通氣設備系統的設備主要構成與功能，並說明同層排水的意義與重要性為何？（20 分）

參考題解

【參考九華講義-設備 第 4 章 給排水設備】

（一）排水通氣設備系統的設備裝設於排水管線系統，以通氣支管與通氣主管構成，並利用空氣與大氣連通原理使器具排水管兩端壓力平衡，以達到排水順暢，避免虹吸現象等功能。依建築物給水排水設備設計技術規範，其設置主要構成規範如下：

1. 每一衛生設備之存水彎皆須接裝個別通氣管，但利用濕通氣管、共同通氣管或環狀通氣管，及無法裝通氣管之櫃台水盆等者不在此限。
2. 個別通氣管管徑不得小於排水管徑之半數，並不得小於三十公厘。
3. 共同通氣管或環狀通氣管管徑不得小於排糞或排水橫管支管管徑之半，或小於主通氣管管徑。
4. 通氣管管徑，視其所連接之衛生設備數量及本身長度而定，管徑之決定應依左表規定：（略）
5. 凡裝設有衛生設備之建築物，應裝設一以上主氣管通屋頂，並伸出屋面十五公分以上。
6. 屋頂供遊憩或其他用途者，主通氣管伸出屋面高度不得小於一・五公尺，並不得兼作旗桿、電視天線等用途。
7. 通氣支管與通氣主管之接頭處，應高出最高溢水面十五公分，橫向通氣管亦應高出溢水面十五公分。
8. 除大便器外，通氣管與排水管之接合處，不得低於該設備存水彎堰口高度。
9. 存水彎與通氣管間距離，不得小於左表規定：

存水彎至通氣管距離（公分）	77	106	152	183	305
排水管管徑（公分）	32	38	50	75	100

10. 排水立管連接十支以上之排水支管時，應從頂層算起，每十個支管處接一補助通氣管，補助通氣管之下端應在排水支管之下連接排水立管；補助通氣管之上端接通氣立管，佔於地板面九十公分以上，補助通氣管之管徑應與通氣立管管徑相同。
11. 衛生設備中之水盆及地板落水，如因裝置地點關係，無法接裝通氣管時，得將其存水彎及排水管之管徑，照本編第三十二條第三款及第五款表列管徑放大兩級。

（二）同層排水係將衛生設備排水方式由傳統排水管穿越當層樓板於直下層天花走排水橫支管，改變為於當層走相關排水支管進入管道間之排水立管，並可於當層支管統一裝設存水彎（封水）設備。

其重要性為管線位穿越樓板，相關設置、維護管理、維修等無涉產權避免爭議，減少下方樓層漏水問題修繕之困難，減少構造體內管線滲漏問題，降低噪音，並便於使用壁掛式設備。另外存水彎（封水）設備可統一裝設，可減少管線堵塞，便於管理統一清潔。

資料來源：建築物給水排水設備設計技術規範。

110年 特種考試地方政府公務人員考試試題／建管行政

一、請試述下列名詞之意涵：

（一）建築基地綠化設計（8分）

（二）植物固碳當量（5分）

（三）複層栽植（5分）

（四）綠化設施（7分）

參考題解

（一）1. 建築基地綠化：（技則-II-298）

指促進植栽綠化品質之設計，其適用範圍為新建建築物。但個別興建農舍及基地面積三百平方公尺以下者，不在此限。

2. 目的：（綠化規範-2.1）以建築基地綠化設計增進生態系統完整性、減輕熱島效應與噪音污染、改善生態棲地、淨化空氣品質、美化環境以臻適意美質之永續環境。

（二）植物固碳當量：（綠化規範-3.2）

Gi（$kgCO_2e/(m^2.yr)$）：指植物單位覆蓋面積每年對大氣二氧化碳之理論固定當量。

（三）複層栽植：（綠化規範-3.7）

指綠地垂直剖面包括喬木層、灌木層、地被層三層配置之植栽。

（四）1. 薄層綠化：（綠化規範-3.9）

指在人工地盤上以薄層土壤、人工澆灌、阻根、防水等技術 執行植栽綠化的工程設施。

2. 壁掛式綠化：（綠化規範-3.10）

以構造物吊掛在建築立面上且有自動澆灌、植栽維生系統之綠化工程設施。

二、依據建築技術規則建築設計施工編，何謂開放空間？（10分）規劃為開放空間之範圍有何設置與使用上之限制？（10分）私有建築基地內之開放空間，其設施之維護管理費用應由何者負擔？（10分）

參考題解

（一）開放空間：（技則-II-283）

開放空間，係指建築基地內依規定留設達一定規模且連通道路供通行或休憩之下列空間：

（二）開放空間設置與使用：（技則-II-283）

1. 沿街步道式開放空間：指建築基地臨接道路全長所留設寬度四公尺以上之步行專用道空間，且其供步行之淨寬度在一點五公尺以上者。但沿道路已設有供步行之淨寬度在一點五公尺以上之人行道者，供步行之淨寬度得不予限制。

2. 廣場式開放空間：係指前款以外符合下列規定之開放空間。

（1）任一邊之最小淨寬度在六公尺以上者。

（2）留設之最小面積，於住宅區、文教區、風景區或機關用地為二百平方公尺以上，或於商業區或市場用地為一百平方公尺以上者。

（3）任一邊臨接道路或沿街步道式開放空間，其臨接長度六公尺以上者。

（4）開放空間與基地地面或臨接道路路面之高低差不得大於七公尺，且至少有二處以淨寬二公尺以上或一處淨寬四公尺以上之室外樓梯或坡道連接至道路或其他開放空間。

（5）前目開放空間與基地地面或道路路面之高低差一點五公尺以上者，其應有全周長六分之一以上臨接道路或沿街步道式開放空間。

（6）二個以上廣場式開放空間相互間之最大高低差不超過一點五公尺，並以寬度四公尺以上之沿街步道式開放空間連接者，其所有相連之空間得視為一體之廣場式開放空間。

（7）前項開放空間得設頂蓋，其淨高不得低於六公尺，深度應在高度四倍範圍內，且其透空淨開口面積應占該空間立面周圍面積（不含主要樑柱部分）三分之二以上。

（8）基地內供車輛出入之車道部分，不計入開放空間。

（三）公共開放空間維護管理費用：（依各縣市管理要點或自治條例辦理）

私有建築基地內之開放空間，其設施之維護管理基金目前一般由起造人起造人於該公寓大廈使用執照申請時，提出繳納併入新北市公寓大廈公共基金專戶內之公庫代收證明，並於完成依公寓大廈管理條例第五十七條規定點交共用部分、約定共用部分及其附屬設施設備後，向主管機關報備由公庫代為撥付予公寓大廈管理委員會（管理負責人）專款專用。

三、公寓大廈之地下室停車位，依產權登記狀態之不同，可分為幾種？（10 分）請比較其異同？（10 分）

參考題解

（一）地下室停車位種類：

依據內政部公布之「預售停車位買賣契約書範本」所載資料，停車位依產權登記狀態可分為三種，即法定停車位、自行增設停車位及獎勵增設停車位。

1. 法定停車位：係指依都市計畫書、建築技術規則建築設計施工編第五十九條及其他有關法令規定所應附設之停車位，無獨立權狀，以共用部分持分分配給承購戶，須隨主建物一併移轉或設定負擔，但經約定專用或依分管協議，得交由某一戶或某些住戶使用。
2. 自行增設停車位：指法定停車位以外由建商自行增設之停車位。
3. 獎勵增設停車位：指依建築技術規則建築設計施工編第五十九條之二；為鼓勵建築物增設營業使用之停車空間，並依停車場法或相關法令規定開放供公眾停車使用，有關建築物之樓層數、高度、樓地板面積之核計標準或其他限制事項，直轄市、縣（市）建築機關得另定鼓勵要點，報經中央主管建築機關核定實施。
4. 其中自行增設停車位與獎勵增設停車位得以獨立產權單獨移轉。

（二）產權登記狀態：

依「建物所有權第一次登記法令補充規定」第 11 點之規定，區分所有建物地下層依法附建之防空避難設備或停車空間應為共用部分，如其屬 80 年 9 月 18 日台內營字第 8071337 號函釋前請領建造執照建築完成，依使用執照記載或由當事人合意認非屬共用性質並領有門牌號地下室證明者，得依土地登記規則第八十二條規定辦理建物所有權第一次登記。故法定停車位若以民國 80 年 9 月 18 日為界，其登記方式可區分如下：

1. 法定停車位：

（1）民國 80 年 9 月 18 日以前：

①可以「主建物」方式登記，各停車位所有人則共有該「主建物」，因屬於「主建物」，故有所有權狀，可以賣給該公寓大廈區分所有權人以外之人。

②可以「共用部分」方式登記，各停車位所有人則共有該「共用部分」，雖取得所有權，因屬於「共用部分」，故無所有權狀，無法賣給該公寓大廈區分所有權人以外之人，只能賣給該公寓大廈之區分所有權人。

（2）民國 80 年 9 月 18 日以後：依照內政部民國 80 年 9 月 18 日台內營字第 8071337 號函釋，嗣後新申請建造執照者，其法定停車空間均須以「共用部分」方式辦理登記，產權由全體住戶所共有（即一般俗稱的「大公」）或經由合議由部分住戶共有，不想要車位之住戶就不需分攤持分。由於法定停車位無法取得獨立權狀，故僅能賣給該公寓大廈之區分所有權人，不得賣給其他人。

2. 自行增設停車位或獎勵增設停車位：

（1）若與法定停車位在構造上及使用上各具獨立性，並取得「防空避難室所在地址」證明，則可以「主建物」方式辦理登記，因屬於「主建物」，故有所有權狀，可以賣給該公寓大廈區分所有權人以外之人。

（2）若與法定停車空間在同一層，構造上及使用上無法區隔，因法定停車空間須以「共用部分」方式辦理登記，故此種自行增設停車位或獎勵增設停車位亦必須以「共用部分」方式辦理登記，雖取得所有權，因屬於「共用部分」，故無所有權狀，無法賣給該公寓大廈區分所有權人以外之人，只能賣給該公寓大廈之區分所有權人。

（3）依規定購買獎勵停車空間之所有權人必須提供給「公眾」使用，還必須負擔管理費用，產權移轉時也必須明確告知承接戶，但根據內政部民國 84 年 10 月 3 日函令，所有權人也包括在「公眾」範圍內，因此「獎勵增設」停車空間無論由所有權人自行使用或供任何不特定人約定使用，均屬「供公眾使用」。

資料來源：華信聯合鑑價機構。

四、建築物防火避難安全性能之驗證項目為何？（10 分）此驗證項目納入避難設施檢討之範圍為何？（10 分）裝修材料限制所排除之法規為何？（5 分）

參考題解

建築物防火避難安全性能之驗證項目、檢討範圍（規定概要）、排除法規等詳下表

建築物申請免適用本規則建築設計施工編第三章、第四章一部或全部，或第五章、第十一章、第十二章有關建築防火避難一部或全部之規定者，應依下表規定檢討指定之驗證項目：

項目	排除法規（建築設計施工編）	規定概要	驗證項目
建築構造	第七十條	防火構造建築物主要構造部分之防火時效	（一）結構耐火性能驗證 （二）整棟避難安全性能驗證
	第七十九條	防火構造建築物之面積防火區劃方法	（一）火災延燒防止性能驗證 （二）樓層避難安全性能驗證
	第七十九條之二第一項	防火構造建築物之垂直防火區劃方法	（一）火災延燒防止性能驗證 （二）樓層避難安全性能驗證
	第七十九條之三	防止上層延燒	（一）火災延燒防止性能驗證 （二）樓層避難安全性能驗證
	第八十三條	防火構造建築物之十一樓以上部分面積防火區劃方法	（一）火災延燒防止性能驗證 （二）樓層避難安全性能驗證
修材料限制	第八十八條	建築物之內部裝修材料	（一）火災延燒防止性能驗證 （二）樓層避難安全性能驗證
避難設施	第九十條	直通樓梯開向屋外出入口	整棟避難安全性能驗證
	第九十條之一	避難層開向屋外出入口寬度	整棟避難安全性能驗證
	第九十一條	避難層以外樓層出入口寬度	整棟避難安全性能驗證
	第九十二條	走廊寬度	整棟避難安全性能驗證
	第九十三條第二款	到達直通樓梯之步行距離	整棟避難安全性能驗證
	第九十四條	避難層步行距離	整棟避難安全性能驗證
	第九十八條	直通樓梯總寬	整棟避難安全性能驗證
其他	驗證項目由評定機構擬定後，送中央主管建築機關核定		

110年 特種考試地方政府公務人員考試試題／建築結構系統

一、請說明韌性在結構安全上之意義為何？（10 分）結構設計如何達到韌性的功能？（10 分）

參考題解

（一）以建築物而言，韌性為結構物內桿件發揮塑性行為的能力。若不考慮建築物韌性，而將建築物設計成於中、大地震時仍保持彈性，為不經濟之作法，故在中、大地震時容許建築物進入非彈性變形，容許建築物在一些特定位置如梁之端部產生塑鉸，藉以消耗地震能量，並降低建築物所受之地震反應，乃對付地震的經濟做法。

故考量建築物韌性，在設計時可將地震力予以降低，而其降低幅度，韌性好壞為其主要因素之一。而因已考慮建築物之韌性而將地震力折減，因此建築物應依韌性設計要求設計之，使其能達到預期之韌性。

（二）韌性設計為確保結構物能夠發揮良好韌性，讓桿件之塑鉸能順利產生，且考量位置主要產生在梁上（除 1 樓柱底或頂樓柱頂等處可能不適用），因為若柱破壞可能讓整棟建築物傾倒，造成人員傷亡，危險性高，而梁破壞僅單層結構出問題，這是強柱弱梁的設計觀念（如 RC 柱撓曲強度應大於 RC 梁的 1.2 倍），而為使結構物達到良好韌性，以 RC 結構物為例，規範耐震設計中特別規定梁柱接頭強度檢核、圍束區剪力筋間距的限制、搭接位置限制…等。另如鋼骨結構之切削式高韌性梁柱接頭，藉由梁斷面的切削可控制塑鉸的產生及位置。

二、試繪製圖 1，圖 2，圖 3 在各受到兩種不同外力作用時之彎距圖。（24 分）

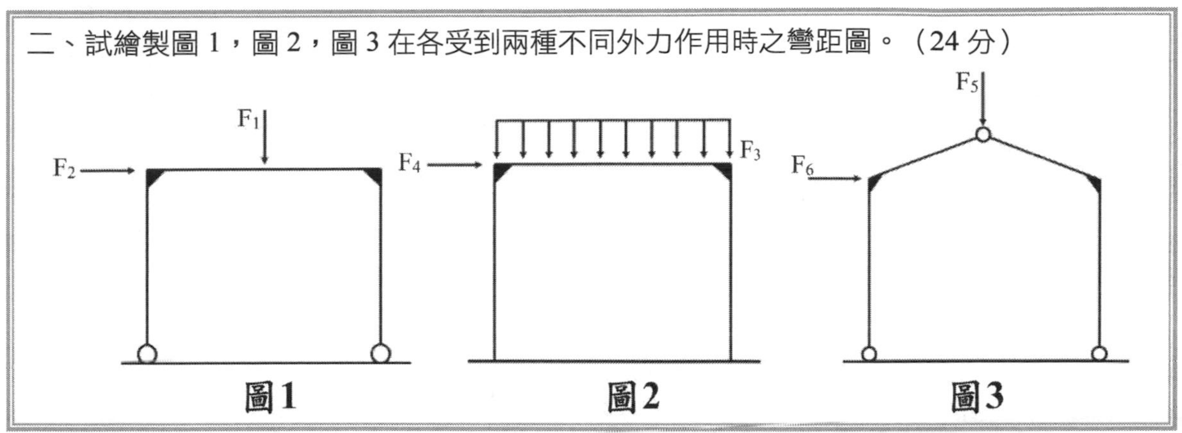

圖1　圖2　圖3

參考題解

依題意分別依各圖結構配置及各受力繪製彎矩示意如下（繪於壓力側）

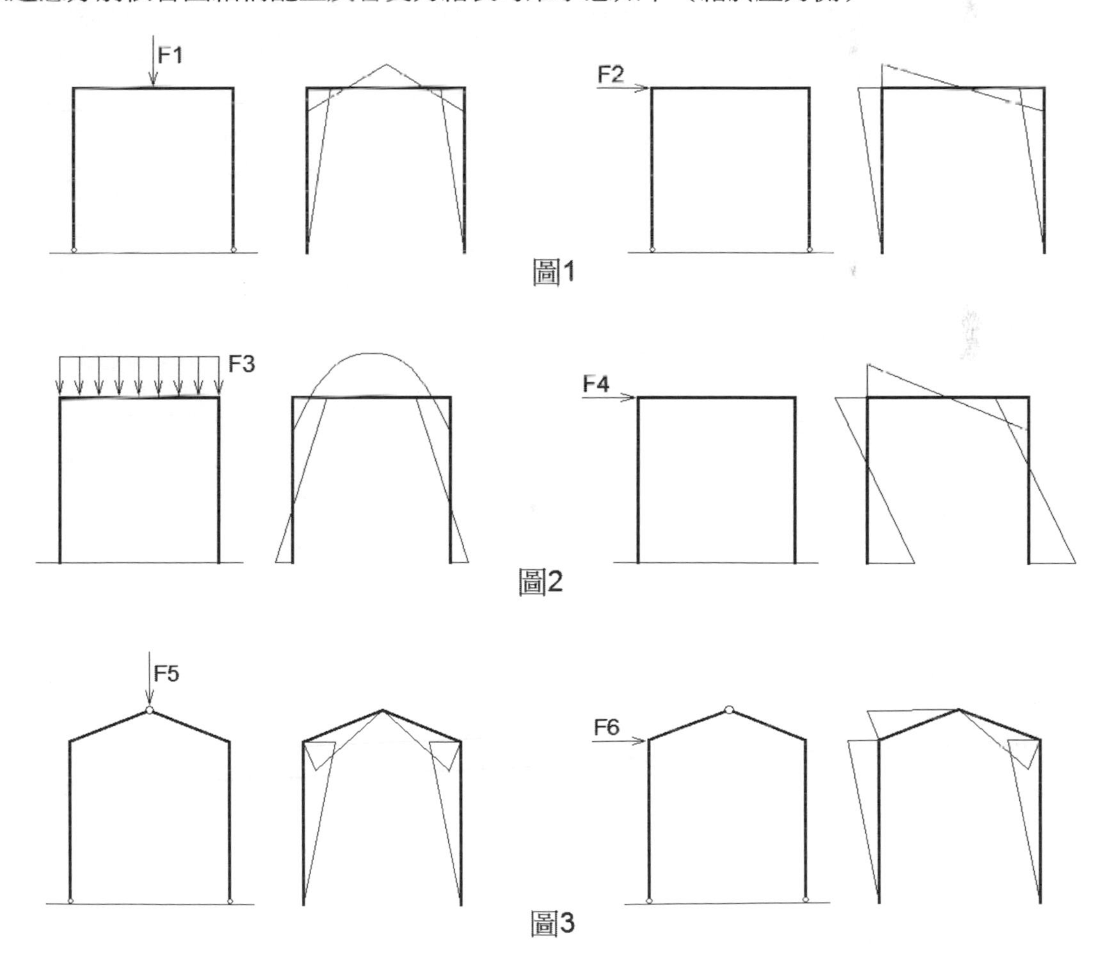

圖1

圖2

圖3

三、圖 4 為木造的中柱式桁架（King post truss），圖 5 為木造的偶柱式桁架（Queen post truss），常出現在現有日治時期建造之古蹟與歷史建築中，假設桁架只承受來自屋頂之垂直載重，且構件 A 與構件 B 產生破壞。

（一）試提出該兩構件之受力情形。（12 分）

（二）試提出補強或替換之建議，並繪製補強或替換之局部大樣圖。（20 分）

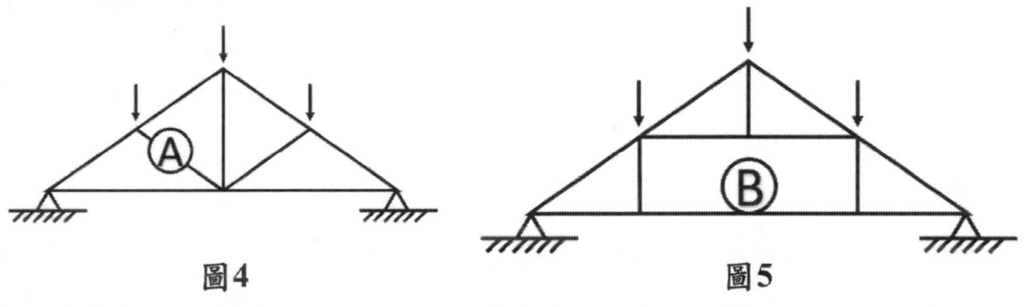

參考題解

（一）依結構配置及桁架只承受屋頂之垂直載重下，構件 A 為承受壓力桿件，構件 B 為承受拉力桿件。

（二）桿件 A 破壞，考量以木材進行替換，並以金屬版與原結構進行結合，具施工性及結合有效性。

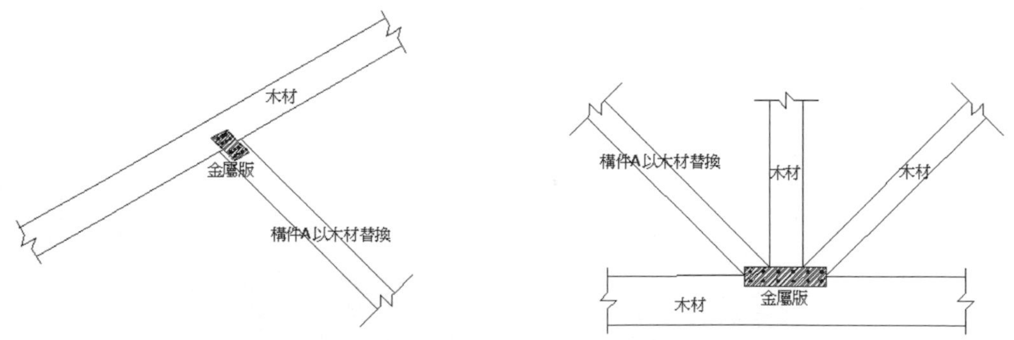

桿件A破壞以木材替換於連接處局部之大樣示意圖(未依比例)

桿件 B 破壞，其為受拉桿件，考量用鋼棒替換，並以鐵件與原木材結合，具補強有效性及耐久性，示意如圖。

構件B以拉力桿件（鋼棒）替換之局部大樣示意圖(未依比例)

四、圖 6 為一 12 m×15 m 的平面，由 ABCD 四根簡支梁支撐之住宅建築平面，試計算 A 梁與 C 梁之載重分配總和最少分別為多少（單位 kg）？（12 分）及 A 梁與 C 梁之兩端點之反力最少分別為多少？（12 分）

（註：住宅建築之最小載重規定依現行建築技術規則內容）

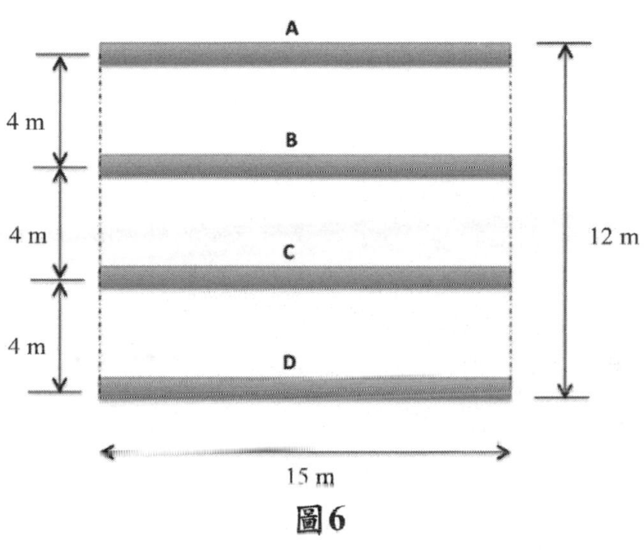

圖6

參考題解

（一）依題意簡化，僅依建築技術規則建築構造篇規定之最低活載重進行載重分配及計算，不考慮靜載重及載重組合，且假設設計活載重佈滿於跨間。

住宅建築最低活載重：$200\ \text{kgf/m}^2$

依配置，各跨間活載重短向傳遞，平均各半分配至鄰梁

各簡支梁受力如圖

A 梁承受均布載 $w_A = 2 \times 200 = 400\ \text{kgf/m}$

載重分配總和最少為 $W_A = 400 \times 15 = 6{,}000\ \text{kgf}$

C 梁承受均布載 $w_C = 4 \times 200 = 800\ \text{kgf/m}$

載重分配總和最少為 $W_C = 800 \times 15 = 12{,}000\ \text{kgf}$

（二）A 梁端點反力 $\text{R}_A = \dfrac{6{,}000}{2} = 3{,}000\ \text{kgf}$

C 梁端點反力 $\text{R}_C = \dfrac{12{,}000}{2} = 6{,}000\ \text{kgf}$

110年 特種考試地方政府公務人員考試試題／建築設計

一、設計題目：鄉野書屋設計

二、設計概述：

鑑於鄉間學童隔代教養與弱勢家庭之議題嚴重，弱勢家庭學童放學後缺乏適當逗留與溫習課業之場所。某善心人士欲提供位於家鄉社區的一塊空地並捐贈一座鄉野書屋，供弱勢家庭學童課後溫書與活動之用。

社區會聘請志工陪伴學童溫習，舉辦各種課後之室內外活動，亦提供學童課後餐點。此書屋不定期舉辦較大型之學童活動供全體社區居民參與。由於善心人士的財力有限，故希望以低造價方式完成。

三、基地說明：

基地位於某鄉村社區，東與南側各面臨 4.5 公尺與 5.5 公尺之社區巷道，附近多為鄉村之傳統三合院建築，三合院之間為荒地或不規則之小菜園，並無較大喬木。小學就在附近，學童徒步可至。

四、設計要求：

1. 書屋之設計需符合省能之基本原則，採自然通風採光，不用冷氣。
2. 考量造價，空間區分盡量使用家具或以多功能方式設計，並控制適當之室內面積，以降低造價。材料與工法之選擇亦以低造價為原則。
3. 戶外之活動設計需符合學童需求，並符合尊重自然之法則。
4. 書屋之外型盡量符合鄉村野趣、自然寧靜之氛圍。

五、空間需求：

1. 書屋核心空間：供 15～20 名弱勢家庭學童溫書、閱讀、聆聽講習等，以及其他與書屋機能不違和之小型活動。
2. 茶水廚房：提供茶水、簡單餐點、加熱之用。
3. 廁所：供學童、陪伴員、家長之用。
4. 儲藏室：儲藏教具、更換之家具、活動用品、季節物件等。
5. 展示空間：展示圖書、學童作品或具教育性之海報、資訊等。
6. 戶外活動空間：提供適當的活動場域供學童活動。

六、圖說要求：（比例尺自定）

（一）設計說明：（30 分）

說明各個機能需求之對應面積。

說明降低造價之對策。

說明自然通風採光對策，以降低能源使用。

說明對學童戶外活動之構想與空間安排。

說明達成鄉村野趣、自然寧靜之設計策略。

（二）配置圖：包含戶外活動場域設計。（20 分）

（三）平面圖：包含其中重要之家具，以顯示使用方式。（20 分）

（四）外觀立面圖，至少 2 向，或透視圖。（15 分）

（五）剖面圖，至少一軸，顯示屋架結構與室內設計。（15 分）

七、基地圖：（圖面中之數字單位為公尺）

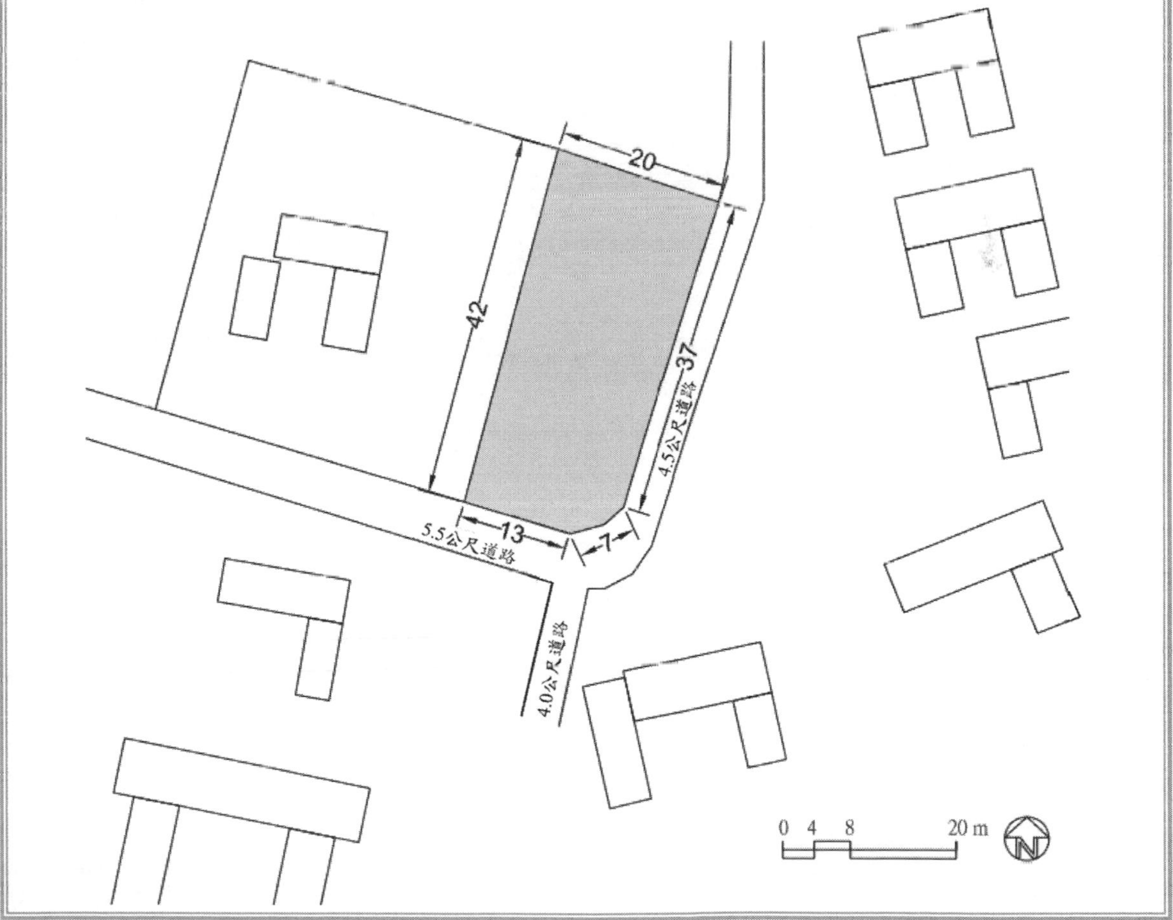

參考題解 請參見附件四 A、附件四 B。

單元

5 地方特考四等

110年 特種考試地方政府公務人員考試試題／營建法規概要

一、依建築法規定，擅自建造者，處以建築物造價千分之五十以下罰鍰，並勒令停工補辦手續；必要時得強制拆除其建築物。請詳細解釋建築法所稱建造，係指那些行為？並請說明依建築法規定勒令停工之建築物，未經許可擅自復工經制止不從者，有何處罰規定？（25 分）

參考題解

（一）建造：（建築法-9）

1. 新建：為新建造之建築物或將原建築物全部拆除而重行建築者。
2. 增建：於原建築物增加其面積或高度者。但以過廊與原建築物連接者，應視為新建。
3. 改建：將建築物之一部份拆除，於原建築基地範圍內改造，而不增高或擴大面積者。
4. 修建：建築物之基礎、樑柱、承重牆壁、樓地板、屋架或屋頂、其中任何一種有過半之修理或變更者。

（二）勒令停工之建築物，未經許可擅自復工（建築法-93）

1. 強制拆除其建築物或勒令恢復原狀。
2. 處一年以下有期徒刑、拘役或科或併科三萬元以下罰金。

二、依招牌廣告及樹立廣告管理辦法規定，請詳細說明廣告分為那幾種？並說明其主管機關為何？（25 分）

參考題解

（一）廣告物種類

1. 招牌廣告：（招牌及樹立廣告-2）
   指固著於建築物牆面上之電視牆、電腦顯示板、廣告看板、以支架固定之帆布等廣告。
2. 樹立廣告：（招牌及樹立廣告-2）
   指樹立或設置於地面或屋頂之廣告牌（塔）、綵坊、牌樓等廣告。

（二）招牌廣告及樹立廣告之設置規定：（建築法-97-3）

1. 一定規模以下之招牌廣告及樹立廣告，得免申請雜項執照。其管理並得簡化，不適用本法全部或一部之規定。

2. 招牌廣告及樹立廣告之設置，應向直轄市、縣（市）主管建築機關申請審查許可，直轄市、縣（市）主管建築機關得委託相關專業團體審查，其審查費用由申請人負擔。

三、依都市計畫法規定，主要計畫經公布實施後，當地直轄市、縣（市）政府或鄉、鎮、縣轄市公所應就優先發展地區，擬具事業計畫，實施新市區之建設。請分別說明何謂優先發展區及新市區建設？並請說明新市區建設之事業計畫應包含那些項目？（25分）

參考題解

（一）優先發展區及新市區建設

1. 優先發展區：（都計-7）

   係指預計在十年內，必須優先規劃、建設發展之都市計畫地區。

2. 新市區建設：（都計-7）

   係指建築物稀少，尚未依照都市計畫實施建設發展之地區。

（二）新市區建設事業計畫內容：（都計-57）

1. 劃定範圍之土地面積。
2. 土地之取得及處理方法。
3. 土地之整理及細分。
4. 公共設施之興修。
5. 財務計畫。
6. 實施進度。
7. 其他必要事項。

四、依建築技術規則規定，防火構造建築物總樓地板面積在 1,500 平方公尺上者，應按每 1,500 平方公尺，以具有 1 小時以上防火時效之牆壁、防火門窗等防火設備與該處防火構造之樓地板區劃分隔。防火設備並應具有 1 小時以上之阻熱性。請依建築技術規則及建築法規定，分別說明下列事項：（每小題 5 分，共 25 分）
（一）何謂防火構造？（技則-II-1）
（二）何謂建築物？（建築法-4）
（三）何謂總樓地板面積？（技則-II-1）
（四）何謂防火時效？（技則-II-1）
（五）何謂阻熱性？（技則-II-1）

參考題解

（一）何謂防火構造？（技則-II-1）
防火構造：具有法定之防火性能與時效之構造。

（二）何謂建築物？（建築法-4）
為定著於土地上或地面下具有頂蓋、樑柱或牆壁，供個人或公眾使用之構造物或雜項工作物。

（三）何謂總樓地板面積？（技則-II-1）
總樓地板面積：建築物各層包括地下層、屋頂突出物及夾層等樓地板面積之總和。

（四）何謂防火時效？（技則-II-1）
防火時效：建築物主要結構構件、防火設備及防火區劃構造遭受火災時可耐火之時間。

（五）何謂阻熱性？（技則-II-1）
阻熱性：在標準耐火試驗條件下，建築構造當其一面受火時，能在一定時間內，其非加熱面溫度不超過規定值之能力。

110年 特種考試地方政府公務人員考試試題／施工與估價概要

一、何謂標準貫入試驗？試說明其內容，試以黏性土壤為例說明其運用方式。（25 分）

參考題解

【參考九華講義-構造與施工 第 3 章 地質調查及改良】

（一）標準貫入試驗（SPT）

將 140 磅（約 63.6 公斤）之夯錘由 30 英吋（約 76 公分）高度自由落下打擊鑽桿，使採樣器貫入地層 45 cm，每 15 cm 紀錄一次打擊數，後 30 cm 打擊數之和即為 SPT-N 值。

（二）可由標準貫入試驗之 N 值判斷該黏土層之受壓強度，原則上 N 值越小，黏土層之受壓強度亦越小，由 N 值小～大之排列，可預判為軟弱、中等、堅硬、極堅硬等。另標準貫入試驗採劈管取樣，並藉由實驗室分析得到更多工程所需資訊，如含水量、黏滯力、抗壓強度、黏土與沉泥比例、排水性等，以做為工程上之專業判斷分析之依據。

資料來源：臺北市政府土壤液化淺是查詢系統網頁
https://soil.taipei/Taipei/Main/pages/survey_construction.html

二、試繪圖及說明建築物的淺基礎有那些種類及其適用情況？（25 分）

參考題解

【參考九華講義-構造與施工 第 5 章 基礎型式及種類】

淺基礎種類	適用情形
獨立基腳 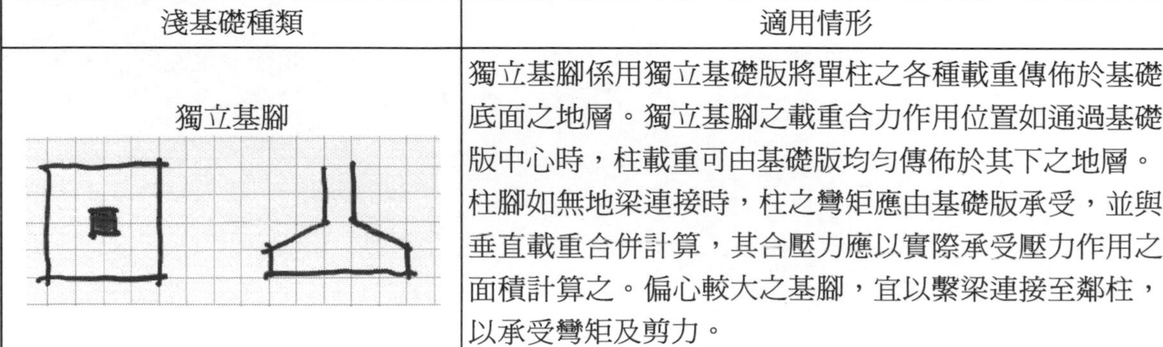	獨立基腳係用獨立基礎版將單柱之各種載重傳佈於基礎底面之地層。獨立基腳之載重合力作用位置如通過基礎版中心時，柱載重可由基礎版均勻傳佈於其下之地層。柱腳如無地梁連接時，柱之彎矩應由基礎版承受，並與垂直載重合併計算，其合壓力應以實際承受壓力作用之面積計算之。偏心較大之基腳，宜以繫梁連接至鄰柱，以承受彎矩及剪力。

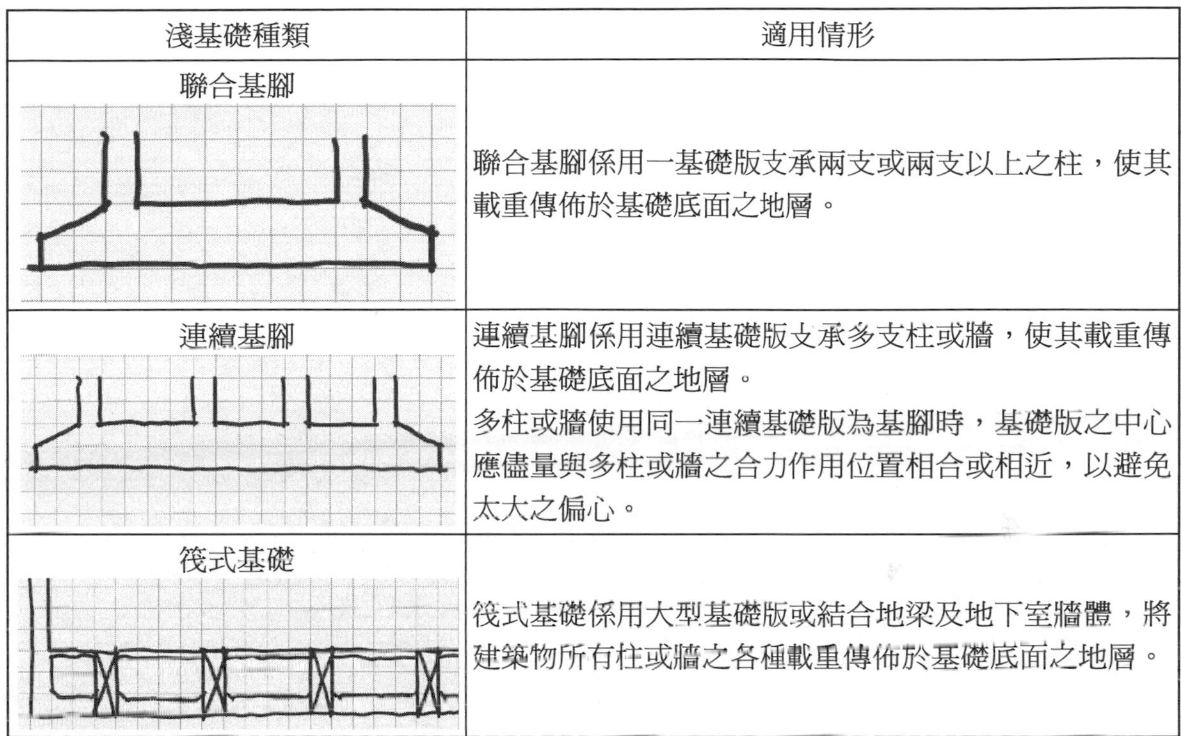

淺基礎種類	適用情形
聯合基腳	聯合基腳係用一基礎版支承兩支或兩支以上之柱，使其載重傳佈於基礎底面之地層。
連續基腳	連續基腳係用連續基礎版支承多支柱或牆，使其載重傳佈於基礎底面之地層。 多柱或牆使用同一連續基礎版為基腳時，基礎版之中心應儘量與多柱或牆之合力作用位置相合或相近，以避免太大之偏心。
筏式基礎	筏式基礎係用大型基礎版或結合地梁及地下室牆體，將建築物所有柱或牆之各種載重傳佈於基礎底面之地層。

三、何謂預力混凝土構造？請繪圖及說明依據預力導入的時機分別有那些方式？（25 分）

參考題解

【參考九華講義-構造與施工 第 18 章 預力與預鑄】

（一）何謂預力混凝土構造：

拉伸預力鋼腱施加預力於混凝土結構之施工方法。利用混凝土抗壓能力較強之特性，預施壓力使構材免於拉力破壞，藉以增加構材載重、垮距能力。

（二）預力導入時機：

1. 先拉法：

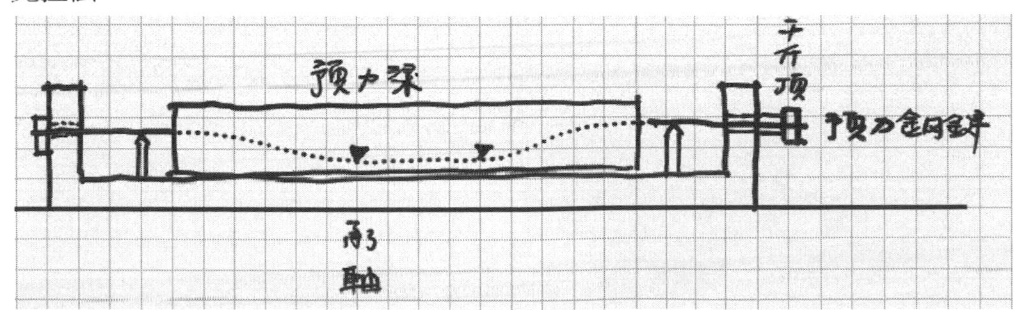

2. 後拉法：

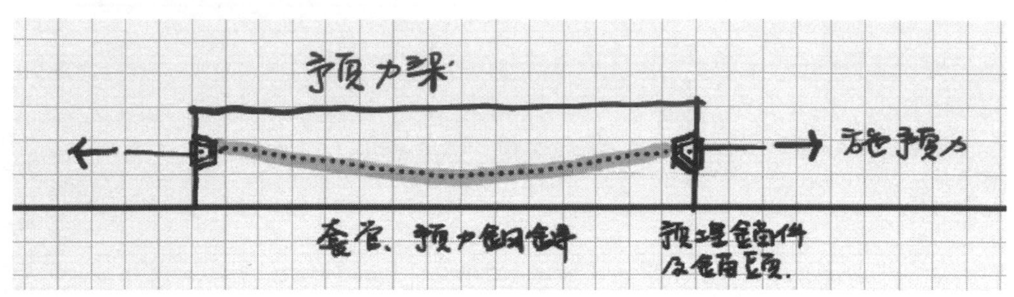

<table>
<tr><th>先拉法</th><th>後拉法</th></tr>
<tr><td colspan="2">施預力底床及底部模版安裝</td></tr>
<tr><td>配置預力鋼腱及施加預力</td><td rowspan="2">鋼筋組立、套管鋼腱配置、端錨預埋</td></tr>
<tr><td>鋼筋組立</td></tr>
<tr><td colspan="2">側模組立</td></tr>
<tr><td colspan="2">澆置混凝土</td></tr>
<tr><td colspan="2">養護（達規定強度）</td></tr>
<tr><td>結束鋼腱施力、預力導入</td><td>拆側模</td></tr>
<tr><td>切斷預力腱</td><td>鋼腱施加預力</td></tr>
<tr><td>拆模</td><td>端部錨定處理</td></tr>
<tr><td></td><td>套管內灌漿及封蓋</td></tr>
<tr><td></td><td>拆底模</td></tr>
</table>

四、何謂工程管理？試說明營建工程管理須具備那些要件及過程中可透過那些方式來進行，通常會預期達成那些目標？可以透過那些圖表工具對於施工順序及內容進行工程規劃，請繪圖及說明之。（25 分）

參考題解

（一）於營建過程中，對工程個階段如規劃、設計、施工、營運等過程藉由管理系統與管理技術實施管理。

（二）可藉由 QC-品質管制、三級品管制度、計畫評核術 PERT、要徑分析 CPM、作業資源調配、價值工程…等方式進行管理。工程管理之目標主要著重於三個核心，該工程之期程應如期完成、達到預期之品質、並符合成本限制。

（三）工作網圖-箭線圖法

圖例	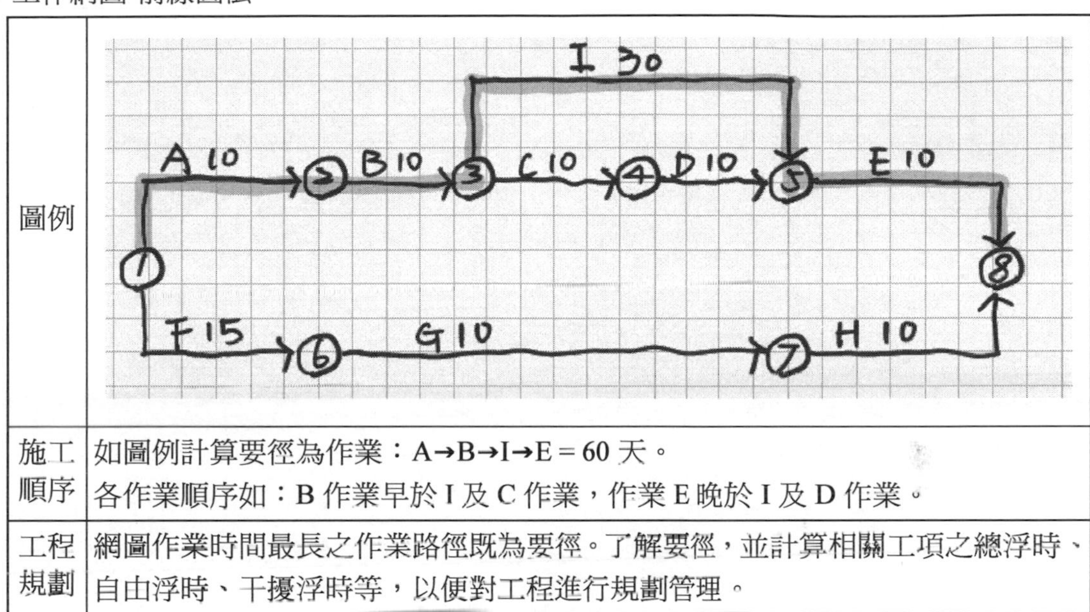
施工順序	如圖例計算要徑為作業：A→B→I→E = 60 天。 各作業順序如：B 作業早於 I 及 C 作業，作業 E 晚於 I 及 D 作業。
工程規劃	網圖作業時間最長之作業路徑既為要徑。了解要徑，並計算相關工項之總浮時、自由浮時、干擾浮時等，以便對工程進行規劃管理。

110年 特種考試地方政府公務人員考試試題／建築圖學概要

一、本題為繪製高齡者居家用浴廁的友善環境圖說，其空間淨寬為 220 × 220 公分，高度 250 公分，外推門預留寬度為 90 公分，糞管位置在 A。繪製內容應包括坐式馬桶、可動式扶手、洗手盆、放置盥洗用品的簡式壁掛式檯面、鏡子（不須有鏡櫃）、淋浴用之水龍頭與蓮蓬頭、必要的扶手。

另須繪製地磚與壁磚、地面排水孔等，繪製時不須考慮室內開窗的位置與牆厚。

圖面要求：

（一）繪製 1/50 平面圖與兩向剖面圖，採用 CNS 標示設施位置尺寸與剖面標示線。（50 分）

（二）繪製從(I)視角的等角透視圖，不畫(a)與(b)兩道牆與牆上的設施。（50 分）

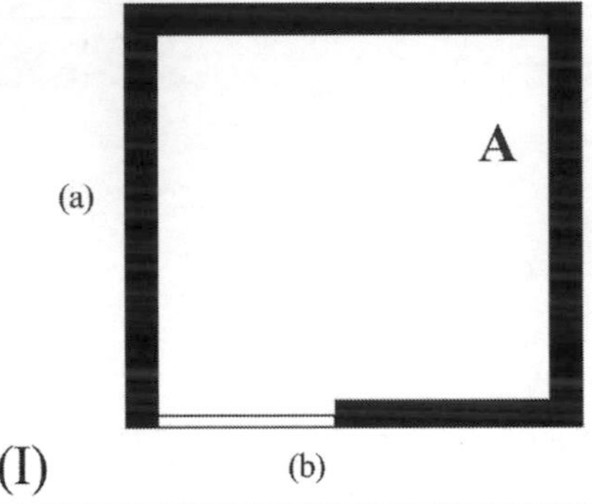

參考題解

高齡者居家用浴廁的友善環境圖說，其空間淨寬為 220 × 220 公分，高度 250 公分，外推門預留寬度為 90 公分

（一）繪製平面圖與兩向剖面圖

1. 平面圖

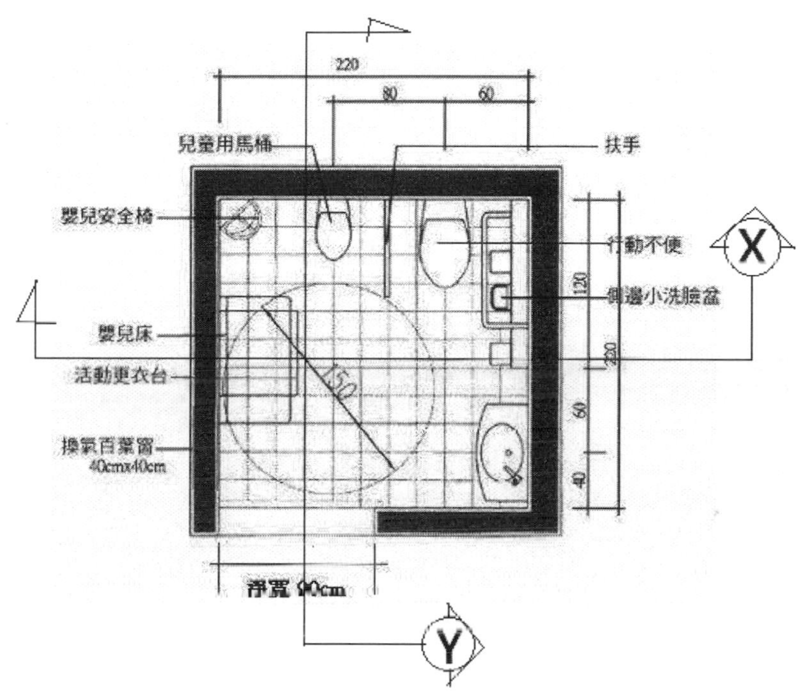

資料來源：http://www.tccarch.org.tw/Upload/20210122173527_23751.pdf

2. 剖面圖

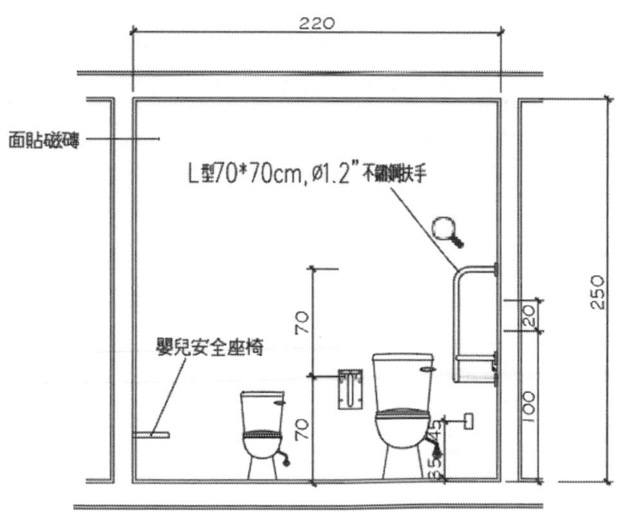

X 向剖／立面示意

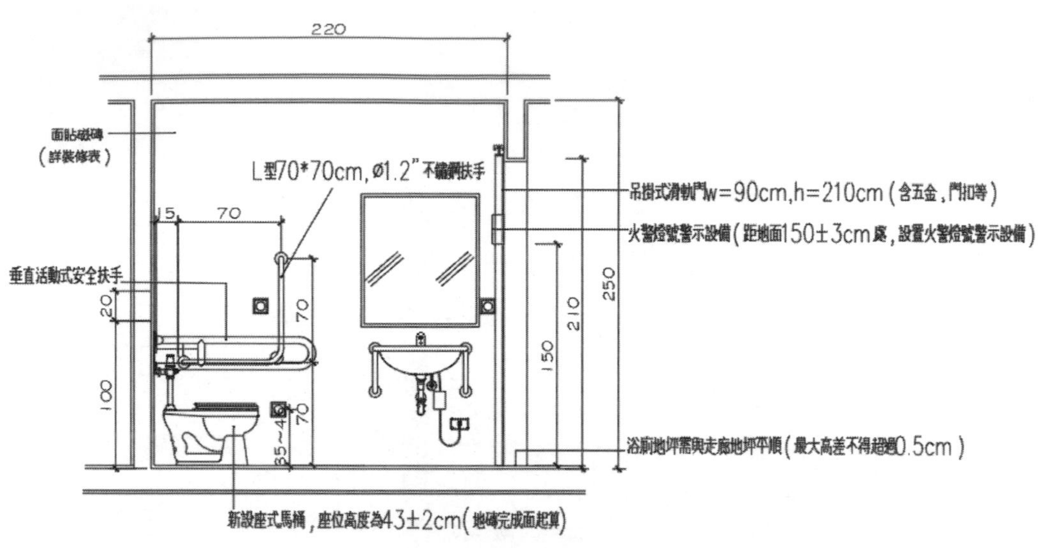

Y 向剖／立面示意圖

（二）等角透視圖示意

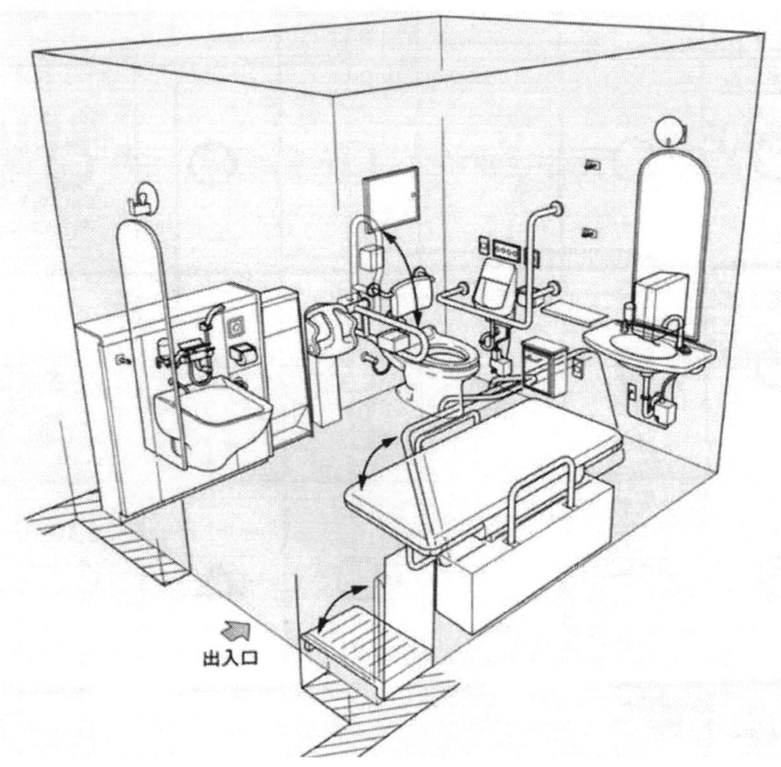

資料來源：http://ir.lib.ntust.edu.tw/bitstream/987654321/20862/1/099301070000G1002.pdf

110年 特種考試地方政府公務人員考試試題／工程力學概要

一、如圖（一）所示之簡支梁：

（一）試繪出其自由體圖（Free-Body Diagram）。（10分）

（二）試求A點及B點之反力。（15分）

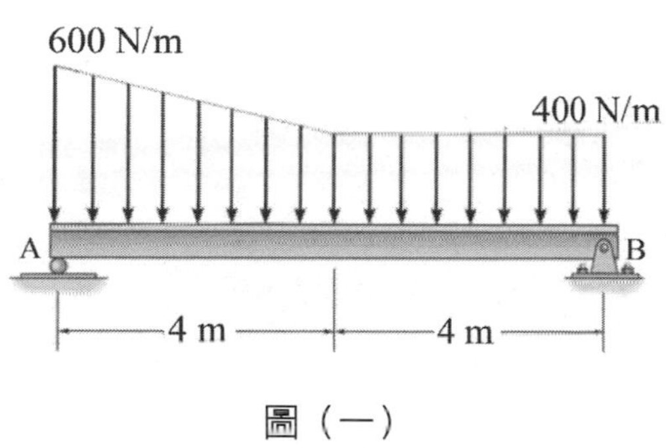

圖（一）

參考題解

（一）自由體圖如右

$F_1 = 400 \times 8 = 3200$

$F_2 = \frac{1}{2} \times 200 \times 4 = 400$

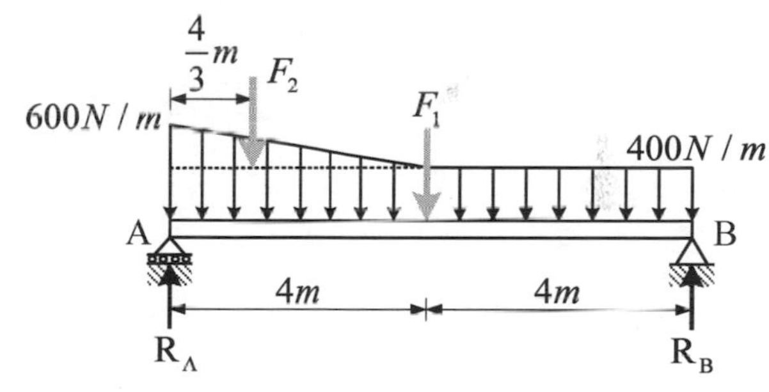

（二）A點及B點的支承反力

1. $\sum M_A = 0$，$F_1 \times 4 + F_2 \times \frac{4}{3} = R_B \times 8 \quad \therefore R_B = \frac{5000}{3}\ N$

2. $\sum F_y = 0$，$R_A + R_B = F_1 + F_2 \quad \therefore R_A = \frac{5800}{3}\ N$

二、桁架結構其載重及支撐如圖（二）所示：

（一）試求桿件 CD，CJ 及 GJ 所受之力並敘明其為受拉（in tension T）或是受壓（in compression C）桿件。（15 分）

（二）有無未受力之桿件（zero-force member）？若有，請敘明。（10 分）

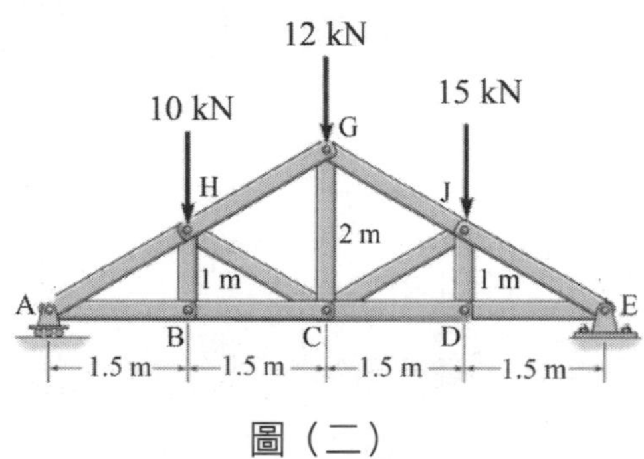

圖（二）

參考題解

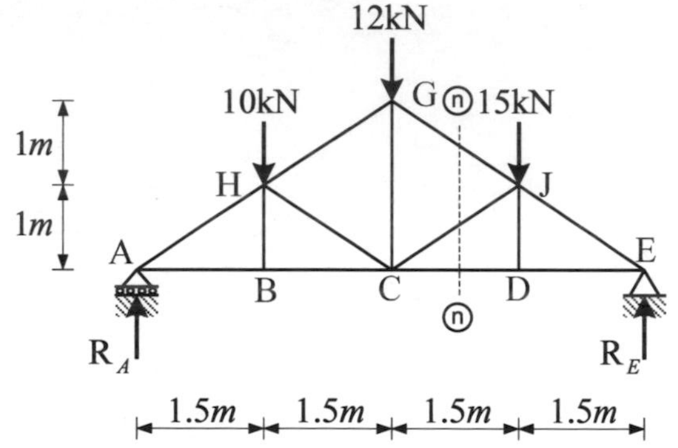

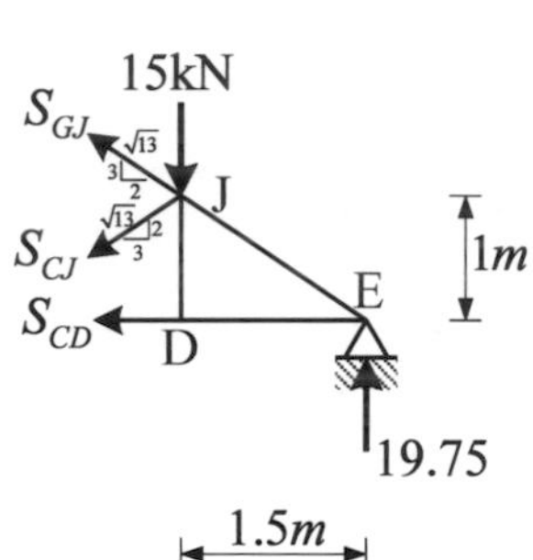

（一）計算支承反力

1. $\sum M_A = 0$，$10\times1.5+12\times3+15\times4.5 = R_E\times6 \quad \therefore R_E = 19.75\ kN$

2. $\sum F_y = 0$，$R_A + R_E = 10+12+15 \quad \therefore R_A = 17.25\ kN$

（二）切開ⓝ-ⓝ剖面，取出右半部自由體

1. $\sum M_J = 0$，$S_{CD}\times1 = 19.75\times1.5 \quad \therefore S_{CD} = 29.625\ kN$(拉)

2. $\sum M_E = 0$，$15\times1.5 + S_{CJ}\times\frac{2}{\sqrt{13}}\times1.5 + S_{CJ}\times\frac{3}{\sqrt{13}}\times1 = 0 \quad \therefore S_{CJ} = -3.75\sqrt{13}\ kN$ (壓)

3. $\sum F_x = 0$，$S_{GJ}\times\frac{3}{\sqrt{13}} + S_{CJ}\times\frac{3}{\sqrt{13}} + S_{CD} = 0 \quad \therefore S_{GJ} = -6.125\sqrt{13}\ kN$(壓)

（三）S_{BH}、S_{DJ} 為零桿

三、試繪出圖（三）所示簡支梁之剪力圖（V-Diagram）與彎矩圖（M-Diagram）。（25 分）

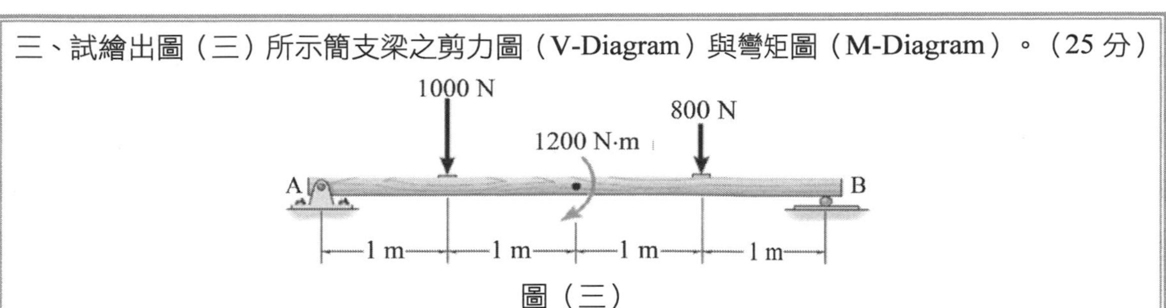

圖（三）

參考題解

（一）計算支承反力

1. $\sum M_A = 0$，$1000 \times 1 + 1200 + 800 \times 3 = R_B \times 4$ $\therefore R_B = 1150\ N$

2. $\sum F_y = 0$，$R_A + R_B = 1000 + 800$ $\therefore R_A = 650\ N$

（二）繪製剪力彎矩圖

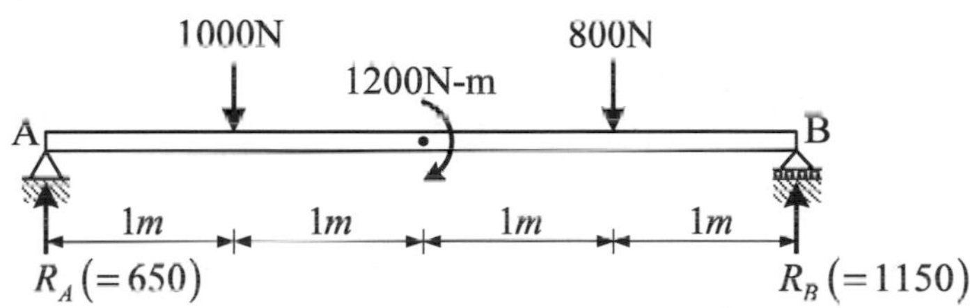

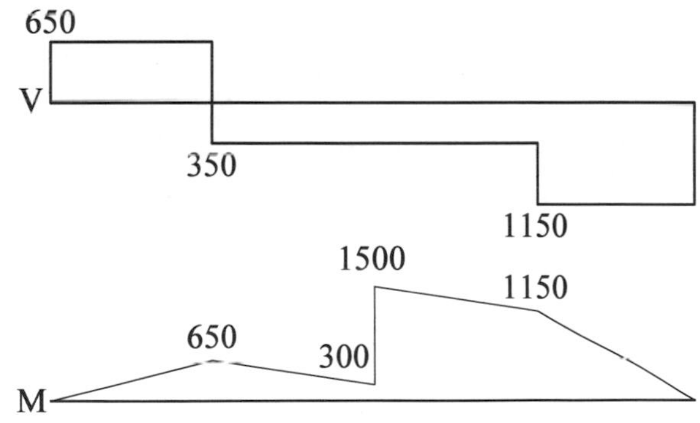

四、斷面如圖（四）所示，點 C 為此斷面之形心。試求 $\bar{x}$ 及此斷面對 y' 軸之慣性矩。（25 分）

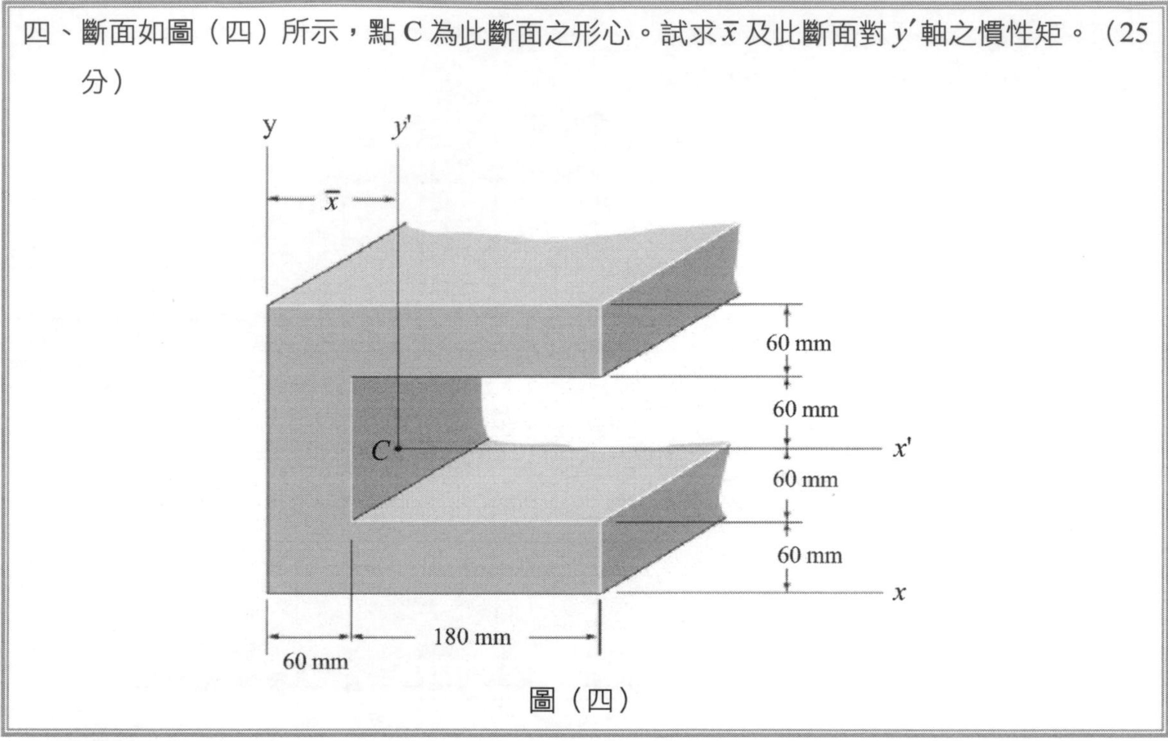

圖（四）

參考題解

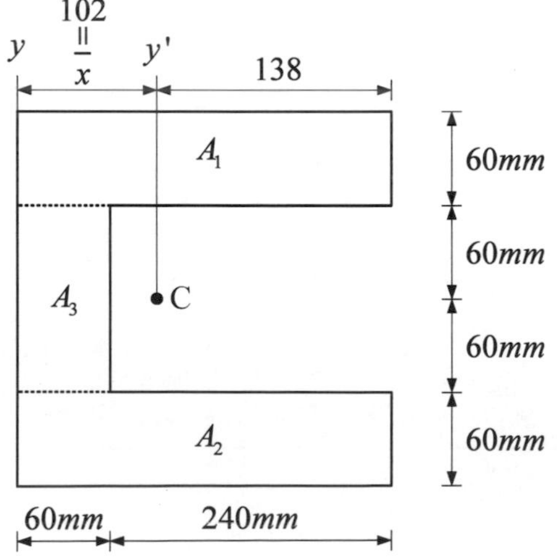

（一）計算 $\bar{x}$

$A_1 = 60 \times 240 = 14400 \qquad x_1 = 120$

$A_2 = 60 \times 240 = 14400 \qquad x_2 = 120$

$A_3 = 60 \times 120 = 7200 \qquad x_3 = 30$

$$\bar{x}=\frac{x_1A_1+x_2A_2+x_3A_3}{A_1+A_2+A_3}=\frac{14400(120)+14400(120)+7200(30)}{14400+14400+7200}=102\ mm$$

（二）計算I'_y

$$I'_y=\left[\frac{1}{3}\times 60\times 138^3\right]\times 2+\frac{1}{3}\times 240\times 102^3-\frac{1}{3}\times 120\times 42^3=187056000\ mm^4$$

參考書目

一、全國法規資料庫　法務部

二、公共工程技術資料庫　公共工程委員會

三、中國國家標準　標準檢驗局

四、建築結構系統　鄭茂川　桂冠出版社

五、建築結構力學　鄭茂川　台隆書店

六、營造法與施工（上冊、下冊）吳卓夫等　茂榮書局

七、營造與施工實務（上冊、下冊）　石正義　詹氏書局

八、建築工程估價投標　王玨　詹氏書局

九、建築圖學（設計與製圖）崔光大　巨流圖書公司

十、建築製圖　黃清榮　詹氏書局

十一、綠建材解說與評估手冊　內政部建築研究所

十二、綠建築解說與評估手冊　內政部建築研究所

十三、綠建築設計技術彙編　內政部建築研究所

十四、建築設備概論　莊嘉文　詹氏書局

十五、建築設備（環境控制系統）周鼎金　茂榮圖書有限公司

十六、圖解建築物理概論　吳啟哲　胡氏圖書

十七、圖解建築設備學概論　詹肇裕　胡氏圖書

新創聯合辦公室(110高)
強柱弱梁
結構柱：跨距>1:10
合理結構模矩
建築高度<25M平緩天際線
輕質乾掛外牆大樣示意
凹凸窗遮陽考量
活動窗簾及格柵以書光系統控制
租戶單元
1F平面 A3=1/300
東南向透視
街角順平處理
裝修材及樣式統一規格採購
屋突格柵遮蔽設備
適量屋頂綠化搭配屋頂活動
裝修完成配有傢俱減少新創事業之成本
室內綠建材≥60%
共同行政服務考量空間規畫
共用會談接待空間示意
法務等服務
行政管理樓層
長向主要剖/立面 A3=1/300

附件一B

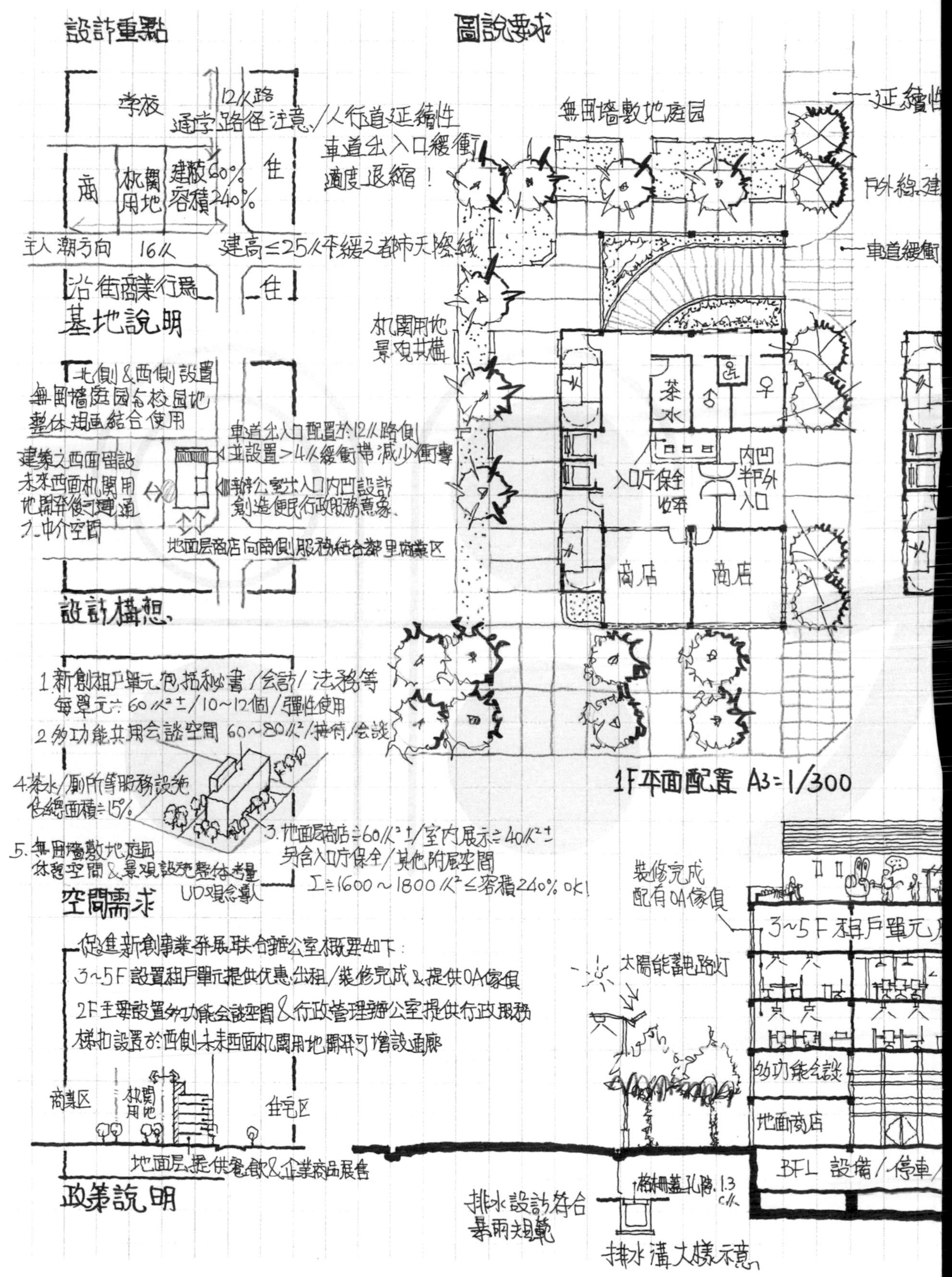

設計重點
學校
12M路
通学路径注意／人行道延續性
車道出入口緩衝
適度退縮！
商
机關用地
建蔽60%
容積240%
住
主人潮方向
16M
建高≦25M平緩之都市天際線
沿街商業行為
住
基地說明
北側＆西側設置
無圍牆庭園＆校园地
整体規画結合使用
車道出入口配置於12M路側
並設置＞4M緩衝帶減少衝擊
建築之西面留設
未來西面机關用
地開発後可連通
之中介空間
辦公室出入口內凹設計
創造便民行政服務意象
地面层商店向南側服務結合都里商業区
設計構想
1.新創租戶單元包括秘書／会計／法務等
每單元≒60M²±／10～12個／彈性使用
2.多功能共用会談空間 60～80M²／接待／会談
4.茶水／廁所等服務設施
佔總面積≒15%
3.地面层商店≒60M²±／室內展示≒40M²±
另含入口庁保全／其他附屬空間
5.無圍牆敷地庭園
休憩空間＆景观設施整体考量
UD观念导入
Σ≒1600～1800M²≦容積240% OK!
空間需求
促進新創事業發展联合辦公室概要如下：
3～5F設置租戶單元提供优惠出租／裝修完成＆提供OA傢俱
2F主要設置多功能会談空間＆行政管理辦公室提供行政服務
梯机設置於西側未来西面机關用地開発可增設通廊
商業区
机關用地
住宅区
地面层提供餐飲＆企業商品展售
政策說明
圖說要求
無圍牆敷地庭园
延續性
戶外線建
車道緩衝
机關用地
景观共構
茶水
內凹
半戶外
入口
入口庁保全
收発
商店
商店
1F平面配置 A3=1/300
裝修完成
配有OA傢俱
3～5F租戶單元
太陽能蓄电路灯
多功能会談
地面商店
BFL 設備／停車
格柵蓋孔隙1.3 CM
排水設計符合
暴雨規範
排水溝大樣示意

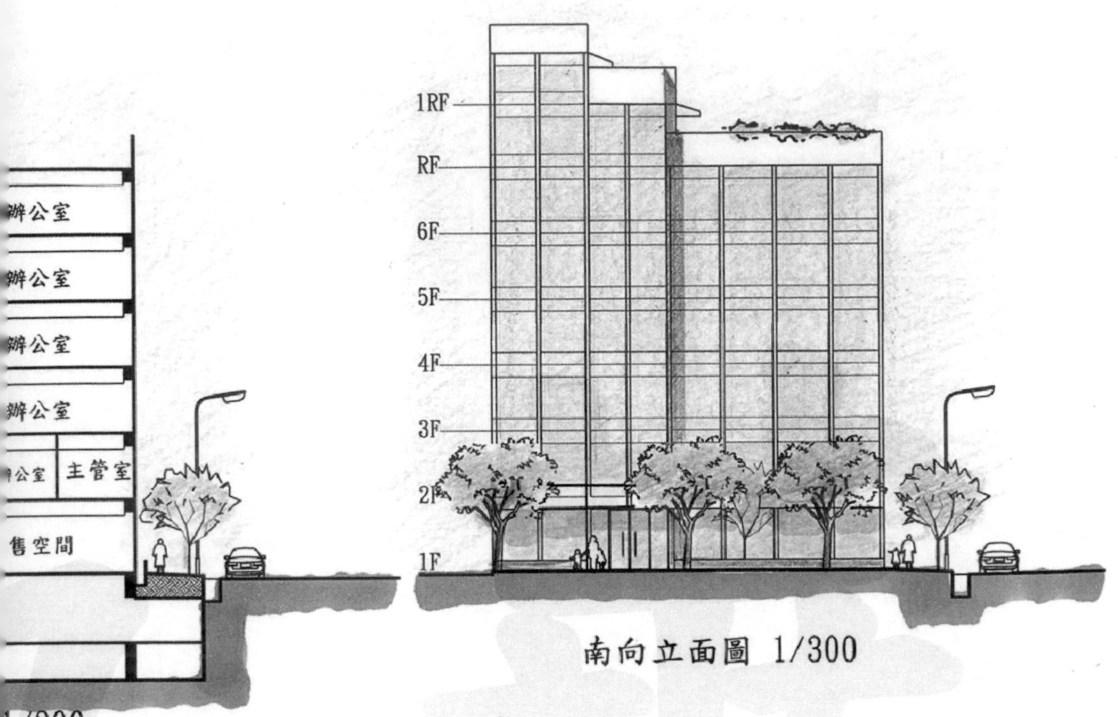

南向立面圖 1/300

1/300

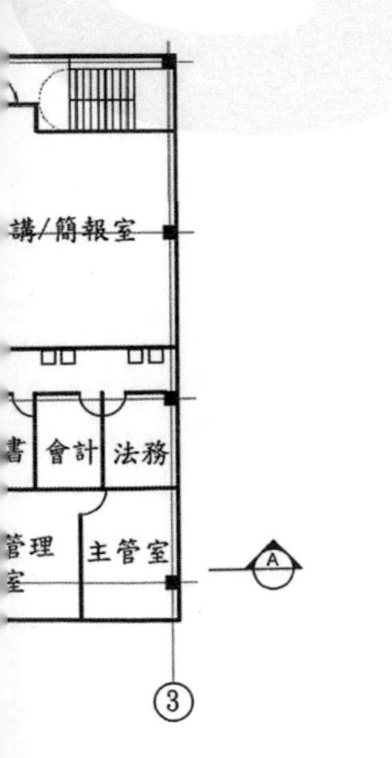

300

女廁
陽台
男廁
機房
無障礙廁所
出租辦公室
茶水間
出租辦公室
梯廳
出租辦公室
出租辦公室
A
B
C
D
1
2
3

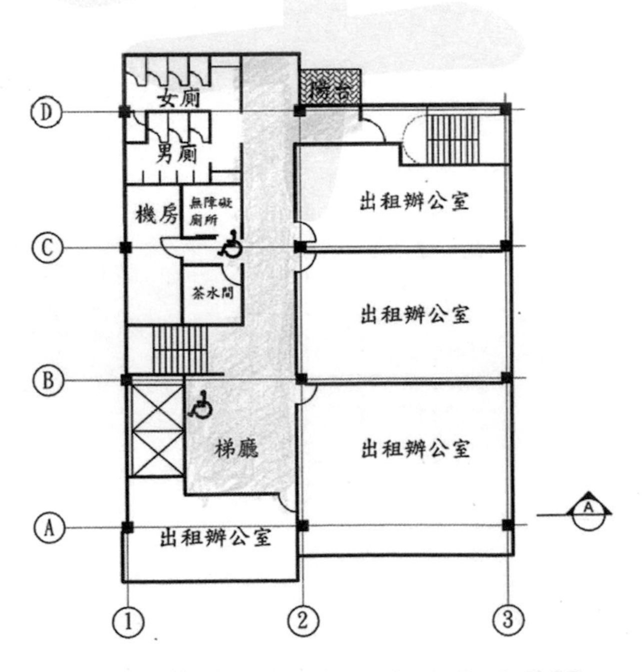

3~6樓出租辦公室平面圖 1/300

A3 1/300

附件一 A

文小
次入口
私設通路/裝卸區
機關用地
基地
12M道路
住宅區
3.64m 綠帶
VIEW
主入口
庭園
街角退縮廣場
3.64m綠帶
16M道路
住宅區
住宅區

設計說明

停車場昇降機
次入口
裝卸位
女廁
男廁
機房
無障礙廁所
點餐櫃檯
廚房
咖啡簡餐店
茶水間
大廳
展售空間
保全收發
主入口
機關用地
12M道路
16M道路

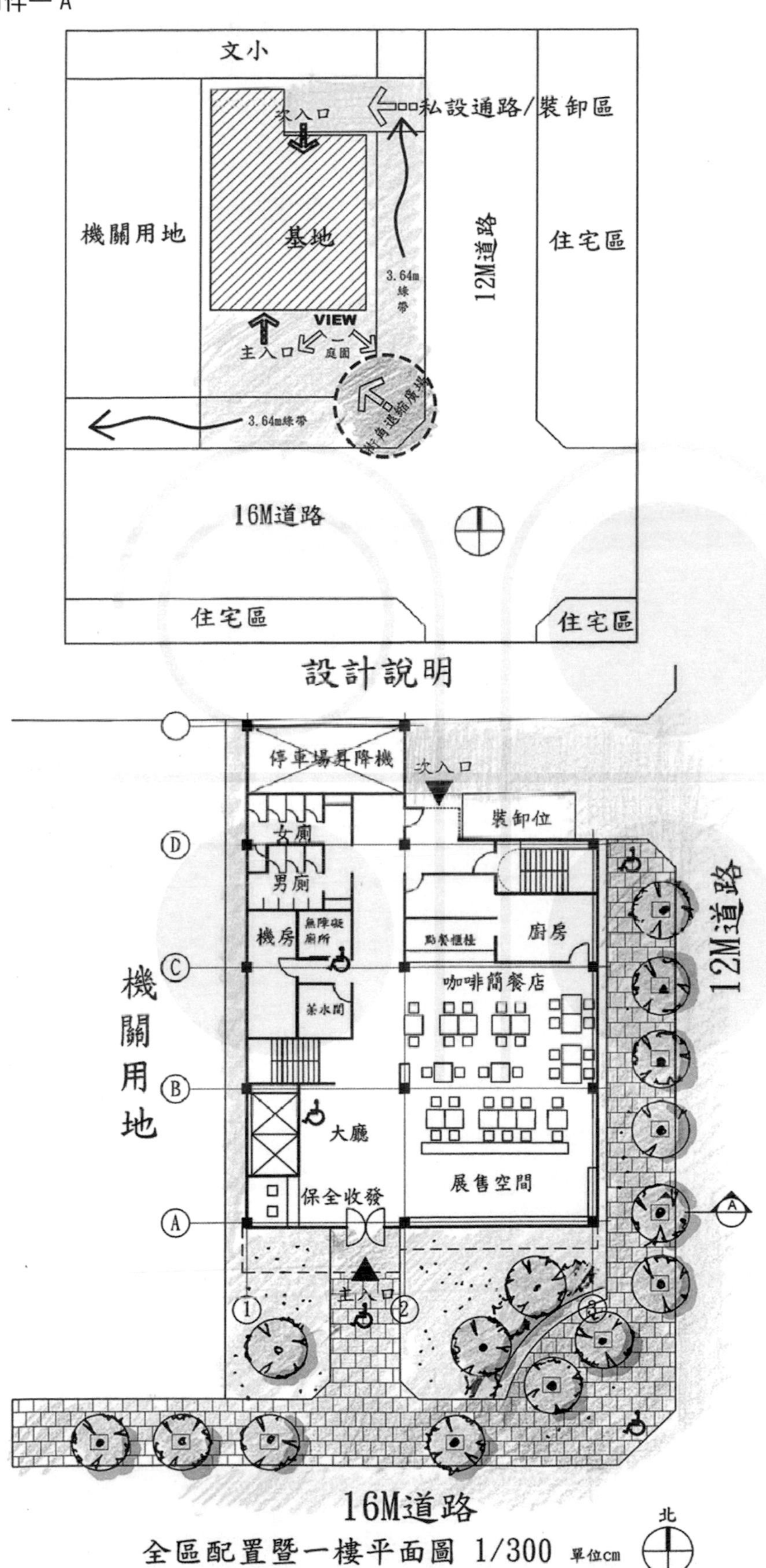

全區配置暨一樓平面圖 1/300 單位cm

北

110年公務人員高

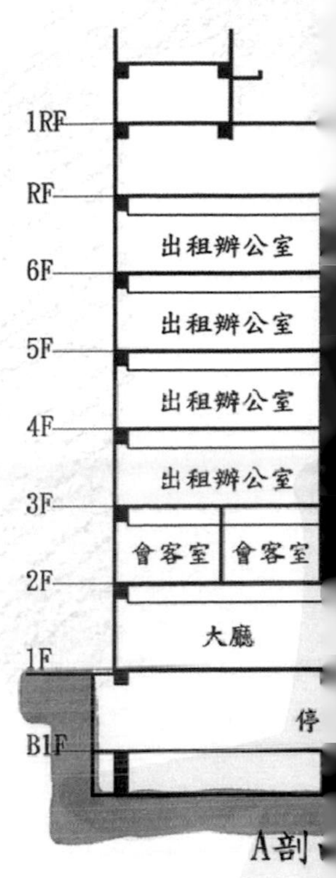

A剖

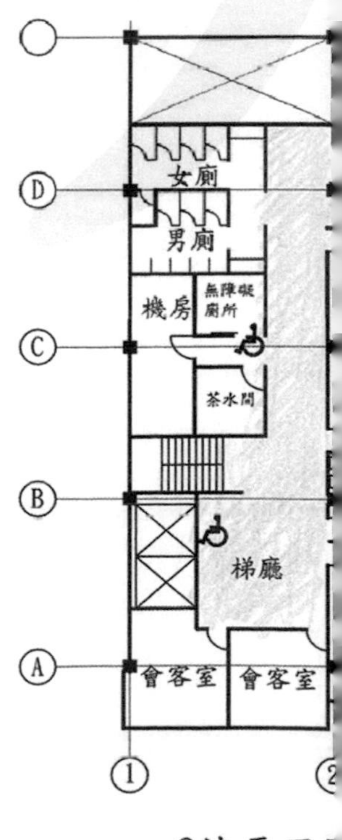

2樓平面

申論題－基地(敷地)調查分析項目與方法－以本案為例

軸線端景

公園主軸線

軸線端景

基地環境分析主項	基地環境分析分項	基地環境分析細項	本案回應項目	本案環境分析方法(SWOT 矩陣分析法+人事時地物行為及情境分析法)及規劃設計策略
外部環境	物理環境	日照方位	●	體健中心配置南北向以免眩光
		季節風		
		降雨/降雪		
	自然景觀	河川/湖泊/小溪	●	圖書館面向小溪取靜
		綠帶	●	圖書館
	鄰接道路等級	快速道路 30M 以上		
		中等道路 12M~25M	●	1. 區政中心的主要業務為行政中心應有臨靠 20M 道路讓民眾方便到達，運動中心量體大靠基地後端以減少視覺壓迫 2. 停車場出入口設於次要道路(15M)，避免對 25M 道路衝擊
		社區道路 8M~10M		
		巷道 7M 以下		
		自行車道	●	基地東面綠帶有 5m 自行車道，因此於東向設置自行車停放區可停 30 輛自行車
	人文景觀	老街/夜市		
		古蹟		
		廟埕		
	鄰近公共設施	公園	●	本基地與公園整體規劃並以公園綠園道軸線串聯本基地
		加油站/變電所		
		學校(幼兒園~小學~國中~高中)		
		公有停車場		
		操場		
		機關		
		市場		
		老人院		
		排水溝/地下管線		
		捷運站/公車站	●	於基地北向 20M 道路邊設置公車站及停靠灣
	臨地使用情形	開發完成之住宅區	●	東邊小溪增設一小橋與本基地串聯方便社區居民進入使用
		開發完成之商業辦公大樓		
		密林/農地		
		沿街騎樓		
		法定空地		
內部環境	地形	方正		
		長條		
		曲折畸零		
	地勢	坡度%		
		坡向		
		等高線分佈		
		向陽坡/背陽坡		
		山谷地/低窪地		
	基地規模	超大型 10 公頃以上，依防災需要須設基地內通路		
		大型 5~10 公頃，依防災需要須設基地內通路		
		中型 2~5 公頃，依防災需要須設基地內通路，惟三面皆臨 8m 以上計畫道路可不設	●	本基地面積 3.3 公頃屬中型基地且三面臨計畫道路可不必設基地內通路
		小型 1~2 公頃，無須設基地內通路		
		微型 1 公頃以下，無須設基地內通路		
		迷你型 500M² 以下，無須設基地內通路		
	既有地上物	古蹟/古厝/老樹		
	地下物	既有管線		
		地質(鑽探)		
法規	建蔽率%	50	●	實設 45%　OK
	容積率%	200	●	實設 110%　OK
	建築線		●	三面
	無遮簷人行道退縮		●	沿街面自願退縮 6M
	街角退縮廣場		●	自願三處街角退縮
	無障礙設施		●	
	綠建築		●	基地保水-設置生態池/LOW E 玻璃/基地綠化綠法定空地之 1/2 以上
	安全梯座數			
	屋頂型式			
	法定停車空間		●	設於地下停車場 B1　B2

資料來源：九華文教機構陳雲專老師建築設計破題講義第4、16、17頁

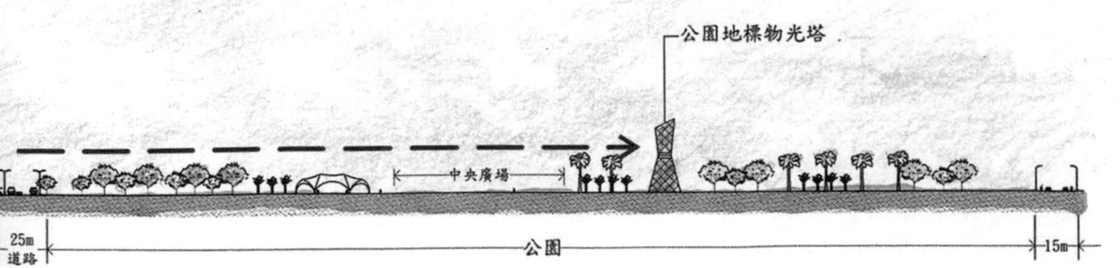

A剖立面圖 1/2500

A3 1/2500

附件二 A

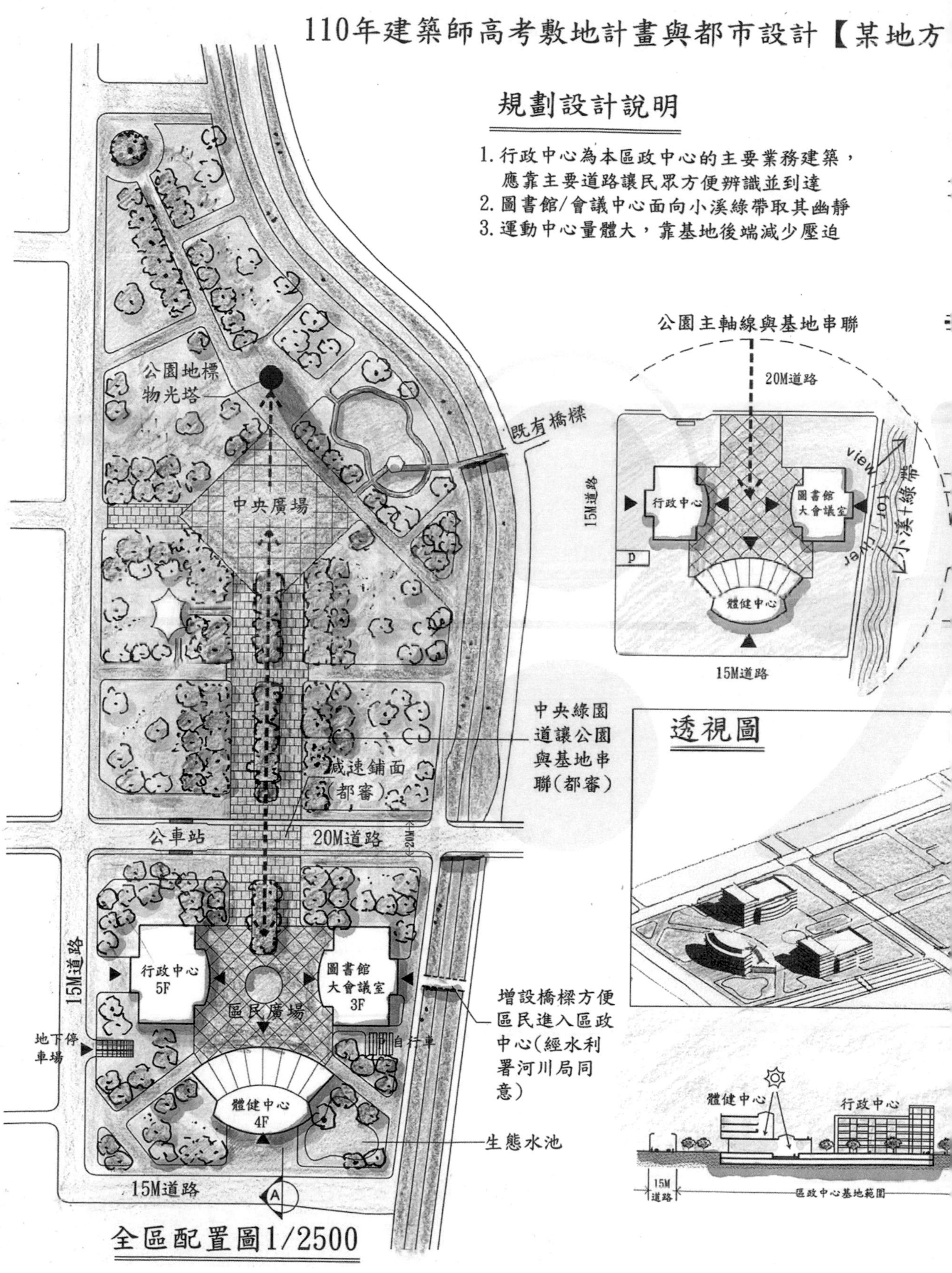
110年建築師高考敷地計畫與都市設計【某地方
規劃設計說明
1. 行政中心為本區政中心的主要業務建築，應靠主要道路讓民眾方便辨識並到達
2. 圖書館/會議中心面向小溪綠帶取其幽靜
3. 運動中心量體大，靠基地後端減少壓迫
公園主軸線與基地串聯
20M道路
15M道路
行政中心
圖書館
大會議室
體健中心
15M道路
view
小溪+綠帶
透視圖
公園地標
物光塔
既有橋樑
中央廣場
中央綠園道讓公園與基地串聯(都審)
減速鋪面(都審)
公車站
20M道路
15M道路
行政中心
5F
圖書館
大會議室
3F
區民廣場
地下停車場
自行車
體健中心
4F
增設橋樑方便區民進入區政中心(經水利署河川局同意)
生態水池
15M道路
A
體健中心
行政中心
15M道路
區政中心基地範圍
全區配置圖1/2500

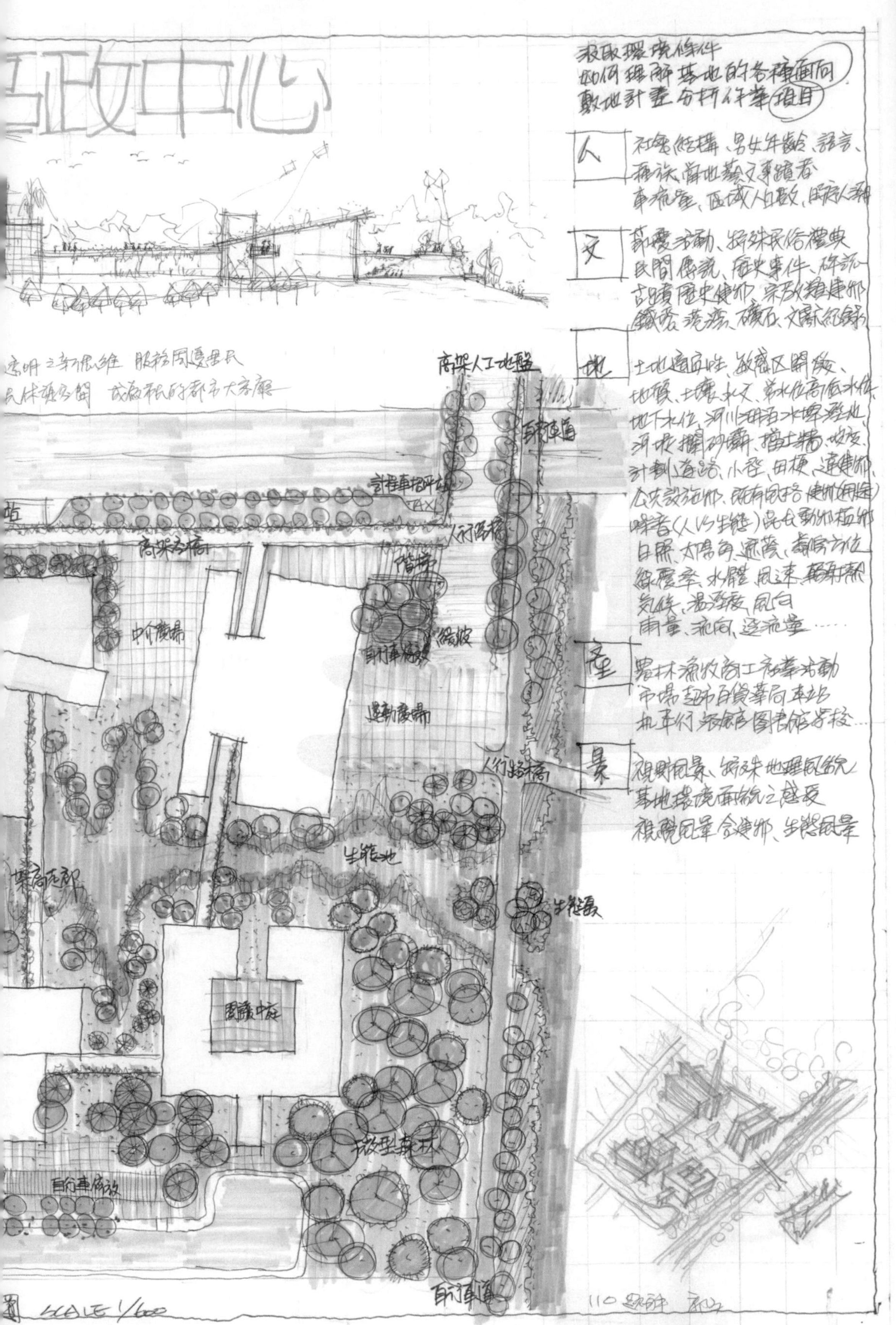

如何理解基地的各種面向
人
文
地
產
景
高架人工地盤
人行路橋
中介廣場
運動廣場
生態池
圖書中庭
自行車道
自行車停放
SCALE 1/600

附件二 B

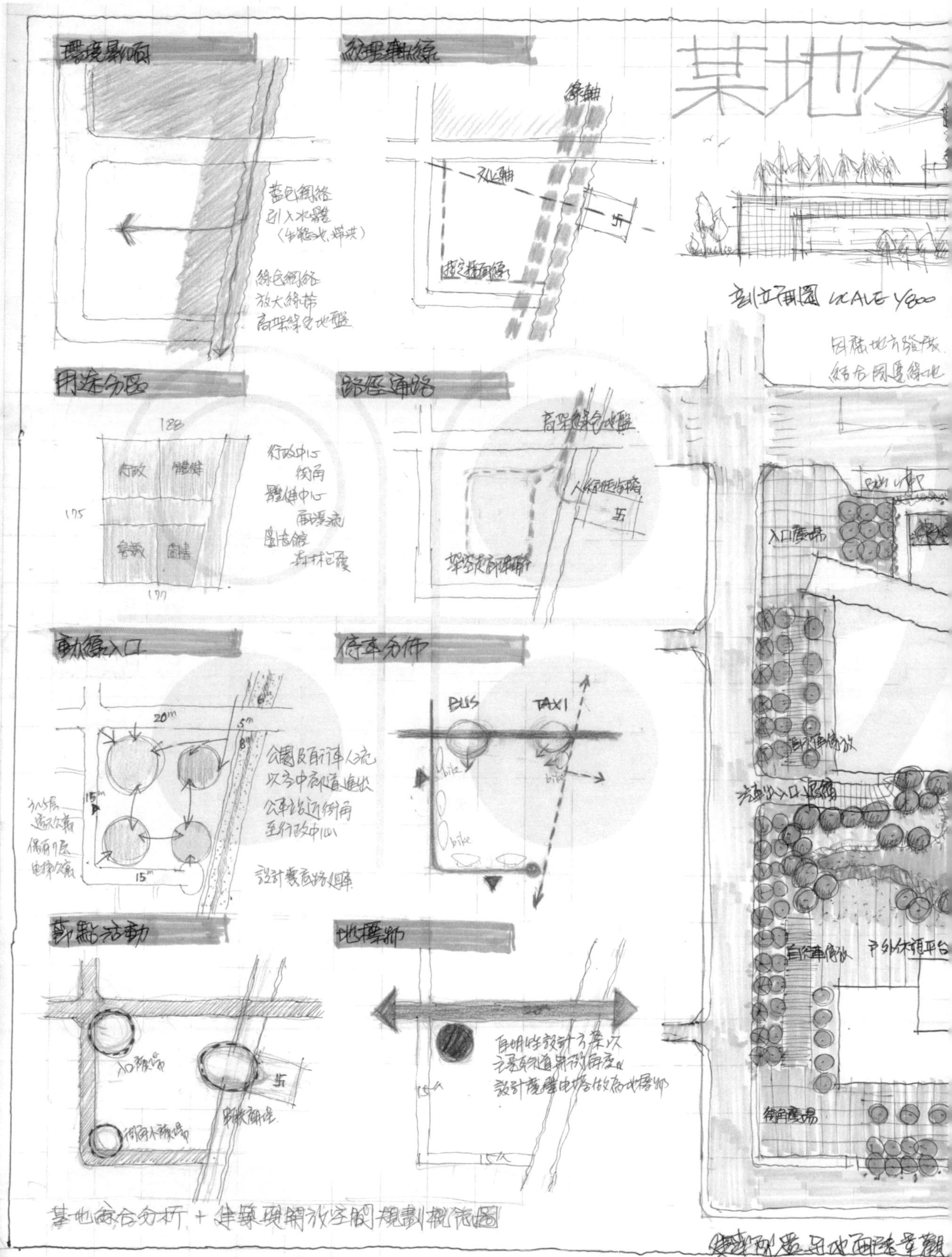

環境影響
紋理軸線
用途分區
路徑通路
動線入口
停車分佈
節點活動
地標
BUS
TAXI
bike
行政
餐廳
圖書
入口廣場
自行車停放
戶外休憩平台

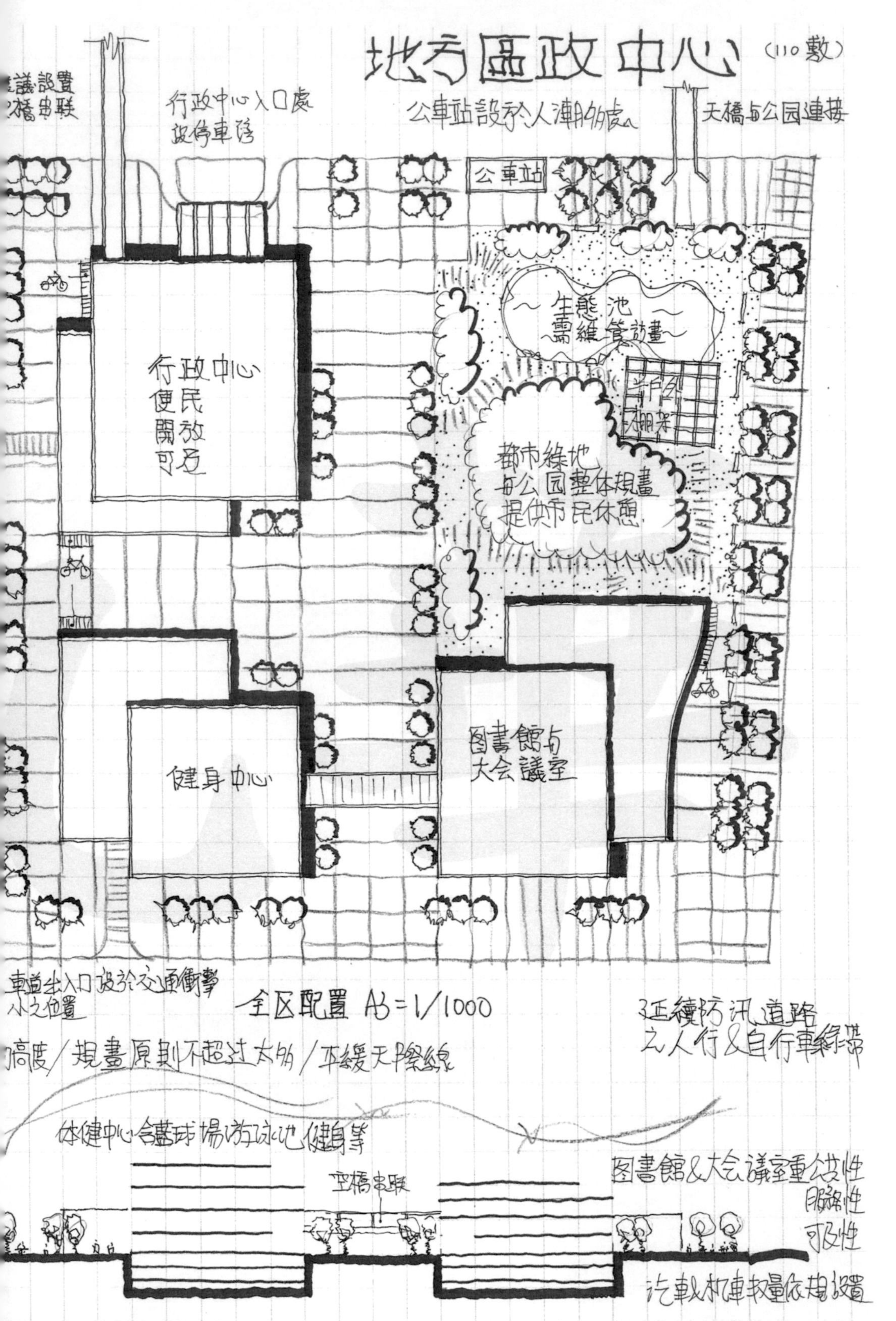

地方區政中心
行政中心入口處設停車灣
公車站設於人潮聚集處
天橋与公园連接
公車站
生態池
需維管計畫
棚架
行政中心
便民
開放
可及
都市綠地
与公园整体規畫
提供市民休憩
圖書館与
大会議室
健身中心
車道出入口設於交通衝擊小之位置
全区配置 A3=1/1000
延續防汛道路之人行&自行車綠帶
高度/規畫原則不超过太多/平緩天際線
体健中心含籃球場游泳池健身等
空橋串联
图書館&大会議室重公共性
服務性
可及性
汽車機車數量依規設置

一、申論題

如何理解基地各種面向……列舉數地計畫程序中的分析作業項目，以規畫前／中／後概述如下

(一) 規畫前：基地調查與分析

1. 生活環境與氣候
2. 地質與土壤／地圖與測量
3. 水文／植物／動物
4. 土地使用
5. 交通衝擊評估
6. 噪音防治並用於基地規劃
7. 環境污染與品質調查
8. 土地適宜性分析

(二) 規畫中：依都市設計要項

1. 公共開放空間系統
2. 人行空間及步道系統
3. 交通運輸系統設計
4. 建築基地細分規模事項
5. 建築物量体配置高度造型色彩
6. 環境保護設施
7. 景觀計畫
8. 管理維護計畫

(三) 規畫後：規劃檢討與計畫評估

1. 土地使用計畫
2. 動線計畫／人車共存／減少衝擊
3. 排水計畫（地形／水系／雨量）
4. 整地計畫過程&方法
5. 植栽計畫及使用
6. 環境影响評估&交通影响評估
7. 其他

二、設計題

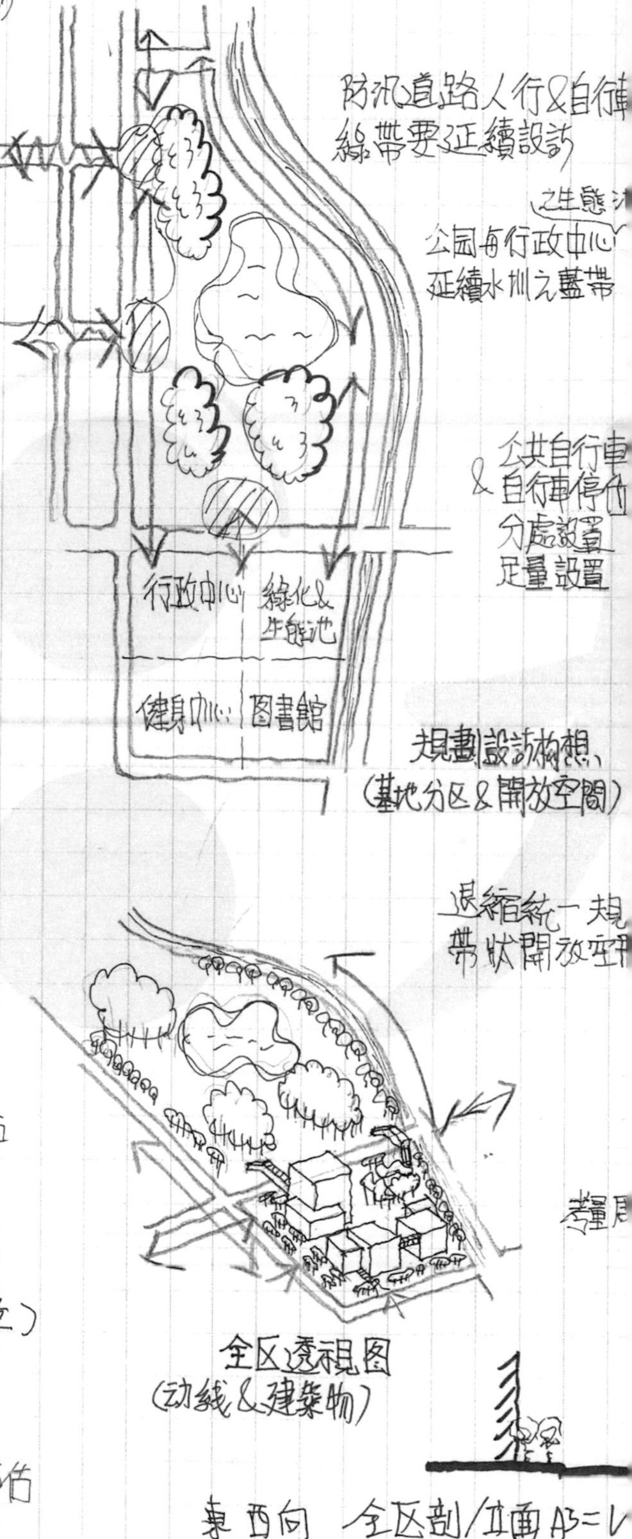

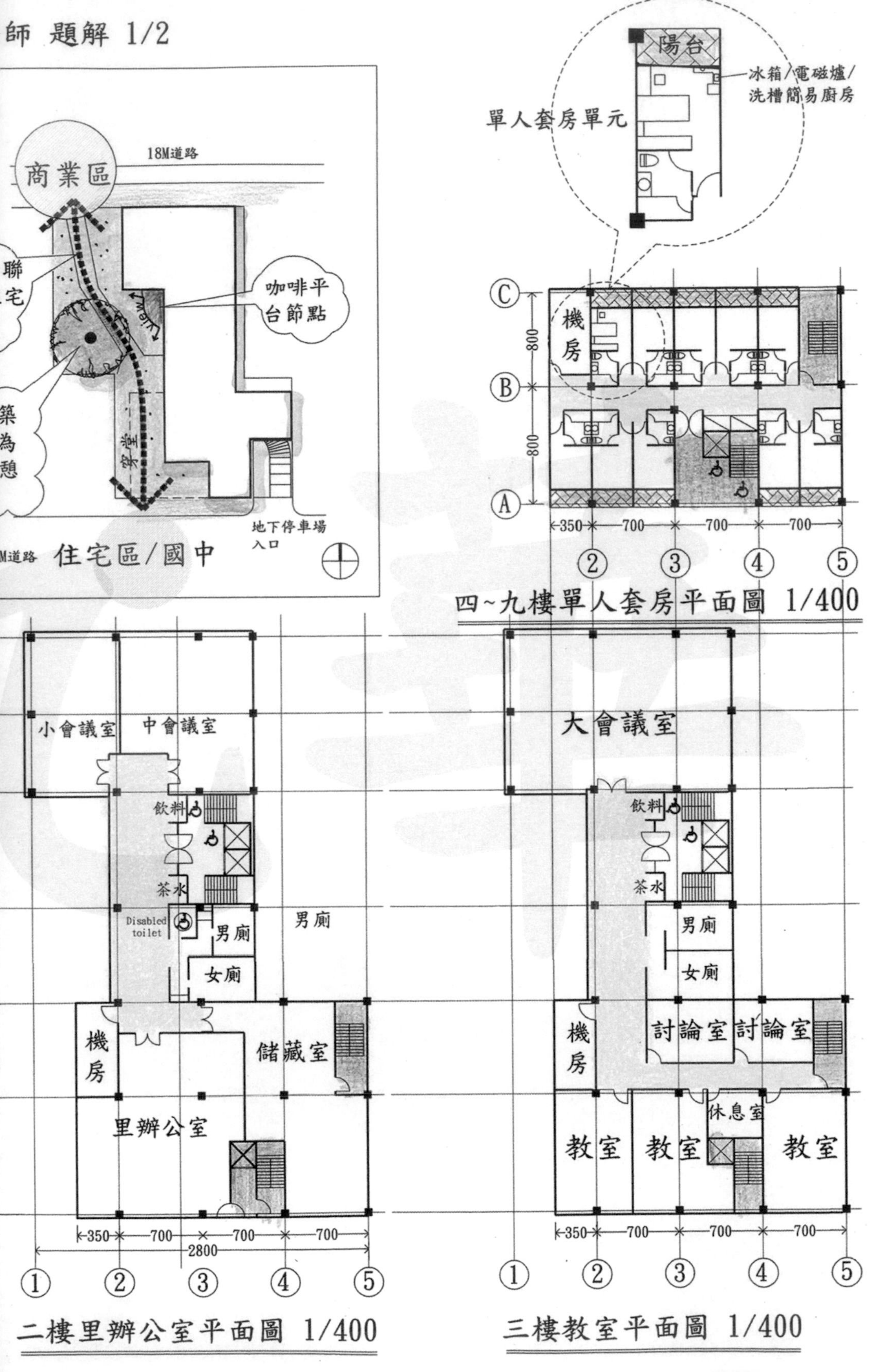
18M道路
商業區
聯
宅
咖啡平
台節點
築
為
憩
穿堂
地下停車場
入口
M道路
住宅區/國中
陽台
冰箱/電磁爐/
洗槽簡易廚房
單人套房單元
機房
800
800
350
700
700
700
四~九樓單人套房平面圖 1/400
小會議室
中會議室
飲料
茶水
Disabled
toilet
男廁
女廁
男廁
機房
儲藏室
里辦公室
350
700
700
700
2800
二樓里辦公室平面圖 1/400
大會議室
飲料
茶水
男廁
女廁
機房
討論室
討論室
休息室
教室
教室
教室
350
700
700
700
三樓教室平面圖 1/400

110年建築師專技高考建築設計 【住辦複合型社區活動中心】 陳雲

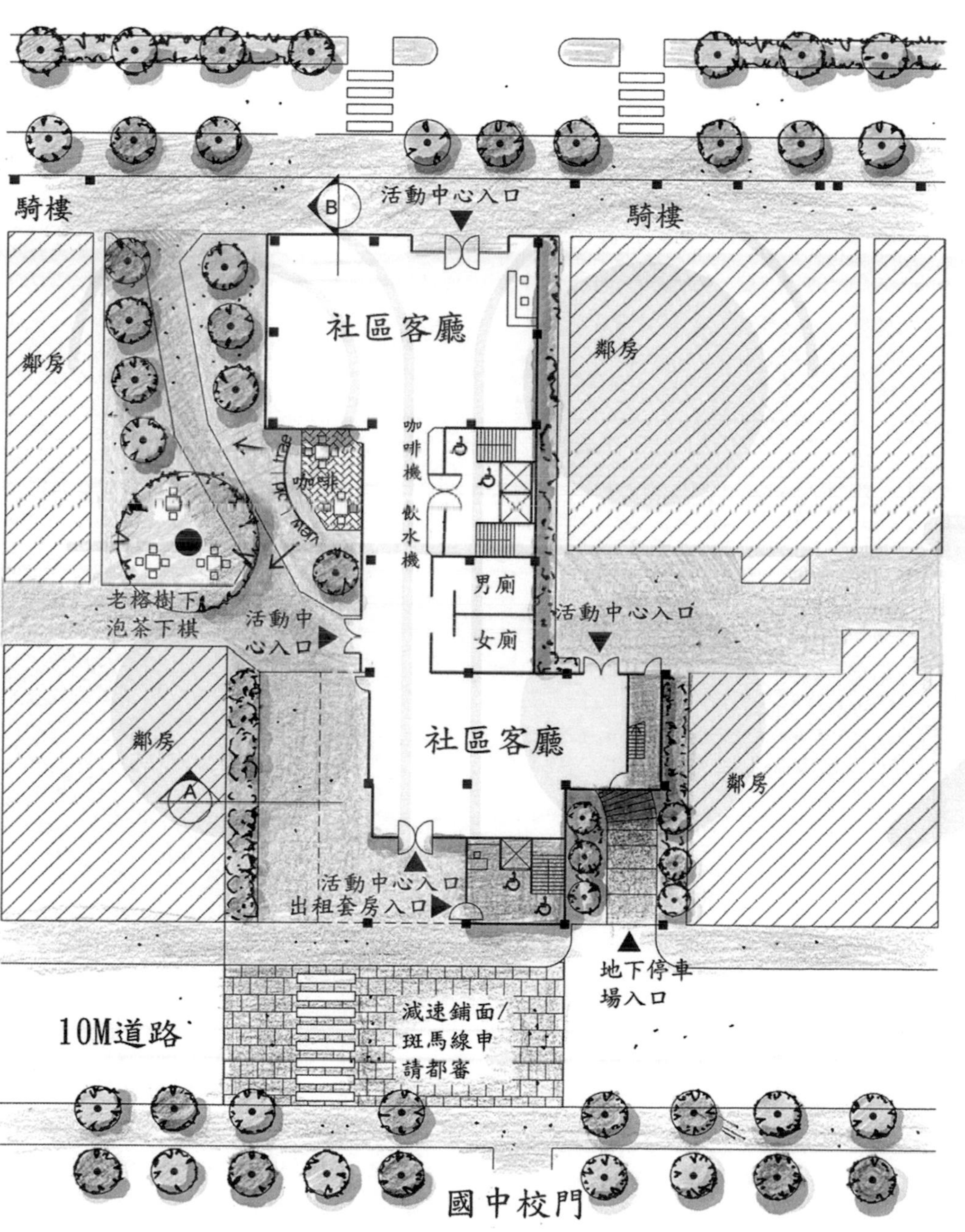

全區配置暨一樓平面圖 1/400

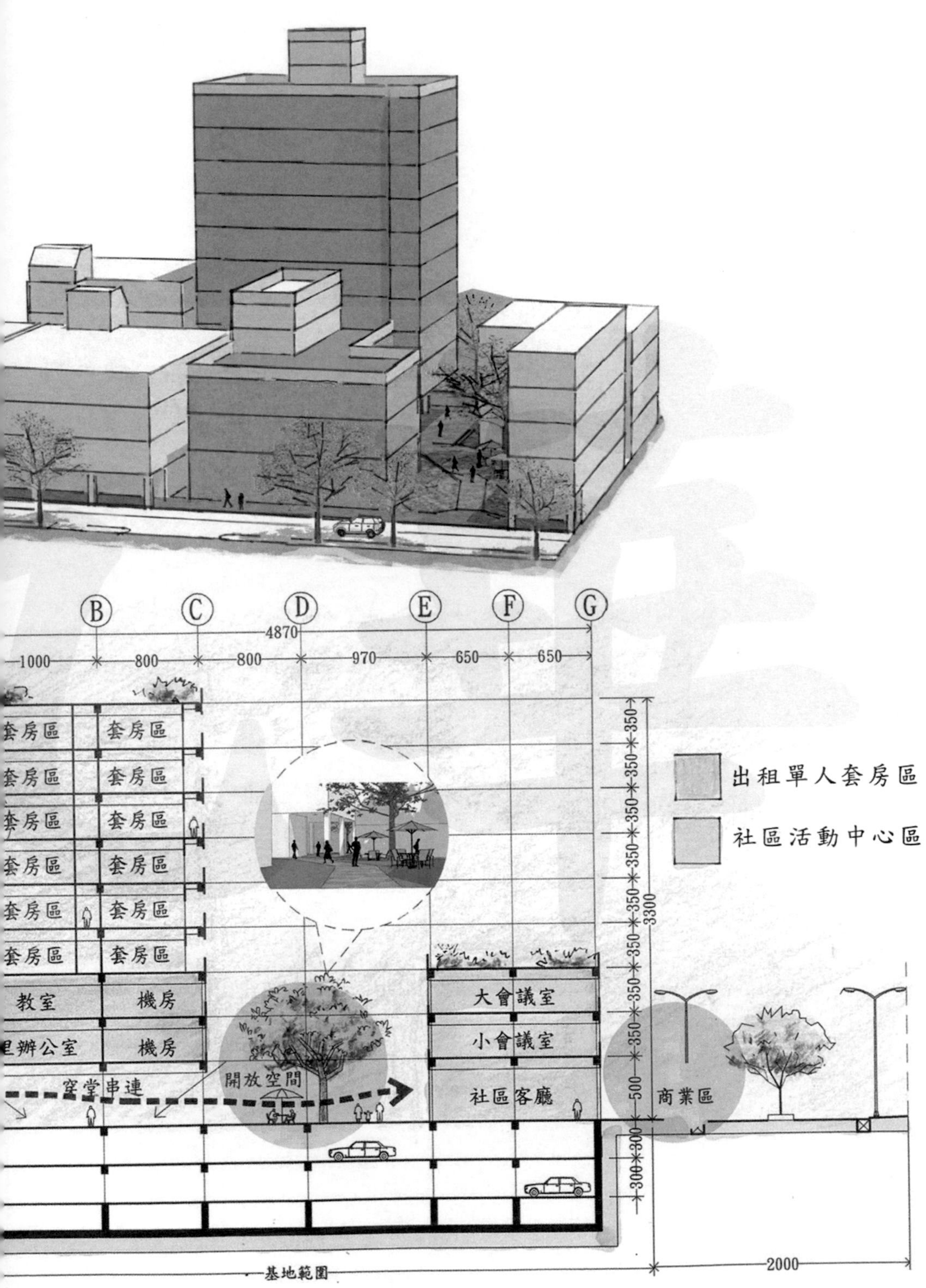
B
C
D
E
F
G
4870
1000
800
800
970
650
650
套房區
套房區
套房區
套房區
套房區
套房區
套房區
套房區
套房區
套房區
套房區
套房區
教室
機房
里辦公室
機房
窒堂串連
開放空間
大會議室
小會議室
社區客廳
商業區
350
350
350
350
350
350
350
350
500
300
300
300
3300
出租單人套房區
社區活動中心區
基地範圍
2000

B剖面圖 1/400

110年建築師專技高考建築設計 【複合型社區活動中心】 陳雲專

法規檢討：

透視圖

樓層別	樓層用途	容積樓地板面積
1F	社區活動中心	760.00
2F	社區活動中心	800.00
3F	社區活動中心	800.00
4F	出租套房	374.00
5F	出租套房	374.00
6F	出租套房	374.00
7F	出租套房	374.00
8F	出租套房	374.00
9F	出租套房	374.00
合計		4,604.00

最大容積樓地板面積：1,744㎡*2.75=4,796㎡
實設容積樓地板面積：4,604㎡＜4796㎡ OK
最大建築面積：1,744㎡*0.55=959㎡
實設建築面積：915㎡/1,744㎡=52.4%＜55% OK

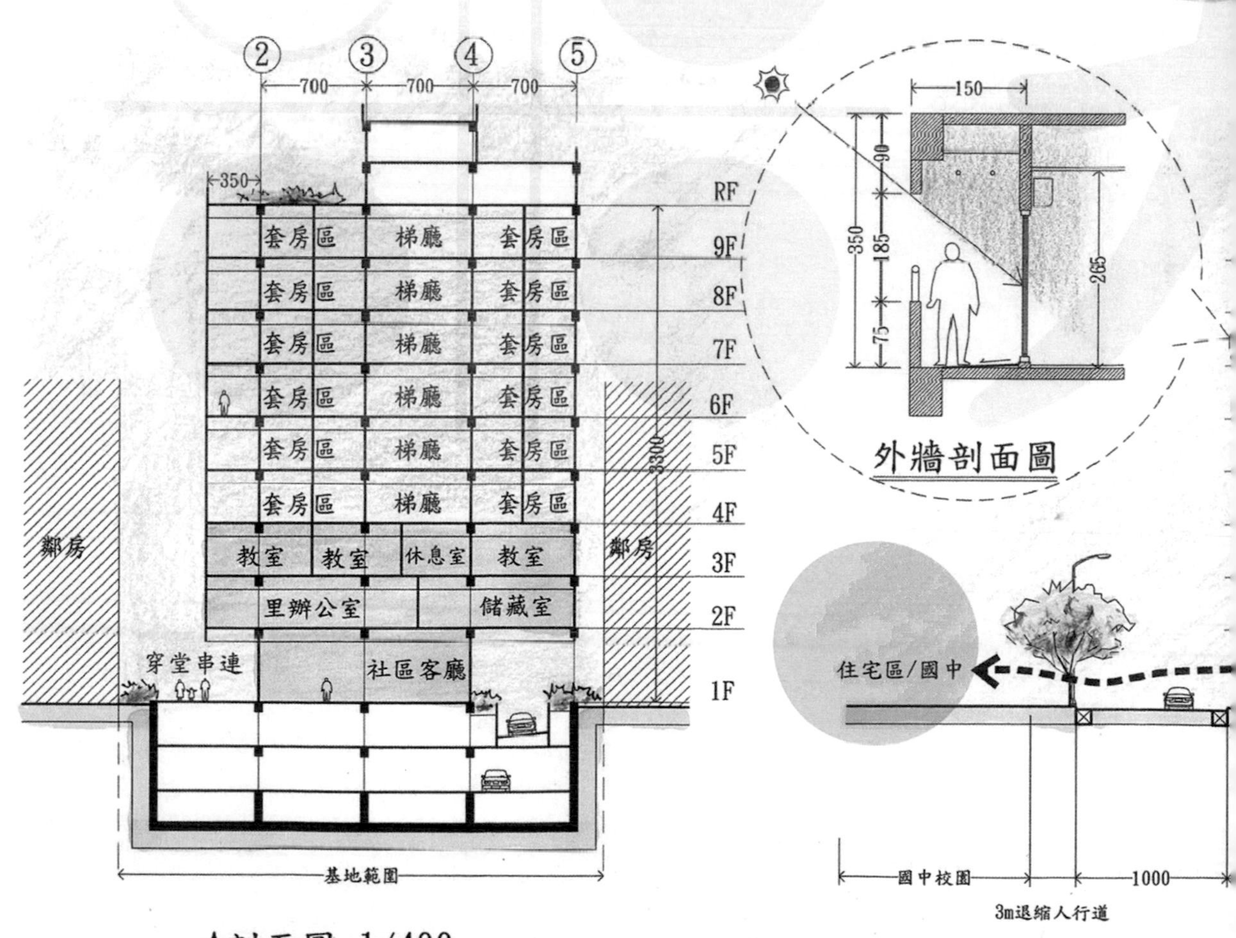

A剖面圖 1/400

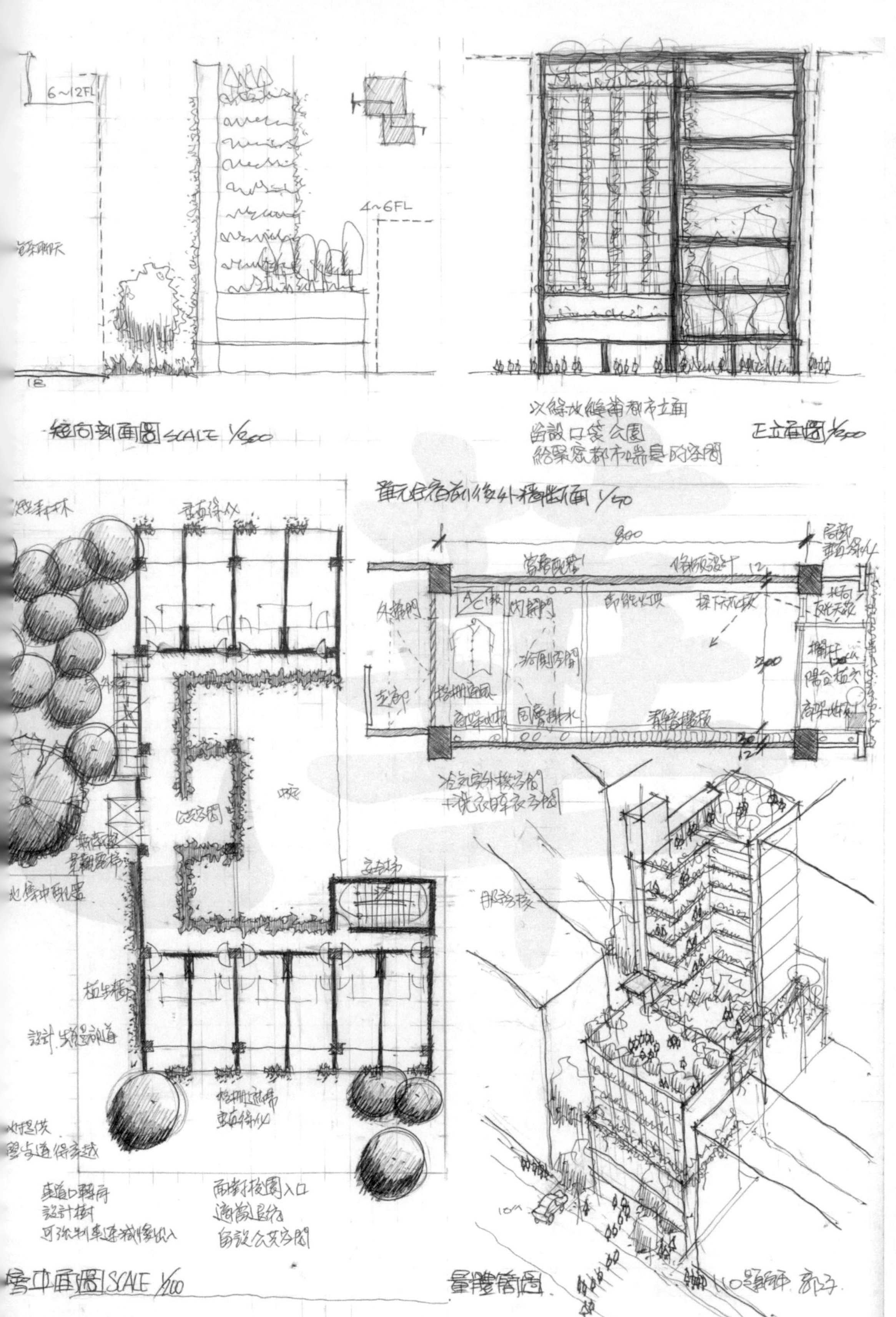
6~12FL
4~6FL
正立面圖
單元住宅前後外牆斷面 1/40
800
服務核
量體簡圖

附件三 B

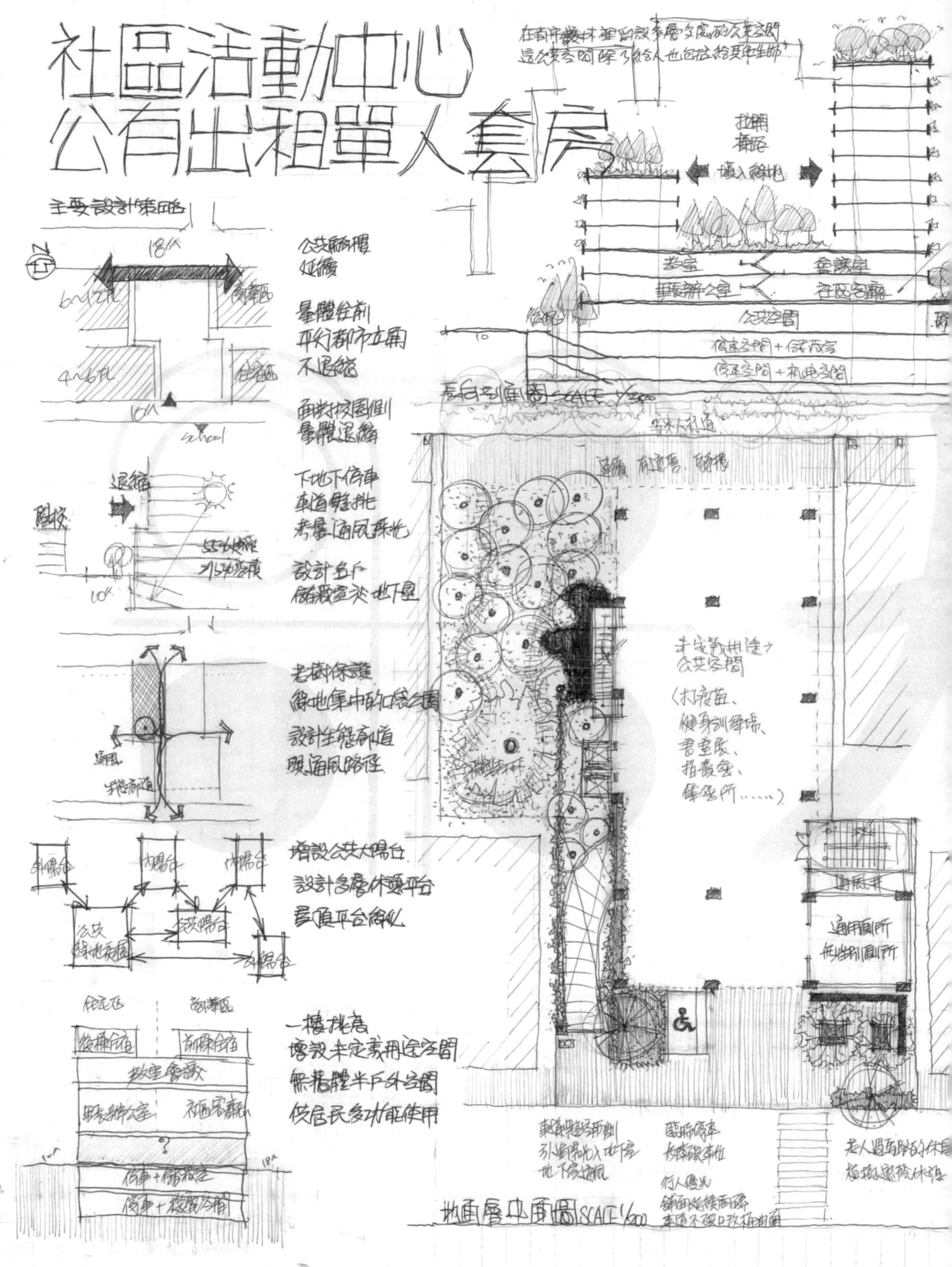

社區活動中心
公有出租單人套房
主要設計策略
公共廊欄
延續
量體分割
平行都市立面
不退縮
面對校園側
量體退縮
下地下停車
車道側挑
考量通風採光
設計各戶
儲藏室於地下室
老樹保護
綠地集中的口袋公園
設計生態廊道
與通風路徑
增設公共大陽台
設計多層休憩平台
屋頂平台綠化
一樓挑高
增設未定義用途空間
無邊界半戶外空間
供居民多功能使用
教室
會議室
社區客廳
公共空間
停車空間+儲藏室
停車空間+機電空間
school
公共陽台
外陽台
內陽台
教室會議
社區客廳
停車+儲藏室
未定義用途之公共空間
（打疫苗、
健身訓練場、
畫室展、
捐贈會、
集會所……）
通風井
無性別廁所
地面層平面圖 SCALE 1/200

活動中心及出租套房（110專技）

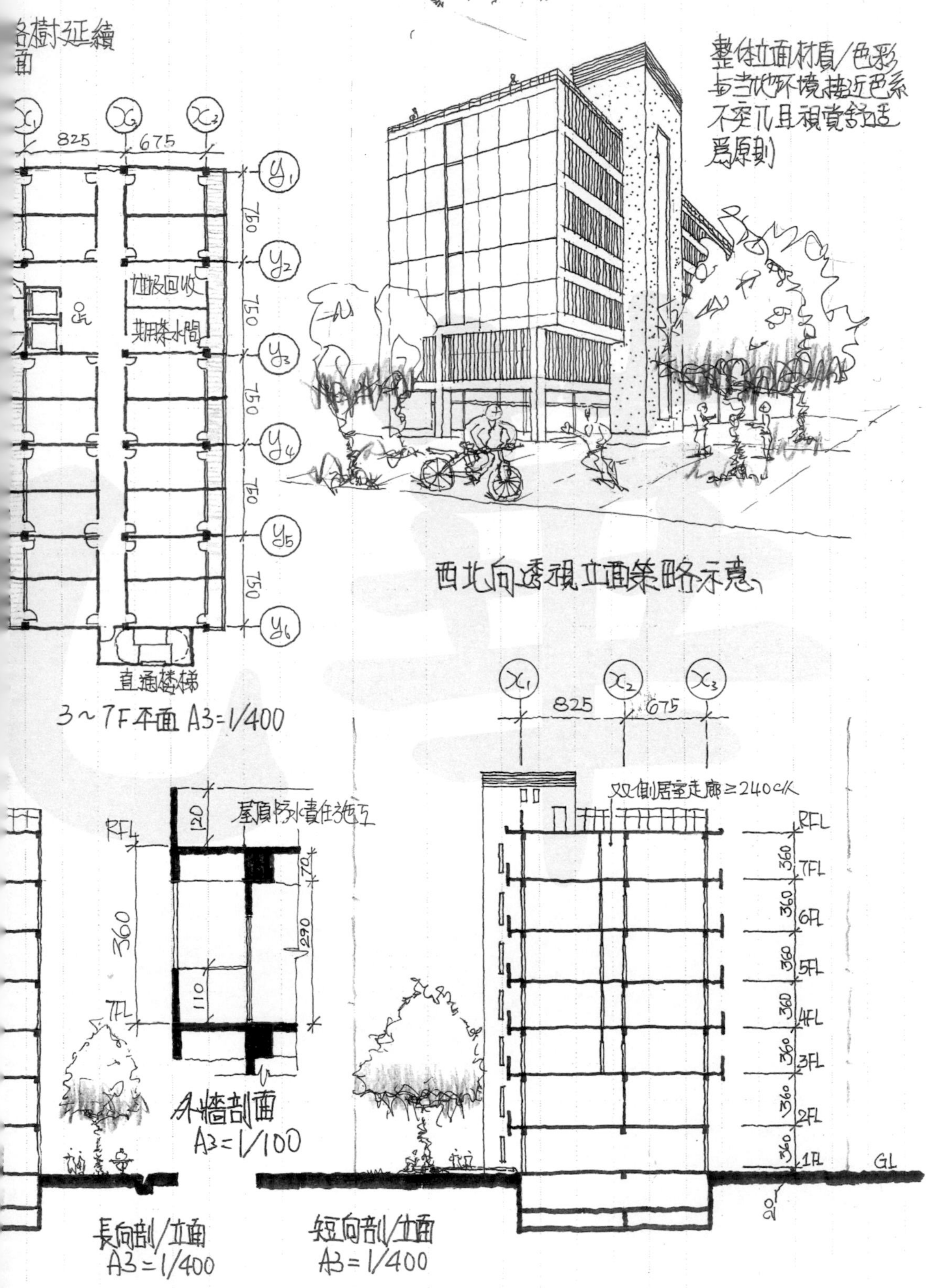

附件三 C

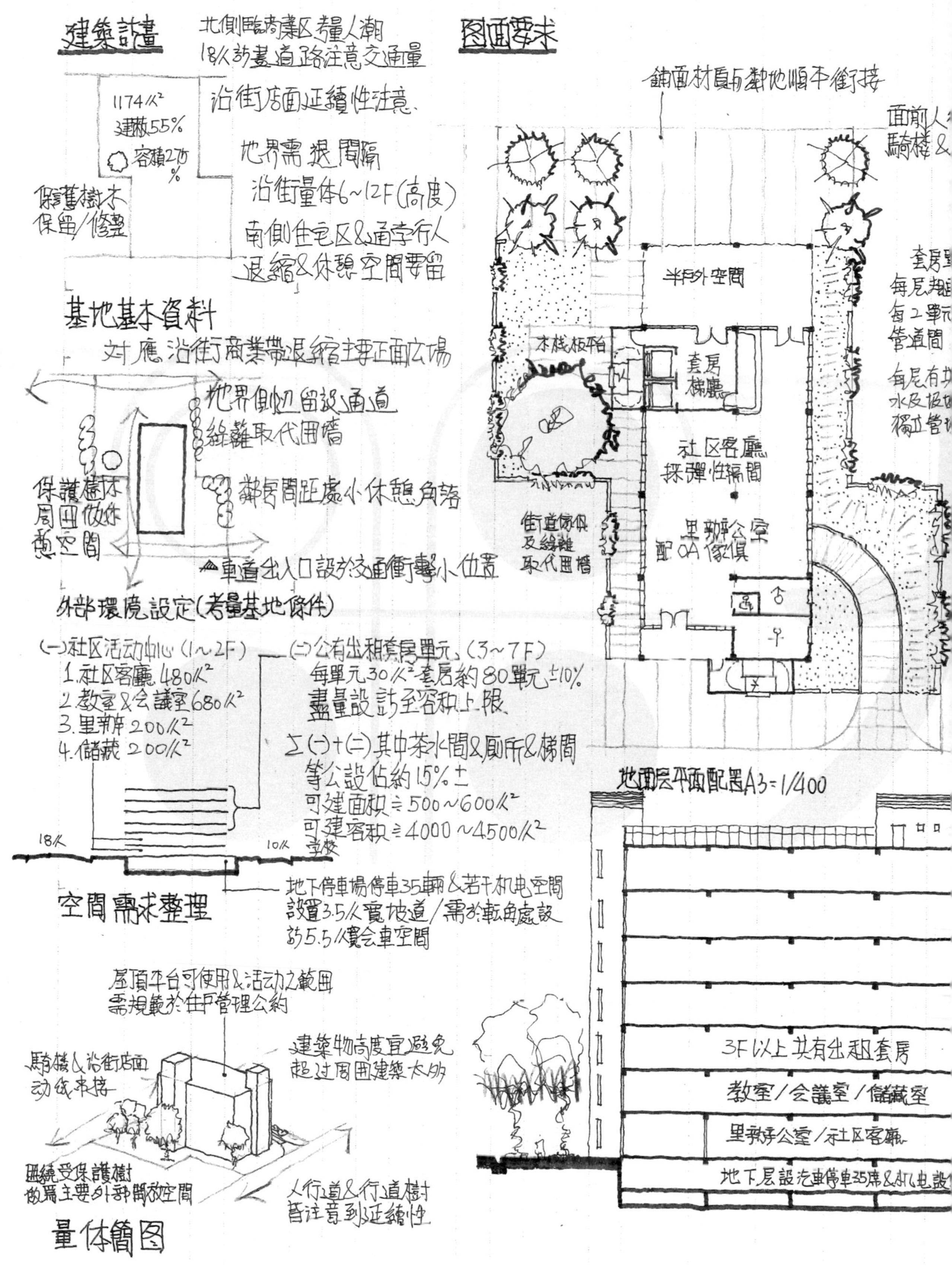
建築計畫
北側臨商業区考量人潮
18M計畫道路注意交通量
沿街店面延續性注意
1174M²
建蔽55%
容積270%
地界需退間隔
沿街量体6~12F(高度)
南側住宅区&通学行人
退縮&休憩空間要留
保護舊樹木
保留/修整
基地基本資料
对應沿街商業帶退縮主要正面広場
地界側切留設通道
綠籬取代围墙
保護樹木
周围做休憩空間
鄰房間距處小休憩角落
車道出入口設於交通衝擊小位置
外部環境設定(考量基地條件)
(一)社区活动中心(1~2F)
1.社区客廳 480M²
2.教室&会議室 680M²
3.里辦 200M²
4.儲藏 200M²
(二)公有出租套房單元、(3~7F)
每單元30M²套房約80單元±10%
盡量設計至容积上限
Σ(一)+(二)其中茶水間&厕所&梯間
等公設佔約15%±
可建面积≒500~600M²
可建容积≒4000~4500M²
18M
10M
学校
地下停車場停車35輛&若干机电空間
設置3.5M寬坡道/需於転角處設
計5.5M寬会車空間
空間需求整理
屋頂平台可使用&活动之範围
需規範於住戶管理公約
建築物高度宜避免
超过周围建築太多
騎樓&沿街店面
动线串接
围繞受保護樹
做為主要外部開放空間
人行道&行道樹
皆注意到延續性
量体簡图
圖面要求
鋪面材質与鄰地順平銜接
半戶外空間
木棧板平台
套房梯廳
社区客廳
採彈性隔間
里辦公室
配OA傢俱
街道傢俱
及綠籬
取代围墙
地面层平面配置A3=1/400
3F以上 共有出租套房
教室/会議室/儲藏室
里辦公室/社区客廳
地下层設汽車停車35席&机电設

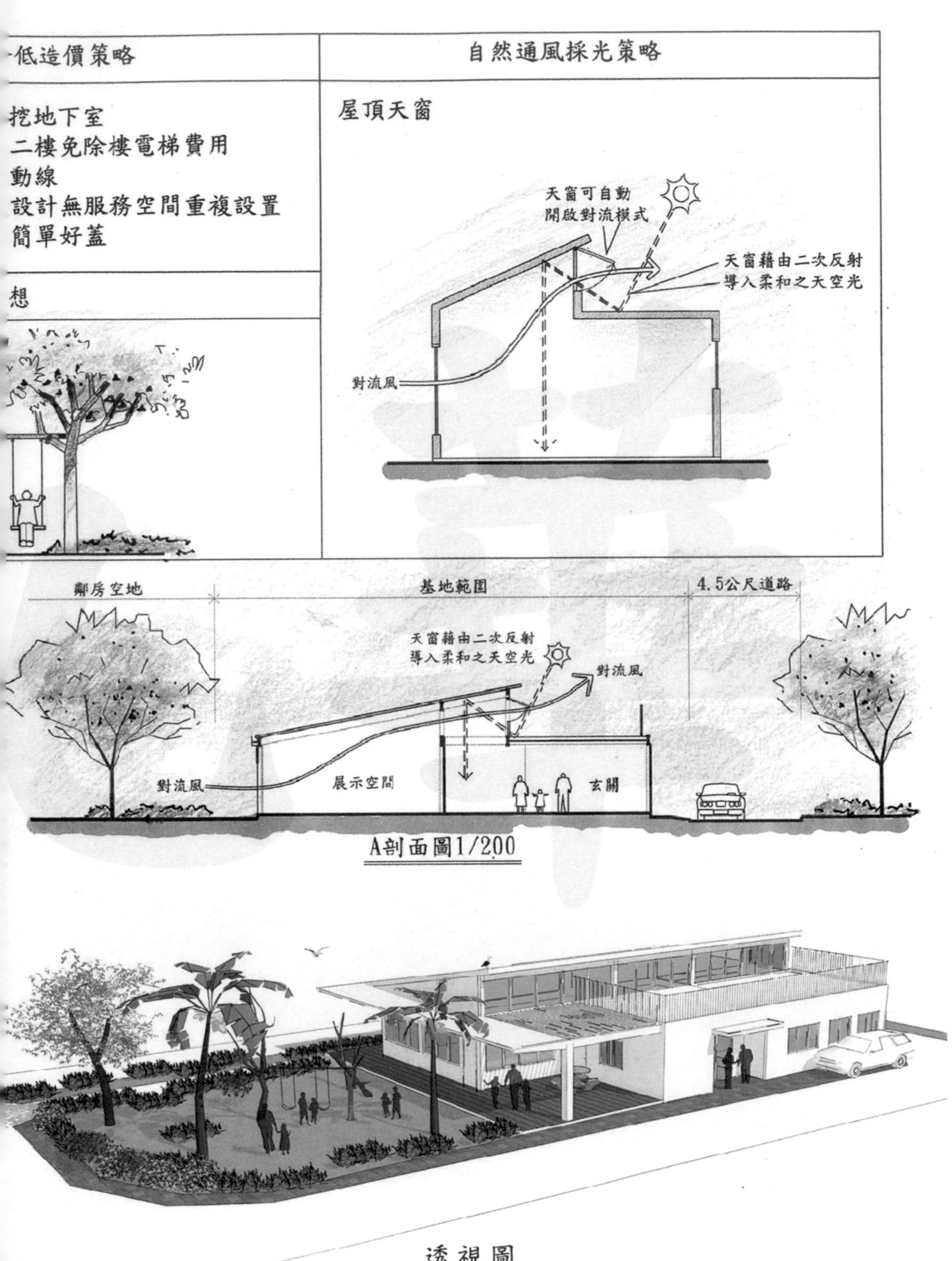
低造價策略
挖地下室
二樓免除樓電梯費用
動線
設計無服務空間重複設置
簡單好蓋
想
自然通風採光策略
屋頂天窗
天窗可自動
開啟對流模式
天窗藉由二次反射
導入柔和之天空光
對流風
鄰房空地
基地範圍
4.5公尺道路
天窗藉由二次反射
導入柔和之天空光
對流風
對流風
展示空間
玄關
A剖面圖1/200

透視圖

附件四 A

110年特種考試地方

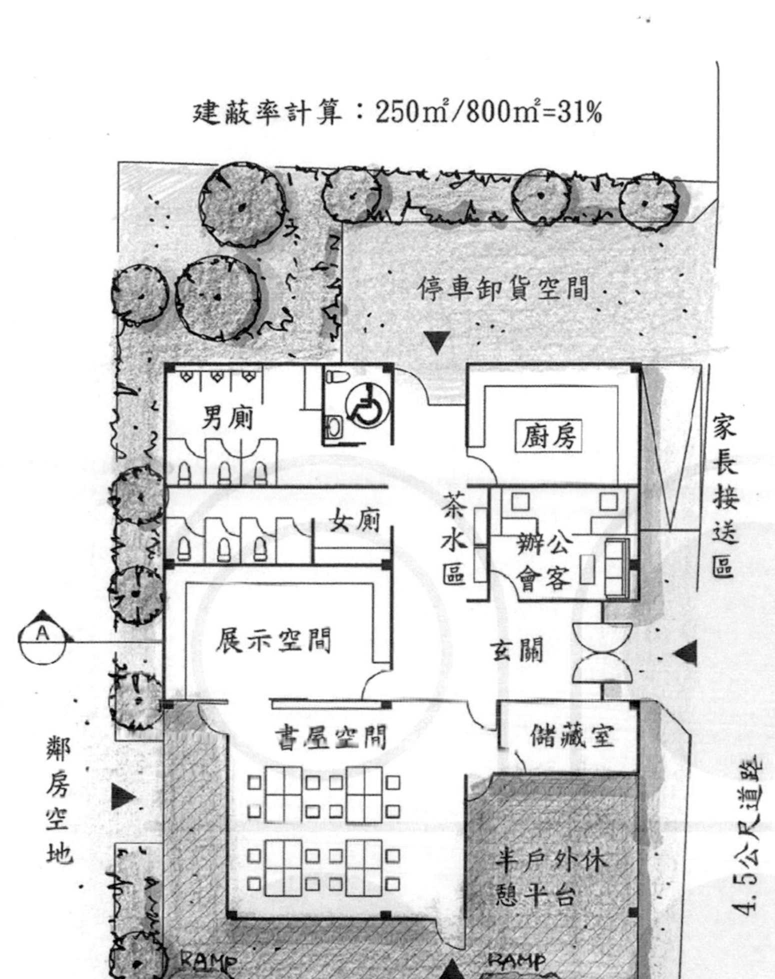

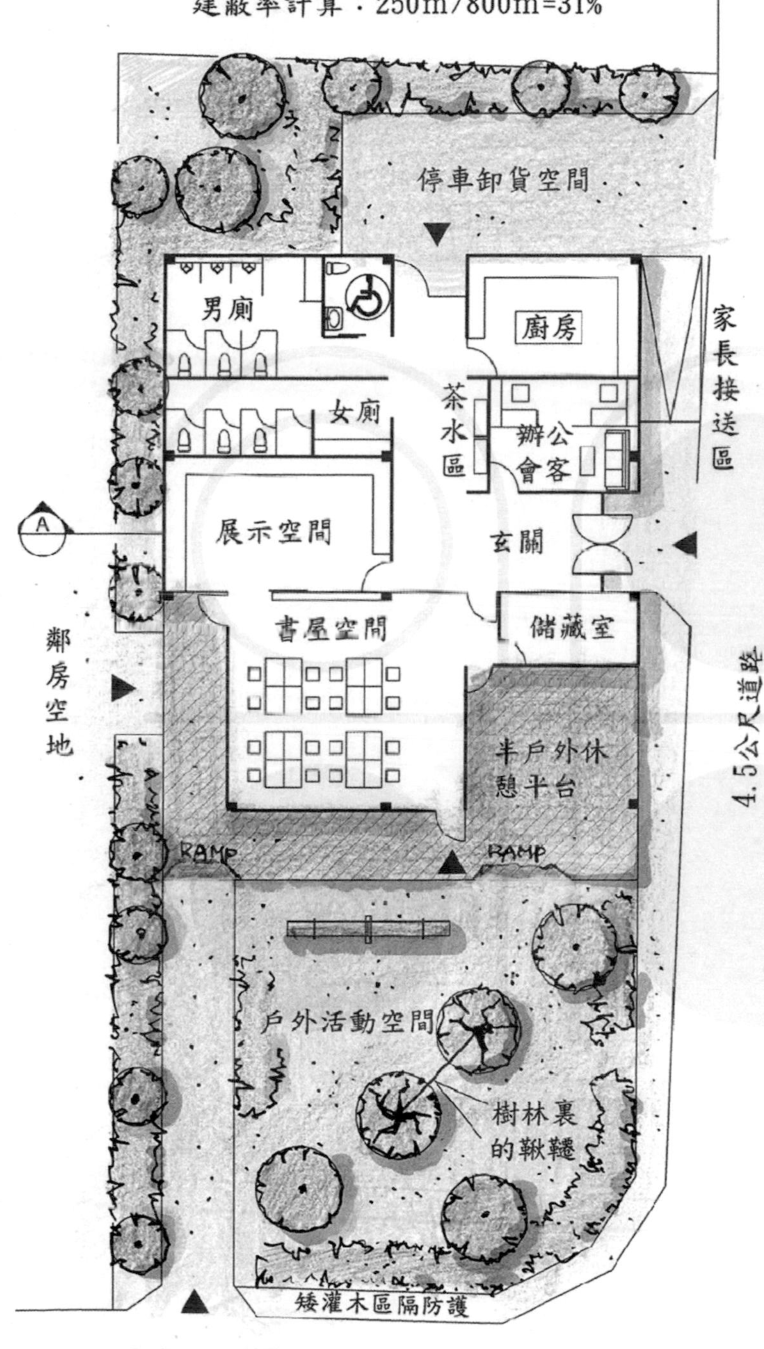

全區配置暨一樓平面圖 1/200

4公尺道路

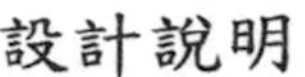

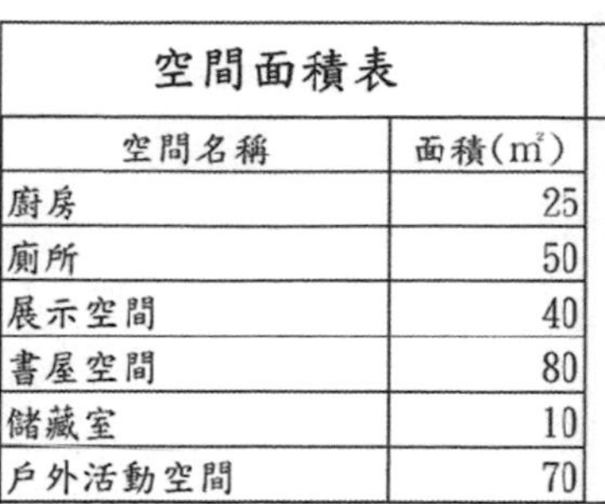

空間面積表	
空間名稱	面積(m²)
廚房	25
廁所	50
展示空間	40
書屋空間	80
儲藏室	10
戶外活動空間	70

學童戶外活動

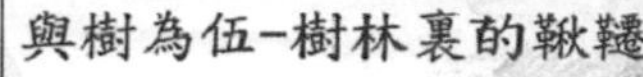

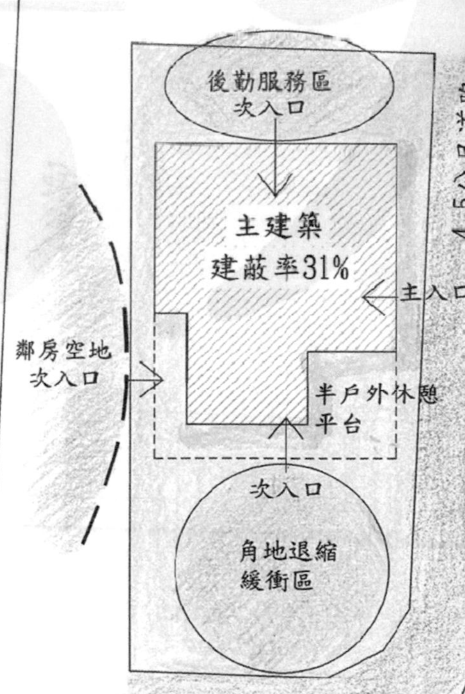

基地使用分區圖1/400

4公尺道路

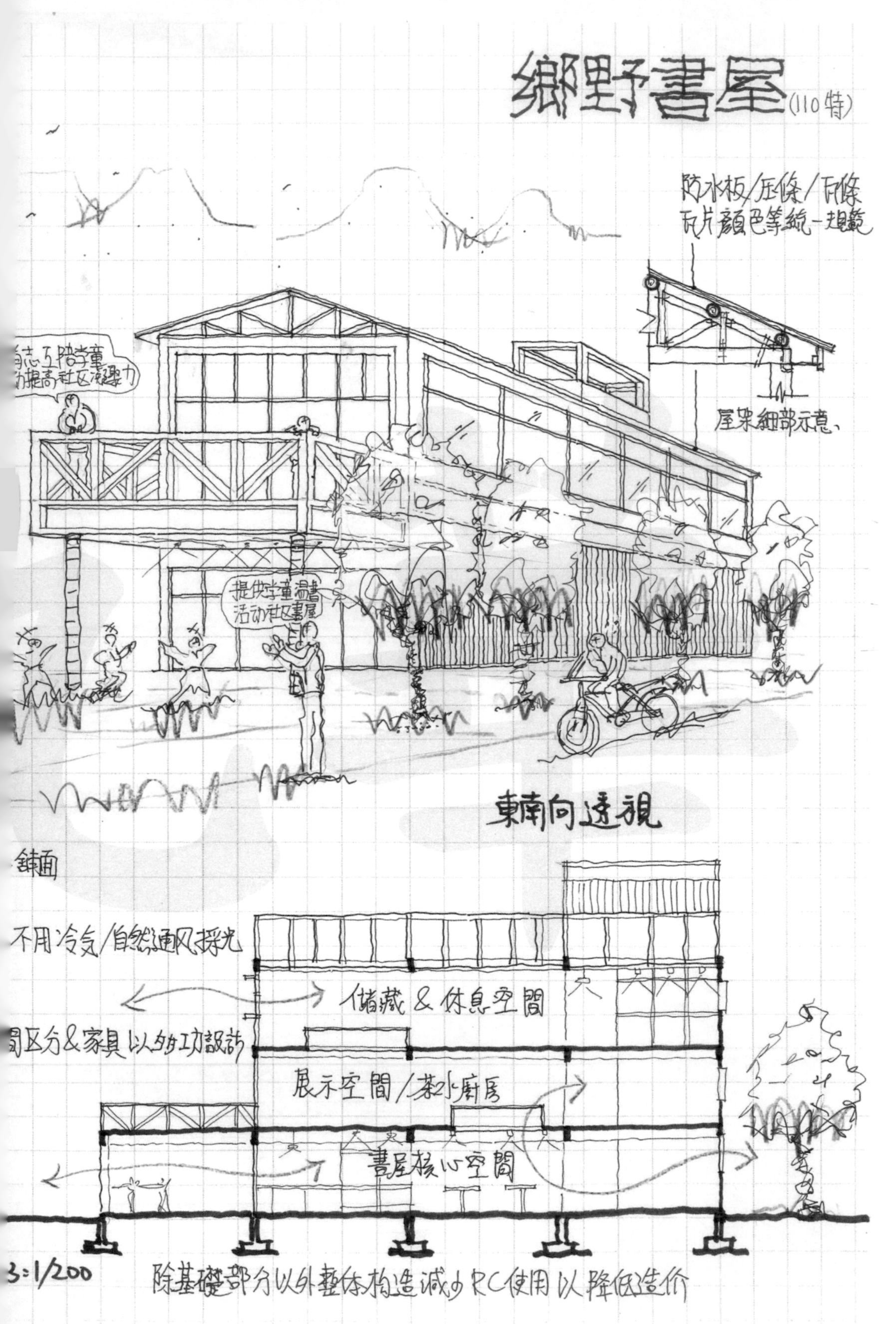
鄉野書屋(110特)
防水板/压條/瓦條
瓦片顏色等統一規範
屋架細部示意、
志工陪孩童
提高社区凝聚力
提供学童閱書
活动社区書屋
東南向透視
不用冷気/自然通風採光
储藏&休息空間
展示空間/茶水廚房
書屋核心空間
除基礎部分以外整体构造減少RC使用以降低造价

附件四 B

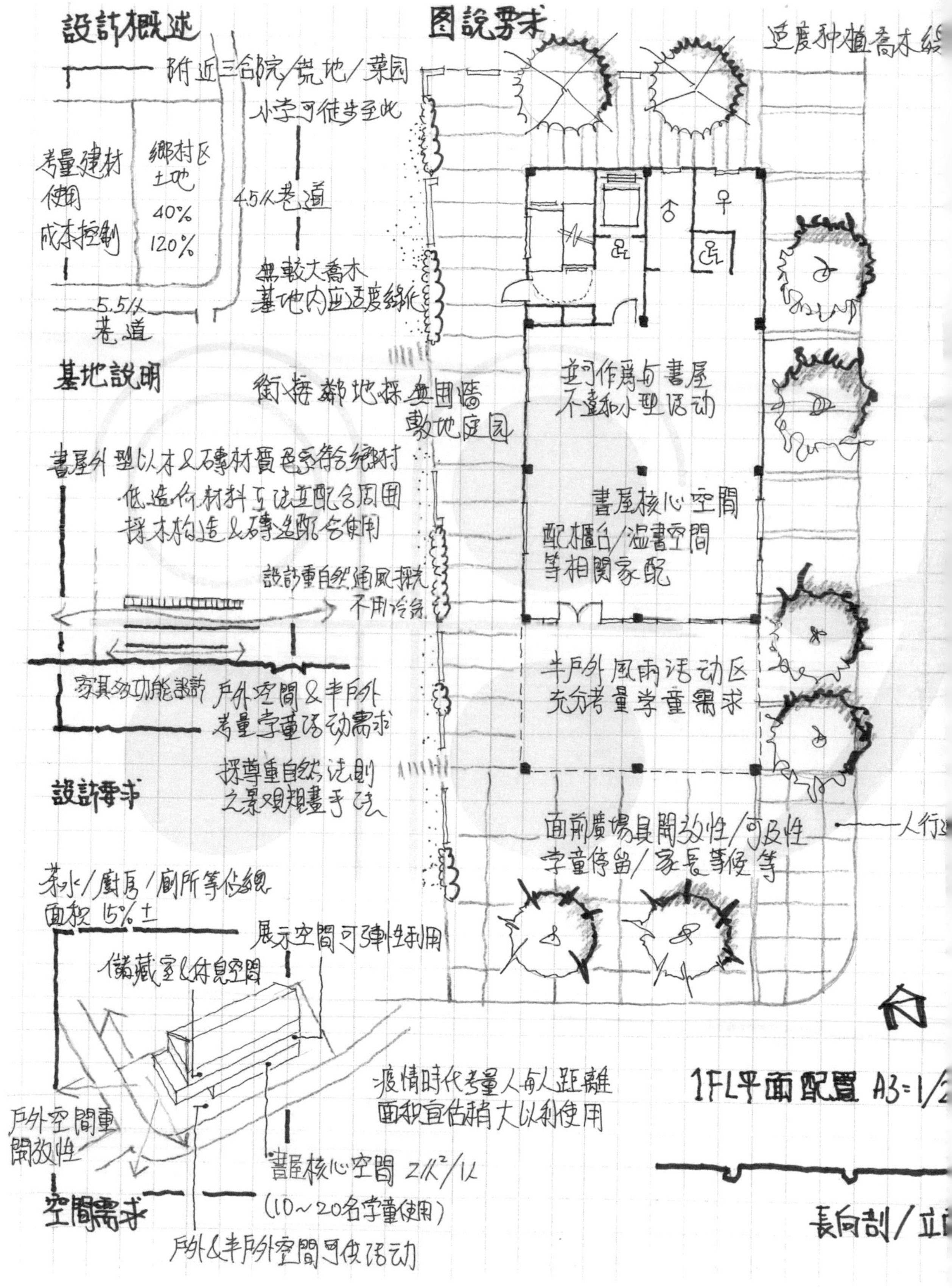
設計概述
圖說需求
適度種植喬木綠
附近三合院/農地/菜園
小學可徒步至此
考量建材使用
成本控制
鄉村區土地
40%
120%
4.5M巷道
無較大喬木
基地內應適度綠化
5.5M巷道
基地說明
銜接鄰地採無圍牆
敷地庭園
並可作為戶書屋
不定期小型活動
書屋外型以木&磚材質色系符合鄉村
低造價材料工法並配合周圍
採木構造&磚造配合使用
書屋核心空間
配櫃台/藏書空間
等相關家配
設計重自然通風採光
不用冷氣
家具及功能設計
戶外空間&半戶外
考量學童活動需求
半戶外風雨活動區
充分考量學童需求
採尊重自然法則
之景觀規畫手法
設計要求
面前廣場具開放性/可及性
學童停留/家長等候等
人行
茶水/廚房/廁所等佔總
面積 15% ±
展示空間可彈性利用
儲藏室&休息空間
疫情時代考量人與人距離
面積宜估稍大以利使用
1FL平面配置 A3=1/
戶外空間重
開放性
書屋核心空間 2M²/人
(10~20名學童使用)
空間需求
長向剖/立
戶外&半戶外空間可供活動

何○浩(香港理工)
洪○祐(台大)
蕭○東(台大)
吳○緯(台科)
張○智(成大)
楊○媗(成大)
洪○欽(成大)
陳○宇(成大)
沈○伸(中興)
劉○成(交大)
謝○原(中興)
劉○昀(中興)
林○婷(台大)
王○中(中原)
陳○豪(成大)
洪○德(中興)
陳○瑄(中央)
林○偉(台科)
郭○良(成大)
蔡○霖(台大)
陳○廷(中興)
陳○宇(中興)
許○山(中山)
黃○賢(中興)
顏○利(中原)
彭○斌(成大)
吳○諭(中興)
洪○恩(逢甲)
張○賢(高應)
陳○宇(高應)
陳○鈞(朝陽)
陳○呈(北科)
宋○予(中興)

馮○凡(台科)
李○宸(高應)
蔡○玫(台大)
巫○霖(北科)
蔡○縉(成大)
林○勝(朝陽)
張○銘(中興)
洪○彥(成大)
張○宇(成大)
劉○銘(台科)
彭○泓(台科)
曾○鈞(成大)
陳○寧(中華)
梁○慶(台大)
鄭○愷(北科)
劉○仁(交大)
毛○鈞(成大)
曾○豪(台大)
吳○洋(中興)
陳○正(中央)
張○豪(逢甲)
陳○琳(成大)
戴○琳(成大)
林○緯(成大)
張○賢(成大)
邱○瑋(交大)
王○進(中原)
楊○良(中興)
葉○輝(台科)
陳○偉(北科)
林○豪(台大)
簡○益(台科)
黃○龍(北科)

傅○翔(宜大)
蔡○賢(中興)
許○珊(台大)
廖○源(中央)
鄭○盛(逢甲)
李○彥(中山)
王○鈞(台大)
許○融(中央)
林○岳(台科)
王○濂(台大)
鄭○銘(北科)
張○齊(台大)
陳○瑜(朝陽)
朱○昌(台大)
楊○文(成大)
張○愷(中興)
黃○徐(逢甲)
羅○宏(中興)
趙○哲(彰師)
劉○彥(成大)
林○倫(雲科)
房○宇(淡江)
曾○霆(逢甲)
徐○祥(成大)
鄭○軒(北科)
林○惠(中興)
吳○儒(成大)
鄭　○(成大)
謝○宏(中央)
洪○明(成大)
洪○程(中興)
晉○鴻(台科)
張○惠(中央)

陳○宇(中興)
陸○瑞(中央)
張○誠(北科)
林○樺(中興)
陳○霖(大漢)
蔡○慧(朝陽)
許○慈(成大)
許○淳(北科)
黃○哲(高應)
楊○翔(北科)
王○傑(雲科)
廖○澤(中興)
郭○圻(台大)
許○明(成大)
陳○誠(台大)
楊○瀚(成大)
羅○豪(宜大)
趙○均(高應)
蔡○村(台科)
黃○豪(高應)
廖○翔(逢甲)
王○傑(高應大)
毛○勝(高應)
楊○賢(台大)
張○瑋(雲科)
吳○毅(台大)
鄭○仁(東南)
魏○安(北科)
張○軒(台大)
林○儒(成大)
周○威(中興)
薛○達(雲科)
謝○藩(中原)

丁○聖(實踐)
劉○甫(中華)
劉○成(科羅拉多)
吳　○(實踐)
王○愷(中國)
馬○文(台科)
徐○勛(北科)
謝○甫(北科)
張○國(中國)
劉　○(雲科)
黃○駿(荷蘭大學)
陳○豪(文化)
謝○詮(文化)
洪○峰(雲科)
陳○維(中國)
蕭○鴻(雲科)
伍○陞(台大)
蔡○昌(淡江)
康○詠(交大)
周○任(台大)
游○晨(成大)
黃○睿(成大)
趙○廷(成大)
呂○毅(成大)
陳○元(成大)
王○睿(中興)
王○威(中央)
謝○翰(中原)
洪○韋(成大)
蔡○德(成大)
曾○銘(中原)
江○君(嘉義)
詹○賢(成大)

彭○澤(成大)
張○瑜(北科)
彭○銓(海大)
吳○德(成大)
孔○鳴(成大)
梁○鈞(成大)
翁○華(雲科)
陳○涵(聯合)
黃○熏(中興)
洪○健(中興)
許○晴(屏科)
黃○環(淡江)
陳○全(台大)
沈○君(屏科)
陳○笙(屏科)
黃○勳(屏科)
林○峰(中興)
陳○鈞(中興)
廖○寧(逢甲)
彭○緯(屏科)
陳○翔(中興)
郭○緯(成大)
陳○儒
蔡○誼
黃○群
陳○賢
陳○翰
張○慶
李○玲
呂○書
孫○喆

47年考上近26,000名，加入九華下一個金榜題名就是你！

(以上姓名若有誤登、漏登或同名同姓者敬請告知，謝謝！)

讀者回函卡

年　　月　　日

※ 請寄回讀者回函卡。讀者如考上國家相關考試，**我們會頒發恭賀獎金**。

讀者姓名：

手機：　　　　**市話：**

地址：　　　　**E-mail：**

學歷：□高中　□專科　□大學　□研究所以上

職業：□學生　□工　□商　□服務業　□軍警公教　□營造業　□自由業　□其他________

購買書名：

您從何種方式得知本書消息？

□九華網站　□粉絲頁　□報章雜誌　□親友推薦　□其他________

您對本書的意見：

內　容	□非常滿意	□滿意	□普通	□不滿意	□非常不滿意
版面編排	□非常滿意	□滿意	□普通	□不滿意	□非常不滿意
封面設計	□非常滿意	□滿意	□普通	□不滿意	□非常不滿意
印刷品質	□非常滿意	□滿意	□普通	□不滿意	□非常不滿意

※讀者如考上國家相關考試，**我們會頒發恭賀獎金**。如有新書上架也盡快通知。

謝謝！

□□□-□□

廣告回信
台北郵局登記證
台北廣字第04586號

100-78

台北市中正區南昌路一段161號2樓

台北市私立九華土木建築
工商短期職業補習班

收

110 建築國家考試試題詳解

編 著 者：九華土木建築補習班
發 行 者：九樺出版社
地　　址：台北市南昌路一段 161 號 2 樓
網　　址：http://www.johwa.com.tw
電　　話：（02）2351－7261~4
傳　　真：（02）2391－0926
定　　價：新台幣　750　元
I S B N　：978-626-95108-1-8
出版日期：中華民國一一一年五月出版
官方客服：LINE ID：@johwa
總 經 銷：全華圖書股份有限公司
地　　址：23671 新北市土城區忠義路 21 號
電　　話：（02）2262-5666
傳　　真：（02）6637-3695、6637-3696
郵政帳號：0100836-1 號
全華圖書：http://www.chwa.com.tw
全華網路書店：http://www.opentech.com.tw